셀프트래블

다낭

호이안·후에

상상출판

셀프트래블

다 낭

개정 1쇄 | 2023년 4월 28일
개정 2쇄 | 2024년 1월 10일

글과 사진 | 김정숙

발행인 | 유철상
편집 | 김정민, 안여진
디자인 | 노세희, 주인지
마케팅 | 조종삼, 김소희
콘텐츠 | 강한나

펴낸 곳 | 상상출판
주소 | 서울특별시 성동구 뚝섬로17가길 48, 성수에이원센터 1205호(성수동 2가)
구입 · 내용 문의 | **전화** 02-963-9891(편집), 070-7727-6853(마케팅)
팩스 02-963-9892 **이메일** sangsang9892@gmail.com
등록 | 2009년 9월 22일(제305-2010-02호)
찍은 곳 | 다라니
종이 | ㈜월드페이퍼

※ 가격은 뒤표지에 있습니다.

ISBN 979-11-6782-135-5 (14980)
ISBN 979-11-86517-10-9 (SET)

www.esangsang.co.kr

셀프트래블

다낭

호이안·후에

김정숙 지음

상상출판

TRENDY

Memory

CHO THUÊ

THỂ THAO
HỘI AN
Sports Bar
055

Prologue

2023년, 우리는 긴 터널을 지나왔습니다.
짧지 않은 시간 동안 우리는 많은 것을 잃기도, 또 얻기도 하였을 것입니다.
'여행을 업'으로 삼으며 살아온 제게도, 지난 시간은 너그럽지 않았습니다. 10년 넘게 일해오던 여행 컨설팅 전문 여행사 '트래블레시피'는 문을 닫을 수밖에 없었고, 여행작가로서의 일도 잠시 멈춰야만 했으니까요.
하지만 그 긴 터널 덕분에, 너무도 중요한 두 가지를 깨달았습니다.
여행을 할 수 없는 삶은 상상조차 할 수 없다는 것.
그리고 시간은 누구에게나 유한하다는 것입니다.
앞으로 남은 시간 동안 무엇을 비우고, 무엇을 채울지 아주 선명하게 알게 되었습니다.

여행하는 삶!
'소유'에만 열을 올리기보다는, 많은 것을 '경험'하며 채워가는 인생!
무엇인가를 갖기 위해 지갑을 여는 것보다 훨씬 가치 있고 멋진 인생이 되지 않을까요? 저는 앞으로의 시간을 그렇게 사용하기로 결심했습니다. 지금까지 해왔던 여행보다 더 많은 여행을 할 것이며 그 여행을 통해 다양한 경험을 차곡차곡 채워갈 것입니다. 떠나고 싶은 곳이 있다는 것은 무척이나 설레는 일입니다. 용기를 내고, 행동하는 사람만이 가질 수 있는 설렘. 여러분들도 그 설레는 삶에 같이 동참해보시면 어떨까요?

여행은,
세상에서 가장 재밌는 놀이이자 온전한 나를 만날 수 있는, 신바람 나는 통로이기도 하니까요.

긴 여행을 꿈꾸지는 못하더라도, 여행 가기가 눈치 보이는 상황일지라도, 주머니 사정이 넉넉하지 못하더라도, 여기 '다낭'이라는 멋진 여행지가 있습니다.
누군가가 다낭이 무엇 때문에 그렇게 좋은 거냐고 물어본다면, 논리적으로 이야기할 수 없을지도 모릅니다. 다낭 공항에 내렸을 때부터 느껴지는 그 공기가 좋았고, 너무 크지도 작지도 않은 도시가 내뿜는 에너지와 싱그러운 바다에 매료당했습니다.
겉은 무뚝뚝해 보이지만 열정 넘치고 정 많은 다낭 사람들은 늘 그리움의 대상입니다. 글을 쓰고 있으니 지금이라도 당장 다낭으로 가고픈 마음이 불쑥 드네요.
SNS와 구글의 시대에, 여행 가이드북이 할 수 있는 일은 무엇일까? 제가 사랑하는 다낭을 어떻게 하면 여러분께 잘 전달할 수 있을까, 많이 생각하고 또 고민했습니다.
귀한 시간을 들여 '다낭 여행의 경험'에 지갑을 열었을 때, 가장 가치 있는 안내서가 되고자 제가 할 수 있는 모든 노력을 아끼지 않았습니다.
글자 하나하나, 사진 한 장 한 장, 지도 한 점 한 점, 모두 저의 이런 마음을 꾹꾹 눌러 담았습니다.
부디 이 책이 다낭 여행의 지혜로운 나침반이 되길 바라는 마음도 같이 담아서 말이죠.

저는 봄을 좋아합니다.
시리디시린 겨울 끝에서 느끼는 봄바람 속에는, 이제 더 이상 춥지 않을 것이라는 따뜻한 희망의 기운을 품고 있기 때문입니다. 제가 사랑하는 계절에 이 책을 내게 되어 기쁜 마음입니다.

다시 시작될 여러분의 여행을 응원합니다!

2023년 4월에, 김정숙 드림

Contents
목차

Mission in Da Nang

다낭에서 꼭 해봐야 할 모든 것 • 42

Enjoy
Da Nang

쉽고 빠르게 끝내는 여행 준비 • 272

Step to Da Nang

Self Travel Da Nang
일러두기

❶ 주요 지역 소개

『다낭 셀프트래블』은 다낭을 중심으로 호이안, 후에 지역과 미썬 유적지 등을 소개하고 있습니다. 베트남 전체를 여행하신다면 『베트남 셀프트래블』을 구입하시길 추천합니다.

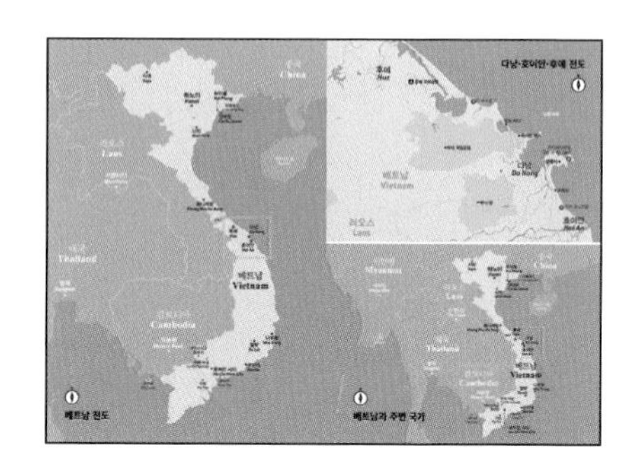

❷ 철저한 여행 준비

Mission in Da Nang 베트남 기본 정보와 다낭 여행 정보를 통해 필요한 정보를 찾을 수 있습니다. 놓치면 100% 후회할 테마파크, 먹거리, 리조트, 마사지숍 등 다낭에서 꼭 즐겨야 할 일을 소개합니다. 추천 일정에서는 동행인에 따라, 여행 기간에 따라 다양한 일정을 제시하고 있습니다.

Step to Da Nang 출입국 수속, 교통, 베트남 식문화 정보를 수록해 다낭에 대해 더 알아볼 수 있습니다. 알아두면 유용한 베트남어 회화와 기본 영어 회화를 실어 초보 여행자도 큰 어려움 없이 다낭을 여행할 수 있습니다.

❸ 알차디알찬 여행 핵심 정보

Enjoy Da Nang 각 지역별 특징, 역사, 여행방법, 교통 정보를 안내합니다. 꼭 가봐야 할 대표 스폿들로 구성된 '개념 잡기' 페이지를 추가하여 본격적인 스폿 소개에 앞서 대표적인 관광지를 소개합니다. 관광, 액티비티, 식당, 쇼핑, 숙소의 카테고리로 나눈 명소를 차례로 수록했습니다. 관광명소에는 중요도에 따라 별점(1~3개)를 표기했으며 추가 정보는 Tip으로 정리했습니다.

❹ 원어 표기

최대한 외래어 표기법을 기준으로 표기했으나 몇몇 관광명소와 업소의 경우 여행자들에게 익숙한 이름을 택했습니다. 각 명소마다 베트남 문자를 표기하였으니 주소나 이름을 현지 사람들에게 직접 보여주는 것을 추천합니다. 인터넷에서는 영어 알파벳을 입력하면 대부분 쉽게 찾을 수 있습니다.

❺ 정보 업데이트

이 책에 실린 모든 정보는 2023년 4월까지 취재한 내용을 기준으로 하고 있습니다. 현지 사정에 따라 요금과 운영시간 등이 변동될 수 있으니 여행 전 한 번 더 확인하시길 바랍니다. 잘못된 정보는 증쇄 시 업데이트 하겠습니다.

❻ 지도 활용법

이 책의 지도에는 아래와 같은 부호를 사용하고 있습니다.

주요 아이콘

- 관광지, 스폿

Ⓡ 레스토랑, 카페 등 식사할 수 있는 곳

Ⓢ 마트, 시장 등 쇼핑 장소

Ⓝ 바, 클럽 등 나이트라이프를 즐기기 좋은 곳

Ⓗ 호텔, 리조트 등 숙소

Ⓜ 마사지, 스파, 네일숍

기타 아이콘

병원 공항 기차역 버스정류장

중국
China
사파
Sapa
하노이
Hanoi
하이퐁
Hai Phong
하롱베이
Ha Long Bay
깟바섬
Cat Ba Island
닌빈
Ninh Binh
라오스
Laos
하이난 섬
Hainan
비엔티안
Vientiane
퐁냐케방
Phong Nha-Ke Bang
DMZ
후에
Hue
다낭
Da Nang
호이안
Hoi An
태국
Thailand
베트남
Vietnam
방콕
Bangkok
캄보디아
Cambodia
프놈펜
Phnom Penh
까오다이교
총본산
나트랑
Nha Trang
달랏
Da Lat
꾸찌 터널
Cu Chi Tunnels
무이네
Mui Ne
호찌민 시티
Ho Chi Minh City
붕따우
Vung Tau
푸꾸옥
Phu Quoc
미토
My Tho
N
베트남 전도

다낭·호이안·후에 전도
N
후에
Hue
후에 국제공항
앙사나 랑꼬
남중국해
랑꼬 베이
하이반 패스
박마 국립공원
인터콘티넨털
다낭 선 페닌슐라
영응사
다낭
Da Nang
베트남
Vietnam
오행산
바나 힐
신라 모노그램
라오스
Laos
호이안
Hoi An

미얀마
Myanmar
사파
Sapa
하노이
Hanoi
하이퐁
Hai Phong
중국
China
하롱베이
Ha Long Bay
깟바섬
Cat Ba Island
네피도
Naypyidaw
라오스
Laos
닌빈
Ninh Binh
하이난 섬
Hainan
비엔티안
Vientiane
퐁냐케방
Phong Nha-Ke Bang
후에
Hue
DMZ
양곤
Yangon
태국
Thailand
다낭
Da Nang
호이안
Hoi An
방콕
Bangkok
베트남
Vietnam
캄보디아
Cambodia
N
나트랑
Nha Trang
달랏
Da Lat
프놈펜
Phnom Penh
꾸찌 터널
Cu Chi Tunnels
까오다이교
총본산
무이네
Mui Ne
베트남과 주변 국가
푸꾸옥
Phu Quoc
붕따우
Vung Tau
미토
My Tho
호찌민 시티
Ho Chi Minh City

미리 만나는 베트남

베트남은 어떤 나라일까?
베트남의 국가정보에 대해 간략하게 알아보도록 하자.

★ 국가명

베트남사회주의공화국
Socialist Republic of Vietnam, Cộng hòa Xã hội chủ nghĩa Việt Nam

★ 국가형태

사회주의 공화국(베트남 공산당 1당 체제)

★ 국기

붉은 바탕에 가운데 노란색 별이 그려져 있고 '금성홍기(金星紅旗)Cờ đỏ sao vàng'라고 한다. 붉은색은 혁명, 별은 공산당의 지도력을 의미하고 별 5개의 꼭짓점은 사농공상병(士農工商兵)의 다섯 인민을 상징한다. 1940년 프랑스 식민통치 반대 운동에서 처음 사용되었으며 1976년 이후 통일 베트남의 국기가 되었다.

★ 국가 문장

1955년에 제정되어 1976년 베트남의 공식 국가 문장으로 채택되었다. 상단의 별은 공산당을, 아래의 톱니바퀴는 공업(노동자), 벼 이삭은 농민을 의미한다. 하단 빨간색 리본에는 베트남의 공식 국가 명칭인 '베트남사회주의공화국Cộng hoà xã hội chủ nghĩa Việt Nam'이 쓰여 있다.

베트남 국장

★ 수도

하노이

★ 면적

331,210㎢ (전 세계 65위/한반도 면적의 1.5배)

★ 행정구역

5개의 중앙직할시(하노이, 호찌민, 다낭, 하이퐁, 껀터)와 58개의 성(省)으로 구성되어 있다. 다낭은 5개 중앙직할시 중의 하나로 베트남에서 4번째로 큰 도시다. 호이안은 작은 소도시로, 꽝남Quảng Nam 성에 속해 있고 후에는 트어티엔–후에Thừa Thiên-Huế 성에 속해 있다.

* 성(省)은 대한민국의 도(道)와 같은 개념

다낭 시청(왼쪽)

★ 인구

약 9천 975만 명(2023년 UN 통계 기준)
베트남 내 인구 1위, 인구밀도 1위의 도시는 수도 하노이가 아닌 호찌민이다. 전체 인구 중에 30세 미만의 인구가 절반 이상을 차지할 만큼 젊은 국가이고 65세 이상의 노인 인구는 7.6%로 고령화 수준도 낮은 편이다.

★ 민족

54개의 민족으로 이루어져 있고 그중 비엣족người Việt(낀족người Kinh)이 전체 인구의 86% 이상을 차지한다. 전체 인구의 1% 이상을 차지하는 다른 민족으로는 따이족, 타이족, 므엉족, 크메르족, 호아족 등이 있다.

★ 언어와 문자

공식 언어는 베트남어, 문자는 베트남어의 로마자 표기법인 '꾸옥응으Quốc Ngữ'를 사용한다. 17세기에 포르투갈, 프랑스 선교사들이 베트남어를 라틴 문자로 적기 시작해 보급되다가 1945년에 공식문자로 지정되었다. 16세기 이전까지는 한자를 베트남어 음운에 맞게 만든 쯔놈Chữ Nôm을 사용하였다.

★ 동화(화폐)

베트남 화폐 단위는 베트남 동(đồng, 銅)이다. ₫으로 표기하거나 VND(Vietnam Dong)으로 표기한다. 50만₫, 20만₫, 10만₫, 5만₫, 2만₫, 1만₫, 5천₫, 2천₫, 1천₫, 500₫의 지폐가 있으며 더 낮은 단위의 동전이 있으나 거의 유통되지 않는다. 화폐의 주인공은 단 한 사람! 베트남의 국부라 불리는 '호찌민'이고, 1만 동 이상 신권은 플라스틱의 일종인 폴리프로필렌(PP)으로 만들어졌다. 화폐 단위가 큰 편이라 백 단위까지 3개는 묶어서 K로 표시하기도 한다(예: 1만 동=10K).

10만 동

5만 동

2만 동

1만 동

★ 종교

베트남의 주요 종교는 불교, 가톨릭교, 개신교, 까오다이교, 호아하오교 등이다. 통계를 내는 관청마다 제각각이라 정확한 수치를 알기는 어렵지만, 종교를 가진 사람 중 절반은 불교라고 보아도 무방하다. 베트남인들의 신앙생활에서 가장 중요한 것은 조상 숭배이다. 크든 작든 모든 베트남 가정에는 반터Bàn Thờ라는 제단이 있어 조상을 위해 수시로 향을 피우고 과일, 술, 밥 등을 올려둔다. 베트남은 기본적으로 종교의 자유는 있지만, 특정 종교의 선교 활동은 금지되어 있다.

반터Bàn Thờ

베트남 여행 정보

베트남 여행, 이것만은 알고 가자!
베트남 여행에 필요한 기본 정보들을 한자리에서 살펴보자.

★ 비행시간

한국에서 다낭까지 직항으로 4시간 30분 소요된다.

★ 시차

표준 시간대 UTC+7, 한국보다 2시간 느리다. 예를 들어 한국이 오전 10시일 때 베트남은 오전 8시다.

한국 10:00 → 베트남 08:00

★ 기후

베트남은 남북으로 1,650km나 되는 긴 국토를 갖고 있다. 라오스, 캄보디아와 경계를 이루며 길게 뻗어 있는 쯔엉썬 산맥(안남 산맥)으로 인해 지역별로, 고도별로 기후가 상당한 차이를 보인다. 같은 베트남 내에서도 우기와 건기가 반대로 나타나기도 한다. 이런 연유로 베트남 기상대에서는 지역을 9개로 나누어 일기예보를 한다. 베트남 북부는 한국과 비슷하게 사계절이 있고, 중부 이남은 일 년 내내 더워서 강우량에 따라 우기와 건기로 나눈다. 즉 북부는 아열대, 남부는 열대 몬순 기후이다.

연평균 기온의 경우 하노이는 24도, 다낭은 25.9도, 호찌민은 27도이며, 전반적으로 습도가 높고 후덥지근한 편이다. 북부와 남부의 우기는 5~10월, 건기는 11~4월이며, 중부의 우기는 9~3월, 건기는 4~8월이다. 해마다 9~10월이면 중부지방은 태풍의 영향권에 들 때가 많다. 다낭과 호이안, 후에의 자세한 날씨는 다음 페이지에서 따로 안내하니 참고로 하자.

* 다낭 연평균 기온과 날씨 안내 ⇒ p.83
* 호이안 연평균 기온과 날씨 안내 ⇒ p.163
* 후에 연평균 기온과 날씨 안내 ⇒ p.237

★ 비자

한국 여권 소지자는 45일간 무비자로 베트남에 체류할 수 있다. 45일 이상 체류하려면 비자를 별도로 신청해야 한다. 전자비자(E-Visa)가 가장 보편적이다. 전자비자를 신청하면 90일 간 체류할 수 있다.

* 비자에 관한 자세한 정보는 p.274 참고

★ 환율

100VND=5.31원 (2024년 1월 기준)
(베트남동÷16=한화/예: 100,000VND÷16=6,250원)

★ 환전

환전은 현지의 은행을 이용하는 것이 가장 안전하고 편한 방법이다. 이때 여권은 꼭 가져가야 한다. 금은방 등의 사설 환전소는 원칙적으로 불법이다. 환율이 좋아 여행자들이 많이 찾지만, 공안 단속에 걸리면 환전한 돈도 모두 압수당하고 어마어마한 벌금도 물어야 한다. 조심해서 나쁠 것이 없다.

★ 신용카드

고급 호텔과 레스토랑에서 신용카드를 사용할 수 있다. 숙소에서 체크인 시 보증금Deposit을 위해 신용카드를 요청하는 경우가 많으니 꼭 챙겨 가도록 하자. 공항과 호텔, 시내 곳곳에 24시간 현금지급기ATM가 있어 국제현금카드를 이용할 수도 있다.

★ 전압

220V, 50Hz. 둥근 모양의 콘센트를 갖고 있다. 대부분의 한국 전자제품을 그대로 사용할 수 있다.

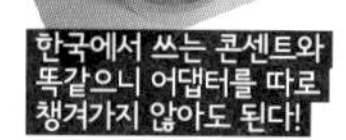

한국에서 쓰는 콘센트와 똑같으니 어댑터를 따로 챙겨가지 않아도 된다!

★ 와이파이

와이파이 인심도 후하고 속도도 빠른 편. 대부분의 호텔과 레스토랑, 스파숍, 카페 등에서 무료로 와이파이를 사용할 수 있다.

★ 로밍과 유심

본인의 휴대 전화를 로밍해도 되고 현지에서 SIM 카드를 구매해 베트남 전화번호를 개통할 수도 있다. 가격적인 면에서는 현지에서 유심카드를 구입하는 것이 가장 좋다. 요금은 선불제이고 공항 내 카운터나 시내의 여행사 등에서 구매하면 된다(p.278 참고).

★ 물(식수)

베트남의 수돗물은 석회질이 다량 함유되어 있어 그냥 마시면 안 된다. 반드시 생수를 사서 마시도록 하자. 베트남의 대표 생수 브랜드는 아쿠아피나Aquafina(펩시콜라), 다사니Dasani(코카콜라), 라비에La vie(네슬레)이다. 350ml 정도의 작은 병은 한화로 약 200~300원 정도이다.

★ 치안

치안은 안전한 편이다. 하지만 스스로 조심해야 하는 부분도 있으니 과음은 삼가고 어두운 밤에 으슥한 골목길 등은 돌아다니지 않도록 하자.

★ 국경일과 기념일

베트남의 국경일은 모두 6개로, 휴일로 정해져 있다. 만약 국경일이 일요일 혹은 공휴일과 겹치면 다음 첫 번째 평일에 하루 더 쉴 수 있다. 가장 큰 명절인 음력설(뗏응우옌단)의 공식적인 휴일은 5일이지만 앞뒤로 1주일 이상 쉬는 곳도 많다. 이 기간에는 택시 등의 교통편을 구하기도 힘들고 식당이나 스파숍 등이 문을 열지 않아 여행에 어려움이 있다. 그 외 추석을 포함한 기념일은 휴무가 아니다.

국경일(붉은 글씨)과 기념일

날짜	내용	한국과 비교
1월 1일	신년Tết Dương Lịch	
음력 1월 1일~5일	뗏응우옌단Tết Nguyên Đán	설날
음력 1월 15일	정월 대보름Tết Nguyên Tiêu	
2월 3일	공산당 창립기념일 Ngày Thành Lập Đảng Cộng Sản	
음력 3월 10일	훙브엉 기일Giỗ Tổ Hùng Vương	개천절
음력 4월 15일	석가탄신일Lễ Phật Đản	
4월 30일	통일기념일Ngày Giải Phóng	
5월 1일	국제 노동절 Ngày Quốc Tế Lao Động	
5월 19일	호찌민 탄생일 Ngày Shin Chủ Tịch Hồ Chí Minh	
음력 8월 15일	중추절Tết Trung Thu	추석
9월 2일	독립기념일Quốc Khanh	광복절

알고 보면 더 재밌는 다낭 상식

알아두면 쓸모 있는 다낭 여행 꿀팁!
우리나라와 닮은 듯 다른 다낭의 이모저모를 살펴보도록 하자.

★ 나름의 사계절이 있어요

한국의 사계절과는 확연한 차이가 있지만, 다낭도 나름의 사계절을 느낄 정도가 된다. 2~4월은 한국의 초여름에 해당하는 날씨로 해가 있을 때는 약간 더운 정도지만 저녁이 되면 선선하다. 5~8월은 무더운 여름으로 체감 온도가 40도까지 올라가서 한낮의 활동은 힘들다. 본격적인 우기가 시작되는 10월 중순 이후부터는 하루가 다르게 기온이 내려가 11월부터 이듬해 1월까지는 두꺼운 점퍼를 입는 사람들도 늘어난다. 특히 후에는 이 시기에 기온이 10도까지 내려가기도 한다. 여행 기간의 날씨를 고려해 여행 계획을 잘 세우는 지혜가 필요하다.

★ 일방통행 도로가 많아요

다낭 시내는 교통량이 많고 복잡하다. 차량 통행의 원활한 소통을 위해 일방통행을 시행하는 곳이 많다. 예를 들면 강변과 접해 있는 박당Bạch Đằng 거리는 남쪽에서 북쪽으로, 그 이면 도로인 쩐푸Trần Phú 거리는 북쪽에서 남쪽으로만 통행한다. 택시를 탔을 때 일부러 빙 둘러가는 것이 아니라 일방통행 때문에 그런 것이다. 사이사이 일방통행 도로를 연결하는 작은 도로들이 많아 차량 진행 방향을 바꾸는 데는 아주 잠깐의 시간이 필요할 뿐이다.

★ 와이파이 인심이 좋아요

베트남은 IT 강국이다. 성인의 스마트폰 사용률은 70%가 넘어 인도네시아나 필리핀보다 높은 수치다. 인터넷과 와이파이 속도가 빠르고 어디에서나 쉽게 사용할 수 있다. 데이터 사용은 그랩과 구글 길 찾기에만 사용한다 생각해도 무방하다.

★ 배달의 민족이에요

음식 배달 시스템이 무척 발달했다. 배달의 전통적인 방식인 전화 주문도 있지만, 배달 앱을 통한 서비스가 더 활발하다. 그랩 푸드Grab Food, 푸디Foody, 배달 K 등이 다낭 지역에서 널리 이용되는 앱이다. 고급 리조트로 배달 음식을 주문해도 눈치 주는 사람이 없는 것도 특징! 리셉션에서 배달 음식을 다 받아주고 객실로 안내 전화까지 넣어준다.

★ 실내 흡연이 보편적이에요

다낭을 포함한 베트남은 흡연에 관대한 나라다. 삼삼오오 모여 커피나 술을 마시면서 수다를 떨고 담배 피우는 것을 매우 즐겨한다. 조금씩 나아지고는 있지만, 식당이나 카페에서 실내 흡연을 하는 곳이 많다. 술집은 거의 100%에 가까운 실내 흡연율을 갖고 있다. 이런 점을 미리 알고 현지에서 당황하지 않도록 하자.

★ 새벽부터 문을 여는 식당이 많아요

어떨 때 보면 정말 경이로울 만큼 베트남 사람들의 생활력은 강하다. 새벽 5~6시부터 문을 열어 늦은 밤까지 영업하는 식당들이 꽤 있는 편이다. 심지어 설날 같은 명절을 제외하고 쉬는 날도 없다. 조식 불포함으로 숙소를 예약해도 아침을 먹는 데는 전혀 문제가 없고 하루쯤은 호텔 조식 대신 뜨끈한 쌀국수를 즐기는 것도 고려해볼 수 있다.

★ 택시 이용이 쉬워요

다낭은 콜택시(미터 택시)가 발달해 있다. 호텔에 요청하면 콜택시를 불러주며, 추가 요금도 별도로 받지 않는다. 필요할 때는 식당에서도 쉽게 이용할 수 있다. 영어나 베트남어는 서로 통하지 않을 수 있으므로 목적지의 주소를 보여주는 것이 가장 정확하다. 베트남(다낭)은 주소 체계가 매우 잘되어 있어서 주소만 보여주면 딱 그 앞에 세워주는 경우가 대부분이다.

more & more **베트남의 영웅들과 거리 이름**

베트남 각 도시에 있는 거리 이름은 베트남의 영웅이나 역사적인 일 등에서 가져온 것이다. 그래서 도시마다 같은 이름의 거리가 있고 다낭과 호이안, 후에도 예외가 아니다. 예를 들면 박당Bạch Đằng 거리는 938년과 1288년, 두 번에 걸쳐 중국과 몽골을 몰아낸 전투의 이름이고, 그 전투를 이끈 장군인 베트남의 국민 영웅, 쩐흥다오Trần Hưng Đạo의 이름을 딴 거리가 있는 식이다. 흥브엉Hùng Vương, 쩐푸Trần Phú, 레주언Lê Duẩn 등이 모두 거리 이름이자 베트남 영웅들의 이름이다. 거리 이름을 알면 베트남의 역사도 알게 된다.

다낭의 박당Bạch Đằng 거리

다낭에 대해 알고 싶은 8가지

아름다운 바다와 여유로운 리조트, 신나는 테마파크에 시원한 마사지까지!
일상을 떠나 이국적인 다낭과 호이안, 후에의 매력에 흠뻑 빠져보자.
다낭을 여행하기 전 자주 묻는 질문을 모두 모았다.

Q1 다낭 여행의 매력은 뭔가요?

일단은 가깝다. 비행 시간 6시간 이상과 4시간 남짓은 체감상 매우 다르다. 주말을 낀 짧은 휴가로 다녀오기에도 딱 맞다. 휴양을 위한 해변과 적당한 관광 거리가 있으니 어떤 성격의 여행도 마음대로 계획할 수 있다. 무엇보다 가성비가 끝내준다. 합리적인 가격의 숙소들이 지천이고 베트남 음식과 커피는 놀라울 정도로 저렴하다. 고풍스러운 아름다움이 남아 있는 호이안과 베트남 마지막 왕조가 자리했던 후에가 불과 1~2시간 거리에 있는 것도 다낭 여행의 매력이다.

Q2 다낭을 여행하기에 좋은 시기는 언제인가요?

1년 내내 많은 여행자가 찾는 다낭이지만, 휴양과 수영을 주 목적으로 한다면 여름(5월~8월)이 좋다. 이 시기는 많은 동남아 지역이 우기에 돌입하지만, 다낭만은 화창한 날씨가 이어진다. 호이안과 후에를 집중적으로 돌아다니는 여행을 하고 싶다면 봄에 해당하는 2월~4월이 제격이다. 비도 많이 오지 않고 무덥지 않아서 관광하기에 좋은 날씨다. 9월~11월은 1년 치 강수량이 몰려 있는 기간으로 물놀이보다는 식도락과 마사지 등의 실내 활동에 무게중심을 두어야 한다.

Q3 숙소는 어디가 좋을까요?

숙소는 백만 원 가까이 하는 최고급 숙소부터 몇만 원대 숙소까지 선택의 폭이 넓다. 숙소를 정하기 전에 여행의 일정부터 먼저 정리해보는 것이 순서다. 늦은 시간 도착하는 스케줄이거나 밖에 돌아다니는 일정이 많다면, 고급 숙소에 머무는 것은 아까울 수 있다. 휴양에 올인할 것이 아니라면 저렴한 숙소와 고급 숙소를 나누어 잡는 것이 금액도 아끼고 일정에도 도움이 된다.

Q4 비용은 얼마나 잡으면 될까요?

3박 5일, 2인 기준 예산으로 항공금액에 5만 원 정도 하는 저렴한 숙소에서 1박+20만 원 정도 하는 고급 숙소에서 2박 한다면 기본 비용은 1인당 60~70만 원 정도 나온다. 여행 가서 쓰는 금액은 식사, 마사지, 교통 등인데 이 비용은 크게 부담되지 않는 수준이다. 1인당 200~250불 정도면 충분하다. 아껴 쓰는 사람이라면, 200불 이하로도 충분히 여행을 즐길 수 있다.

Q5 환전은 어떻게 하나요?

한국에서 미국 달러(USD)로 환전한 후, 현지에서 베트남 동으로 다시 환전하는 것이 가장 좋다. 환전은 현지의 은행을 이용하는 것이 가장 안전하고 믿을 만하다. 현지에서 베트남 동을 받을 때는 50만 동 위주로 받고 20만 동과 10만 동을 약간 섞어서 받으면 편리하다. 소액권이 필요할 때는 호텔 리셉션에서 바꿔서 사용하면 된다. 음식점, 쇼핑 숍 등에서 큰 단위의 돈을 사용하고, 거스름돈을 잘 챙겨두는 것도 팁!

Q6 데이터로밍 vs 현지 유심 vs 포켓 와이파이 중 어떤 것이 좋을까요?

여행 중 지도 등의 정보 확인을 하거나 교통편 등을 이용할 때 필수가 된 스마트폰! 이때 필요한 데이터를 사용하기 위해 3가지 방법 중 하나를 택해야 한다. 가장 많이 이용하는 **현지 유심**은 금액이 저렴하지만, 한국에서 쓰던 번호와 달라져 한국에서 오는 전화는 받을 수 없다. **데이터로밍**은 절차가 간단하고, 쓰던 번호 그대로 유지되는 덕분에 한국에서 걸려온 전화를 받을 수 있다. 다만 금액이 좀 부담스러운 것이 흠이다. **포켓 와이파이**는 일행이 여럿일 때 유용하다. 하지만 별도로 신청을 하고 기기를 받고, 여행 중에도 수시로 충전을 해야 하는 번거로움이 있다. 일정 중 일행과 잠시 떨어지면 누군가는 데이터를 사용할 수 없는 불편함도 동반된다.

한국에서 걸려오는 전화를 꼭 받아야 하는 비즈니스맨이라면?	⇒ 데이터로밍
한국과 연락은 톡으로 충분, 저렴하게 이용하고 싶다면?	⇒ 현지 유심
일행이 3인 이상이라면?	⇒ 와이파이 도시락

Q7 영어 소통이 가능한가요?

다낭은 관광지로 개발된 지 얼마 되지 않았기 때문에 영어 소통이 원활한 편은 아니다. 하지만 리조트나 고급 레스토랑에서는 문제없다. 호이안과 후에는 오래전부터 서양 배낭여행자들이 드나들던 여행지라 다낭보다는 영어 소통이 편안한 편이다.

Q8 다낭은 팁 문화가 있나요?

다낭은 팁 문화가 엄격하지 않다. 의무 팁은 스파숍에서만 적용된다. 팁은 여행의 행복감을 높여주는 윤활제 정도로 생각하고 호텔에서 짐을 옮겨주는 벨보이에게, 객실 청소 시에, 1인당 1~2불 정도의 매너 팁을 주는 것으로 족하다.

아이와 함께하는 3박 4일

해변에서 즐거운 물놀이, 흥미로운 테마파크부터 호이안의 이국적인 풍경까지!
부모와 아이가 모두 즐거운 일정으로 구성해보자!

★ Day 1 다낭 도착

14:10 다낭 도착
인천-다낭 대한항공편 도착 기준

15:30 숙소 체크인 + 리조트 내 수영장 혹은 해변 즐기기
짐 풀자마자 수영장으로 고고~!! 뭐든 해도 되는 자유, 아무것도 하지 않아도 되는 자유를 만끽해보자.

18:00 저녁 식사
벱 꾸어 응오아이(p.120)

20:00 스파 즐기기
다한 스파 다낭(p.140)

★ Day 2 리조트 내 자유시간 + 호이안 즐기기

09:00 리조트 내 조식 즐기기

11:00 리조트 내 수영장과 해변에서 물놀이

13:00 점심 식사
리조트 내 풀 바 혹은 버거브로스 햄버거 배달(p.131)

15:30 호이안으로 출발

16:00 호이안 올드타운 산책(p.170) **/소원배 타기**(p.171)

19:00 저녁 식사
윤식당(p.201) 혹은 비엣 응온(p.200)

21:00 숙소 귀환

Tip | 숙소 예약 전에 일정을 먼저 정하자!

다낭은 휴양과 관광, 두 마리의 토끼를 모두 잡을 수 있어서 다양한 여행 계획이 가능하다. 또한, 여행구성원에 따라 커플 여행이나 신혼여행, 어르신들을 모시고 가는 효도 여행, 아이와 함께 하는 가족 여행 등도 모두 만족할 수 있는 여행지다. 무턱대고 숙소부터 예약을 하기보다는 일정을 먼저 정하고, 그에 맞는 곳으로 숙소를 정하도록 하자.

★ Day 3 즐거운 테마파크 나들이

09:00 바나힐 썬 월드(p.113) **or 빈원더스**(p.194)
긴 케이블카와 시원한 바나산의 정상에서 쾌적하게 놀이기구를 즐길 수 있는 바나힐, 혹은 사파리와 워터파크를 함께 즐길 수 있는 빈원더스 중에서 취향에 맞는 곳으로 골라보자.

18:00 저녁 식사
마담 런(p.127) or 분짜 짜오 바(p.124)

20:00 롯데마트 쇼핑

22:00 숙소 귀환

★ Day 4 한국으로 출발

10:00 조식 후 체크아웃
예약해둔 스파숍 차를 타고 스파숍으로 이동

10:30 스파 받기
아지트 스파(p.141)

12:00 점심 식사
피자 포피스(p.130) or 퍼 홍(p.123)

13:00 점심 식사 후 스파숍 차를 타고 공항으로 출발

15:40 한국으로 출발
다낭–인천 대한항공편 출발 기준

Try Da Nang 02

부모님을 위한 효도 여행 3박 4일

부모님을 모시고 가는 효도 여행은
아무래도 관광 위주의 일정이 될 수밖에 없다.
밖에서 보내는 시간이 많으므로 고급 숙소들보다는 가성비 있는 숙소가 더 합리적이다.
여행사 등을 통해 맞춤 차량을 예약해두면 든든하다.

★ Day 1 다낭 도착 / 호이안으로 이동

14:10 다낭 도착
인천–다낭 대한항공편 도착 기준

15:00 호이안으로 이동

16:00 호이안 도착 / 호이안 숙소 체크인

16:30 호이안 올드타운 산책(p.170) **/ 소원배 타기**(p.171)

19:00 저녁 식사
미스 리 카페(p.202) or 비엣 응온(p.200)

20:30 스파 받기
빌라드스파(p.214)

★ Day 2 오전 / 호이안 즐기기 – 다낭으로 이동

07:00 조식 전 호이안 중앙시장 구경하기

09:00 조식 후 호이안 둘러보기
관광객 없는 호이안을 호젓하게 걸으며 다양한 고가나 회관 등을 둘러보자(p.173~174). 중간에 힘들면 커피 한 잔 마시거나 마사지로 지친 발걸음을 쉬게 하는 것도 팁!
파이포 커피(p.209) & 릴렉시(p.215)

12:00 체크아웃 후 예약해 둔 맞춤 차량 미팅

12:30 점심 식사
호아 히엔(p.204)

13:30 오행산 & 영응사 둘러보기

18:00 다낭 숙소 도착 / 체크인

19:00 저녁 식사
마담 런(p.127) or 반쎄오 바즈엉(p.121)

21:00 한강 산책 + 야경 감상(p.96)

22:00 숙소 귀환

★ Day 3 다낭 시내 즐기기

09:00 조식

10:00 다낭 대성당(p.100)**, 한 시장**(p.145) **둘러보기**

12:00 점심 식사
퍼 박 하이(p.122) or 분짜 짜오 바(p.124)

14:00 스파 받기
흥짬 스파(p.139)

16:00 롯데마트 쇼핑

19:00 저녁 식사
다빈(p.131) or 벱 꾸어 응오아이(p.120)

21:00 썬짜 야시장 방문(p.106)

★ Day 4 한국으로 출발

09:00 조식

10:00 참 박물관 방문(p.102)

12:00 체크아웃 / 점심 식사
반꾸온 띠엔흥(p.125) or 후띠에우 키키(p.128)

13:00 공항으로 출발

15:40 한국으로 출발
다낭–인천 대한항공편 출발 기준

커플 혹은 동성 친구와의 여행 3박 4일

연인이나 동성 친구와 함께 하는 여행이라면 숙소에 좀 더 투자하자.
3박을 모두 다낭에 묵어도 좋지만, 다낭 2박+호이안 1박도 고려해볼 만하다.

★ Day 1 다낭 도착

14:10 다낭 도착
인천–다낭 대한항공편 도착 기준

15:30 숙소 체크인 + 리조트 내 수영장 혹은 해변 즐기기
수영장이나 해변에 들어가기 전, 인증사진은 필수! 오후 6시를 전후해 사진이 기가 막히게 나오므로 저녁 식사는 조금 뒤로 미루어두자.

19:00 저녁 식사
켄따(p.131) or 버거브로스(p.131)

21:00 미케 해변에서 즐기는 밤
파라다이스 비치(p.138)

★ Day 2 리조트 내 자유시간 + 오후에 다낭 시내 즐기기

08:00 리조트 내 조식 즐기기

09:30 리조트 내 수영장과 해변에서 물놀이

13:00 다낭 시내로 외출 / 점심 식사
흐엉박 꽌(p.126) or 분짜 짜오 바(p.124)

14:00 한 시장에 들러 아오자이 맞추기
아오자이가 완성될 동안 한 시장(p.145), 다낭 대성당(p.100) 둘러보기

16:00 커피 한 잔 마시며 베트남 여행의 낭만을 즐기는 것은 선택이 아닌 의무!
남 하우스 카페(p.133) or 원더러스트(p.135)

17:00 스파 받기
퀸 스파(p.140)

19:00 저녁 식사
반쎄오 바즈엉(p.121) or 타이 마켓(p.130)

21:00 한강 산책 + 야경 감상(p.96)

22:00 다낭의 흥겨운 나이트라이프 즐기기
오큐 라운지 펍(p.136)

★ Day 3 호이안으로 이동

08:00 조식 즐기기

10:00 체크아웃 전까지 롯데마트 다녀오기

12:00 체크아웃 / 호이안으로 이동

13:00 호이안 도착 /
숙소에 짐 맡기고 외부로 나가 점심 식사
화이트 로즈(p.200) or 호로콴(p.201)

14:00 숙소 체크인

15:00 안방 해변 방문
안방 해변의 레스토랑들과 카페 중 원하는 곳에 방문(p.212)

17:30 숙소 귀환 / 호이안 올드타운 즐기기

19:00 저녁 식사
미스 리 카페(p.202) or
Vy's 마켓 레스토랑(p.202)

20:30 스파 받기
빌라드스파(p.214)

★ Day 4 오전 / 호이안 즐기기 - 한국으로 출발

08:00 조식 후 호이안 둘러보기
관광객 없는 호이안을 호젓하게 걸으며 사진을 충분히 찍고 중간에 예쁜 카페에 들러 커피나 차도 마셔보자! 리칭 아웃 티하우스(p.204) or 더 힐 스테이션(p.209)

11:30 체크아웃 / 점심 식사
비엣 응온(p.200) or 누들 하우스(p.203)

12:30 공항으로 출발

15:40 한국으로 출발
다낭–인천 대한항공편 출발 기준

다낭 재방문 여행자를 위한 4박 5일 (다낭 2박+후에 2박)

다낭과 후에를 연계한 4박의 일정이다. 금액은 조금 비싸지만 후에 이동은 여행사의 맞춤 차량을 이용하면 쾌적하고 편리하다. 맞춤 차량이므로 하이반 패스 등을 코스에 넣어 드라이브도 즐길 수 있다. 여행사 버스나 기차 등을 이용하는 방법도 있다. 후에의 관광은 개별적으로 움직여도 되고 여행사의 일일 투어에 참여해도 된다. 후에를 먼저 가서 2박을 한 후 다낭 2박을 뒤로 두어도 무방하다.

★ Day 1 다낭 도착

14:10 다낭 도착
인천–다낭 대한항공편 도착 기준

15:30 숙소 체크인 + 리조트 내 수영장 혹은 해변 즐기기
다시 본 다낭과 반갑게 인사하는 시간!

19:00 저녁 식사
분보 베마이(p.126) or 반쎄오 바즈엉(p.121)

21:00 한강 산책 + 야경 감상(p.96)

22:00 숙소 귀환

★ Day 2 리조트 즐기기 / 오후에 호이안 방문

09:00 리조트 내 조식 즐기기

11:00 리조트 내 수영장과 해변에서 물놀이

13:00 점심 식사
리조트 내 풀 바 혹은 버거브로스 햄버거 배달(p.131)

15:30 호이안으로 출발

16:00 호이안 올드타운 산책(p.170) / **소원배 타기**(p.171)

19:00 저녁 식사
Vy's 마켓 레스토랑(p.202) or 비엣 응온(p.200)

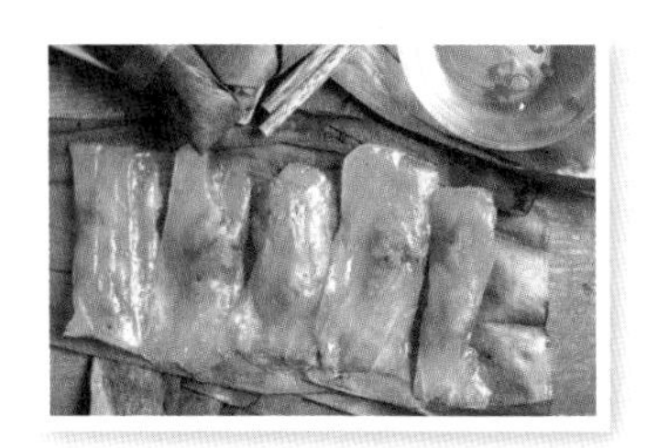

★ Day 3 후에로 이동

10:00 조식 후 체크아웃

11:00 후에로 이동

14:00 후에 도착 / 숙소에 짐 맡기고 점심 식사
마담 투(p.259) or 메종 트랑(p.262)

15:00 숙소 체크인 / 휴식

17:00 흐엉강변 산책 + 후에 시내 어슬렁거리기(p.244)

19:00 저녁 식사
꽌 한(p.258)

21:00 후에 여행자 거리 구경하기(p.245)

★ Day 4 후에 관광하기

08:00 조식

09:00 후에 왕궁 둘러보기(p.246) or 일일 투어 이용

12:00 점심 식사
레 쟈뎅 드라 까람볼(p.259) or 일일 투어 이용 시 투어에 식사 포함

13:00 쿱 마트 내 하이랜드 커피에서 아이스 아메리카노 마시기(p.264)

14:00 티엔무사원, 뜨득 왕릉, 카이딘 왕릉, 민망 왕릉 둘러보기(p.254~) or 일일 투어 이용

19:00 저녁 식사
골든 라이스 레스토랑(p.262) or 눅 이터리(p.262)

21:00 DMZ 바에서 맥주 한잔하면서 하루를 마무리

*일일 투어 이용 시 보통 8시 출발, 17시 정도에 종료한다. 간단한 점심이 포함된 경우가 많다.

베트남 중부 완전 정복 5박 6일

다낭과 주변 지역을 온전히 즐기고 싶은 당신을 위한 스페셜 코스!
짜릿한 액티비티부터 로맨틱하게 즐기는 호이안, 역사의 도시 후에 탐방까지 다녀오는 일정이다.

★ Day 1 다낭 도착

14:10 다낭 도착
인천–다낭 대한항공편 도착 기준

15:30 숙소 체크인 + 리조트 내 수영장 혹은 해변 즐기기
짐을 풀고 제일 먼저 해변과 수영장으로 고고!

18:00 저녁 식사
켄따(p.131) or 벱 꾸어 응오아이(p.120)

20:00 스파 즐기기
다한 스파 다낭(p.140)

★ Day 2 짜릿한 다낭 액티비티

09:00 서핑 즐기기(p.107)
서핑에 안성맞춤인 다낭 해변에서 서핑을 즐겨보자. 초보자도 쉽게 배울 수 있다.

13:00 점심 식사
분짜 짜오 바(p.124) or 반꾸온 띠엔흥(p.125)

14:00 다낭 시티 투어
오행산, 영응사, 다낭 대성당, 한 시장, 참 박물관을 중심으로 여유롭게 다낭을 둘러보자.

18:00 저녁 식사
올리비아 프라임 스테이크하우스(p.129) or 피자 포피스(p.130)

20:00 한강 크루즈(p.97)
시원한 바람을 가르는 한강 크루즈를 타고 다낭의 야경을 만끽해보자.

★ Day 3 로맨틱 호이안 즐기기

08:00 호이안 에코 투어(p.190)
호이안의 넓은 들과 강을 누비며 각종 볼거리와 할 거리를 즐겨보자.

13:00 점심 식사
윤식당(p.201) 혹은 호로콴(p.201)

14:00 마사지
미노 스파(p.215)

16:00 호이안 올드타운 산책

18:00 저녁 식사
바레 웰(p.206) 혹은 비엣 응온(p.200)

20:00 호이안 야시장 구경(p.180)
대나무 등이나 찻잔, 실크 스카프 등 호이안의 각종 공예품을 구경하거나 소원배를 타는 등 여유롭게 투본강변을 둘러보자. 강가에 앉아 시원한 음료수를 마시며 느긋한 호이안의 밤을 즐겨도 좋다.

★ Day 4 후에 탐방

다낭에서 출발하는 일일 투어 이용

08:00 다낭 출발 / 하이반 패스에서 시원한 드라이브
오전 티엔무 사원, 뜨득 왕릉, 카이딘 왕릉, 민망 왕릉 둘러보기

13:00 일일 투어에 포함된 점심 식사
오후 후에 왕궁 둘러보기

17:00 후에 출발

20:00 다낭 귀환 / 저녁 식사
반쎄오 바즈엉(p.121) or 분보 베마이(p.126)

★ Day 5 한국으로 출발

10:00 조식 후 체크아웃
미리 예약해둔 스파 차량을 타고 스파로 이동

10:30 스파 받기
아지트 스파(p.141)

12:00 점심 식사
흐엉박 꽌(p.126)or 퍼 홍(p.123)

13:00 점심 식사 후 스파숍 차를 타고 공항으로 출발

15:40 한국으로 출발
다낭-인천 대한항공편 출발 기준

Mission in Da Nang

다낭에서
꼭 해봐야 할 모든 것

다낭 여행자의 버킷리스트 Best 10

다낭 여행을 계획하며 무엇을 해야 할까? 고민하는 여행자들을 위해 다낭에서 꼭 해야 할 10가지를 뽑아봤다.
혹시라도 일정 동안 모두 소화하지 못해 아쉬움이 남더라도 다음을 기약해보자.
다낭은 안 가본 사람은 있어도 한 번만 방문하는 사람은 없다는, 아주 매력적인 여행지니까!

1 식도락 투어

오늘은 뭘 먹어야 할까? 고민스러울 만큼 하루하루가 즐거운 '베트남의 맛'! 이국적인 베트남 음식을 즐기는 것은 다낭 여행의 큰 즐거움 중 하나이다. 북부와 남부의 음식 문화가 만나는 다낭은 미식 여행에도 최적화되어 있다.

2 순도 높은 휴양 즐기기

다낭의 큰 매력은 호캉스를 제대로 즐길 수 있다는 점이다. 게다가 가성비까지 좋으니 주머니 사정이 가벼운 여행자들도 흡족할 수밖에 없다. 다낭과 호이안의 해변은 한적하고 여유로운 해수욕에도 안성맞춤이다. 리조트의 선베드에 누워 시원한 맥주 한 잔 마시면 인생 뭐 별거 있나! 세상 근심이 다 사라지는 느낌이다.

3 피로가 싹 풀리는 마사지 받기

태국의 지압식 마사지와 발리의 부드러운 오일 마사지의 중간 정도 되는 베트남 마사지. 한국보다는 저렴하므로 여행 중 한두 번은 베트남 마사지를 받아보자. 가끔 고급 스파숍에서 호사를 부려보는 것도 괜찮다. 여기는 다낭이니까! 마사지숍이 많이 생기면서 저렴하고도 실력 좋은 곳이 점점 더 많아지고 있다.

4 시원한 바람을 맞으며 드라이브

다낭의 해안도로는 남쪽으로는 호이안, 북쪽으로는 하이반 패스를 넘어 후에로 이어지며 끝없이 뻗어 있다. 명소 곳곳을 둘러보는 관광도 좋지만 하루쯤 차량을 대절하여 북쪽 끝까지 달려보자. 탁 트인 경관이 그동안 쌓인 스트레스를 시원하게 풀어준다.

5 호젓한 도보 여행

다낭의 한강변과 해변, 호이안의 올드타운은 로맨틱한 산책을 좋아하는 여행자에게 보석과도 같은 곳이다. 찬찬히 걸으며 여행의 여유로움을 만끽할 수 있는 곳들이다. 특히 호이안은 여행자들이 몰려들지 않는 이른 아침 시간이, 다낭의 한강변은 화려한 야경이 수놓아지는 저녁 시간이 산책하기 더 즐겁다.

6 1일 1카페 순례

다낭은 커피 마니아들에게 천국 같은 곳이다. 눈만 돌리면 맛있고 저렴한 커피를 파는 카페들이 지천에 있기 때문이다. 특히 다낭 시내에는 베트남식 전통 카페와 최신 커피숍이 어우러져 있어 선택의 폭도 넓다. 연유, 코코넛, 달걀, 소금 등의 재료를 더한 베트남식 커피를 모두 즐기려면 1일 1카페 순례는 필수! 젤리가 든 밀크티, 망고 주스, 코코넛 주스, 요거트 등도 카페에서 쉽게 접할 수 있는 메뉴이다.

7 자연과 더 가까이

강과 바다, 논과 밭이 어우러진 호이안 일대는 자연과 함께하는 힐링 여행에 더없이 좋은 곳이다. 넓은 논밭을 자전거로 둘러보고, 전통 배낚시나 허브 농사 체험, 쿠킹 클래스 등에 참가해보자. 이곳만의 다양하고 알찬 에코 투어는 여행을 더욱 풍요롭게 만든다.

8 아오자이 입고 인생샷 남기기

'아오자이'는 베트남 전통 의상으로 '아오'는 '상의', '자이'는 '길다'라는 뜻이다. 여성뿐 아니라 남성용 아오자이도 있다. 구입처는 한 시장 2층이나 꼰 시장과 가까운 레주언Lê Duẩn 거리로 가면 된다. 아오자이가 가장 잘 어울리는 곳은 호이안 올드타운과 후에의 왕궁이다. 베트남 전통 모자인 논라Non-la도 잊지 말자!

9 짜릿한 놀이공원 즐기기

베트남 최고의 놀이공원으로 손꼽히는 바나힐과 썬월드, 그리고 빈원더스에는 하루 종일 돌아다녀도 부족할 정도로 다양한 놀이기구와 볼거리가 가득하다. 최신 시설이 잘 갖춰진 놀이동산에서 동심으로 돌아가 신나게 돌아다니는 것도 다낭 여행자라면 나이 불문, 꼭 해야 하는 일 중 하나!

10 신비로운 유적지 탐방

베트남 전역을 통틀어 가장 인상 깊은 유적이 다낭 인근에 모여 있다. 남쪽으로는 우리에게 낯설어 더 독특하게 느껴지는 힌두 유적인 미썬 유적지가, 북쪽 후에 지역에는 베트남 통일왕조인 응우옌 왕조의 왕궁과 묘가 자리하고 있다. 새롭고 놀라운 볼거리를 원하는 여행자라면 유적 탐방으로 다낭을 더욱 알차게 즐겨보자.

다낭 & 호이안 & 후에에서 놓치면 100% 후회할 곳

다낭은 도시 자체의 매력도 크지만, 인근에 호이안과 후에가 있어 더욱 매력적인 여행지이다.
넓은 해변과 고급스런 리조트만으로 만족할 수 없는 여행자라면 다낭 인근의 여행지까지 눈여겨보자.
다낭과 호이안, 후에에서 엄선한 12곳을 소개한다.

❶ 후에 왕궁 p.246

우리나라 경주에 비견되는 역사도시 후에. 곳곳에 남아 있는 베트남의 발자취를 찾아보자. 후에의 고즈넉한 분위기는 오래도록 특별하게 기억될 것이다.

❷ 하이반 패스 p.118

높고 험난해서 베트남 남북을 경계 지었다는 하이반 패스는 세계에서 가장 아름다운 드라이브 코스로 손꼽힌다. 정상의 옛 요새와 드문드문 내려다보이는 해변은 다낭 최고의 절경 중 하나.

❸ 영응사 썬짜 반도 p.108

썬짜 반도 언덕에 자리한 흰색 입불상은 다낭 어디에서나 볼 수 있을 정도로 크고 아름답다. 다낭의 수호신으로 꼽히는 존재인 만큼 소원을 빌거나 행운을 기대해보자. 입불상 외에도 다양한 모습의 불상들을 볼 수 있으며, 날씨 좋은 날에 이곳에서 내려다보는 해변의 전망은 최고이다.

❹ 다낭 시내 참 박물관, 다낭 대성당 p.100~

다낭의 시내는 하노이나 호찌민 시티에 비해 훨씬 한적한 분위기지만 넓은 한강이 자리하고 있어 운치가 있다. 주말마다 불쇼가 벌어지는 용교와 핑크빛의 다낭 대성당, 세계적인 수준의 소장품을 볼 수 있는 참 박물관은 놓치지 말자.

❺ 한강 p.94

다낭을 제대로 여행하려면, 시내를 가로지르는 아름다운 한강을 놓치지 말자. 한강은 낮에도, 밤에도 아름답다. 특히 밤이 되면 다낭을 가로지르는 여러 개의 다리와 건물들이 일제히 반짝인다. 낮에는 한적하고 여유롭게, 밤에는 현지인들과 로맨틱하고 떠들썩한 분위기에서 산책할 수 있다.

❻ 다낭 해변 미케 해변, 논느억 해변 p.98~

아무 할 일 없이 빈둥거리는 것만으로도 충분한 다낭의 해변! 잔잔한 파도가 치는 바다를 바라보며 누워 있다 보면 이곳이 천국 아닐까 하는 생각이 들 정도이다.

❼ 오행산 p.110

유교에서 따온 이름 때문에 왠지 지루할 것 같은 인상이지만, 기기묘묘한 동굴과 기분 좋은 등산로 사이의 작은 사원들이 아름답다. 햇살이 좋은 정오에 방문한다면 최고의 경관을 볼 수 있다.

❽ 바나힐 썬 월드 p.113

높은 산꼭대기에 위치한 바나힐 썬 월드는 다낭에서 겨울(?)을 느낄 수 있는 곳으로 현지인들에게 특히 인기 있다. 높은 케이블카에서 내려다보는 시원한 전경을 즐겨보자!

❾ 호이안 해변 안방 해변, 끄어다이 해변 p.185~

넓고 한적한 다낭 해변도 좋지만 배낭여행자의 감성에 딱 맞는 아늑한 해변은 호이안에 있다. 열대나무 아래에서 먹거리를 판매하는 상인들과 소풍 나온 현지인들로 특별한 매력을 간직한 곳.

❿ 호이안 올드타운 p.170

다낭 여행이 인기 있는 이유는 베트남에서 가장 아름다운 도시로 손꼽히는 호이안이 가까이 있기 때문이다. 산업화된 호찌민 시티나 유적이 대부분 파괴된 하노이, 후에에서는 힘든 옛 거리 산책은 다낭 여행의 하이라이트.

⓫ 호이안 올드타운 인근 깜탄섬 p.188

올드타운을 조금만 벗어나도 베트남 농촌의 한적하면서도 색다른 정취를 느낄 수 있다. 여행자들은 편평한 논을 자전거로 가로지르거나 농사짓기 체험을 하기도 한다. 어른들과 아이들에게 모두 인기 만점!

⓬ 미썬 유적지 p.196

전쟁으로 상당히 파괴된 탓에 상상력을 발휘해야 하지만 이국적인 분위기로 충분히 매력을 느낄 수 있다. 적은 노력과 짧은 시간을 투자해서 잠깐이나마 탐험가가 되어보는 경험을 즐겨보자.

Mission in Da Nang 03

테마파크 전격 비교!
바나힐 vs 썬 월드 vs 빈원더스

베트남의 테마파크는 대부분 한국에 비해 저렴한 데다가 이용자가 많지 않아 오래 기다리지 않고 모든 시설을 신나게 즐길 수 있다. 긴 케이블카나 독특한 조형물 등 소소하게 즐길 거리도 많으므로 수줍음을 버리고 동심으로 돌아가 신나는 한때를 즐겨보자.

바나힐 썬 월드 p.113

다낭 최고의 놀이동산

그저 긴 산악케이블카로만 알려졌던 초창기와 달리, 지금은 명실공히 다낭 최고의 테마파크로 자리 잡았다. 바나힐은 무엇보다도 높은 산 정상에 위치한 덕분에 다양한 매력이 더욱 빛난다. 특히 서늘하고 종종 짙은 안개로 뒤덮이는 정상의 날씨는 겨울을 그리워하는 많은 현지인과 여행자에게 또 하나의 매력이다. 놀이기구는 비록 우리나라처럼 으리으리하거나 스릴 넘치지는 않지만, 충분히 다양하면서도 즐겁다. 뜨거운 열기를 피해 색다른 볼거리를 원하는 여행자에게 추천하는 곳으로, 자녀가 있는 가족부터 로맨틱한 여행을 꿈꾸는 커플, 자연을 즐기는 어르신까지 모든 이들이 함께 즐길 수 있다.

매력 포인트

- ✓ 세계에서 제일 긴 케이블카
- ✓ 다낭에서 겨울을 즐기고 싶다면!
- ✓ 최신식 시설을 모두 공짜로~!

Tip | 테마파크 알차게 즐기는 법

1 아이와 함께 테마파크를 즐길 경우, 강한 충격을 받을 수 있는 범퍼카와 직접 브레이크를 작동해야 하는 알파인코스터 등을 탈 때는 특히 보호자의 주의가 필요하다.

2 놀이기구마다 이용 마감 시간이 다르기 때문에 늦게 도착한 경우에는 먼저 마감하는 놀이기구가 무엇인지부터 체크하자.

3 테마파크 내 레스토랑이 크게 비싸지 않기 때문에 특별히 도시락을 준비할 필요는 없다.

4 바나힐의 경우 종종 안개가 짙게 끼거나 쌀쌀해지므로 한국의 가을 날씨를 대비한 겉옷을 챙기자.

5 안전요원이 상주하고 있지만 기구를 탈 때 안전벨트 등은 스스로 체크해 안전하게 테마파크를 즐기자.

썬 월드 아시아 파크 p.105

시내 중심에서 즐기는 테마파크

다낭 한강변의 롯데마트와 야시장이 열리는 헬리오 센터 근처에 자리한 썬 월드는 거대한 관람차가 있어 멀리서도 눈에 띈다. 크게 무서운 놀이기구가 없으므로, 바나힐이 너무 멀거나 케이블카 타기가 부담스러울 때 찾기 좋다. 전체 구역이 해마다 계속 넓어지고 있고 아름답게 조경된 정원 사이사이 아시아 각국의 유적을 본떠 지은 건축물 등 구경할 것도 꽤 많다. 다낭 시내에 위치하고 있어 접근성이 무척 좋으며 강 한 쪽을 지나는 모노레일, 야경 감상에 좋은 관람차 썬 휠, 놀이터까지 있어 특히 어린 자녀와 함께 여행하는 가족이나 짧은 여행으로 시간적인 여유가 없는 여행자가 부담없이 들르기 좋다.

매력 포인트

- ✓ 접근성 최고!
- ✓ 대관람차에서 다낭 시내를 한눈에!
- ✓ 놀이동산에서 야경을 즐기고 싶다면~

빈원더스 남호이안 p.194

호이안 최초의 올인원 복합 휴양 리조트

호이안에서 남쪽으로 17km 떨어진 곳에 위치한 빈원더스는 '호이안 최초의 올인원 복합 휴양 리조트'를 표방하면서 골프장과 놀이기구, 사파리를 모두 한 지역에서 즐길 수 있게 조성됐다. 빈원더스는 놀이기구뿐만 아니라 다낭 지역에서 찾아보기 힘든 워터파크와 사파리까지 있다는 점이 최대 장점이다. 12개의 거대한 선박이 인공 수로 위에 정박한 형태로 조성된 아름다운 테마파크에는 놀이기구 외에도 동양 건축물을 감상할 수 있는 유람선과 전통 공예마을, 초콜릿 공작 체험소 등이 있어 다양한 경험을 할 수 있다. 아마존 테마로 형성된 수로 사파리 역시 이곳만의 매력이다. 다낭에서 한 시간 정도 떨어져 있다는 점이 아쉽지만 곧 바나힐의 아성을 위협하는 최고의 테마파크가 되리라 기대된다.

매력 포인트

- ✓ 물 위를 떠다니며 구경하는 사파리
- ✓ 시원한 워터파크
- ✓ 어른들을 위한 골프장도!

미식가가 추천하는 다낭 최고의 맛집

맛으로 유명한 베트남에서도 특히나 맛있는 음식이 가득한 다낭!
호이안과 후에에도 특색 있는 향토음식이 많다. 작가가 선정한 지역 최고의 맛집을 섭렵해보자!

★ 다낭

베트남 중부의 중심 도시인 다낭은 북쪽의 하노이, 남쪽의 호찌민 시티와는 또 다른 맛을 느낄 수 있는 미식 중심지로서 그 명성이 자자하다. 항구가 발달한 도시답게 해산물과 젓갈 음식이 발달했으며, 베트남 최고의 여행지인 만큼 세계 각국의 음식도 다채롭게 맛볼 수 있다.

퍼보

Phở Bò

소고기 쌀국수. '베트남 음식'하면 가장 먼저 생각날 정도로 우리에게 익숙하다. 제대로 된 전문점이라면, 고기 고명도 고를 수 있다.

···› **퍼 응온** (p.122)

미꽝

Mì Quảng

은은한 고소함을 품은 미꽝! 꽝남 지방의 대표 음식 중 하나로, 노란 강황 쌀국수에 고기와 새우, 채소, 땅콩 등을 넣고 육수를 자작하게 부어 비벼 먹는다.

···› **미꽝 홍번** (p.125)

분짜

Bún Chả

숯불에 구운 직화구이 고기와 국수를 새콤달콤한 소스와 함께 먹는 요리. 맛이 없을 수 없는 조합으로 한국인에게도 안성맞춤이다.

···› **분짜 짜오 바** (p.124)

분짜까

Bún chả cá

어묵이 들어간 별미 국수. 생선이 들어가는 분까Bún cá도 있다.

···› **분짜까 109** (p.127)

반꾸온 농

Bánh Cuốn Nóng

묽은 쌀가루 반죽을 뜨거운 찜통에 얇게 펴서 쪄내는 메뉴. 특별한 향신료가 없어 누구라도 부담 없이 즐길 수 있다.

···› **반꾸온 띠엔흥** (p.125)

반쎄오

Bánh Xèo

강황을 넣은 노란 쌀가루 반죽을 넓게 펴고, 그 위에 각종 해산물, 고기, 숙주 등을 얹어 부쳐낸 베트남식 부침개.

···› **반쎄오 바즈엉** (p.121)

★ 호이안

호이안에서는 올드타운 인근의 우물물로 만든 국수인 까오러우와 투명한 피로 만든 새우만두 반바오반박, 그리고 튀김만두 호안탄찌엔 등 독특한 향토음식을 즐기자!

반바오반박
Bánh Bao Bánh Vạc

흰색 만두피가 통통한 새우를 품었다! 쫄깃하고 담백한 맛의 만두로, 흰 장미(White Rose)라고도 불린다.

⋯ **화이트 로즈** (p.200)

호안탄찌엔
Hoành Thánh Chiên

베트남식 완탄. 일반 만두와 다르게 피만 얇게 튀긴 후 그 위에 토마토, 새우, 고기 등을 볶아 올려 만든다. 바삭한 식감이 그만이다.

⋯ **미스 리 카페** (p.202)

까오러우
Cao lầu

호이안식 비빔국수. 면을 반죽할 때 호이안의 우물물만을 사용한다. 우물물의 독특한 성분 때문에 다소 거칠고 툭툭 끊기는 식감이 난다. 양념 맛보다는 면의 감촉을 즐기는 요리다.

⋯ **리틀 파이포 레스토랑** (p.207)

★ 후에

후에는 베트남 왕조 시절의 옛 수도였던 만큼 음식에 대한 자부심도 남다른 곳이다. 화려한 궁중음식의 전통이 남아 있지만 실제로는 손이 많이 가는 가정식 음식이나 사찰 음식 등이 더 보편적이다.

분보후에 Bún Bò Huế

베트남 전국에서 사랑받는 고기 국수. 주재료인 소고기뿐 아니라 돼지의 다리, 선지, 햄, 튀긴 두부 등 다양한 재료가 들어가는 것이 정석.

⋯ **분보 덥다** (p.258)

넴루이 Nem lụi

돼지고기를 다져 레몬그라스에 말아 구운 꼬치구이. 라이스페이퍼에 채소를 넣고 쌈처럼 싸서 먹으면 된다.

⋯ **마담 투** (p.259)

반베오 Bánh Bèo

쌀과 타피오카를 섞은 반죽을 쪄낸 후 고명과 소스를 올려 먹는 요리. 몇 개만 먹어도 든든한 요기가 된다.

⋯ **꽌 한** (p.258)

반코아이 Bánh khoai

반쎄오와 비슷한 부침개. 반쎄오보다 크기가 아담하다.

⋯ **꽌 한** (p.258)

more & more 다낭의 해산물 식당

다낭은 해안을 끼고 있으므로 많은 여행자가 해산물에 대한 큰 기대를 안고 온다. 다낭에는 어시장 같은 분위기의 저렴한 곳부터 호텔 레스토랑처럼 고급스러운 곳까지 다양한 해산물 식당들이 포진해 있다. 하지만 태국이나 싱가포르 등을 여행해봤던 여행자라면, 다낭에서는 조금 기대치를 낮추어야 한다. 해산물 자체가 비쌀 뿐 아니라 조리법도 단순하기 때문이다. 특히 랍스터나 타이거새우 등은 한국의 물가와 비슷한 수준이다. 대신 가리비나 조개 등의 가격은 저렴하다. 어느 곳을 선택하더라도 해산물을 날로 먹는 것은 조심하는 것이 좋다. 다음은 현지인과 여행자들에게 꾸준히 사랑받고 있는 해산물 식당들이다.

베만 Hải Sản Bé Mặn

허름하지만 현지인에게는 무척 인기 있는 해산물 식당. 저렴한 대신 조금 혼잡하고 위생적이지는 않다는 것이 흠.

주소 Lô 11 Võ Nguyên Giáp, Mân Thái, Sơn Trà, Đà Nẵng
위치 팜반동 해변 북쪽 해안가

꾸어 비엔 Cua Biển

비교적 깔끔하고 무난한 해산물 식당. 친절한 직원들의 서비스도 받을 수 있다. 직접 해산물을 눈으로 보고 고를 수 있고 칠리크랩과 새우구이가 인기.

주소 112 Võ Nguyên Giáp, Phước Mỹ, Sơn Trà, Đà Nẵng
위치 팜반동 해변 북쪽 해안가

Mission in Da Nang 05

먹는 재미가 가득한 길거리 음식에 용감하게 도전!

여행 온 기분을 제대로 느낄 수 있는 건 뭐니 뭐니 해도 길거리 음식을 먹을 때다.
다낭에서만 맛볼 수 있는 음식을 마음껏 즐겨보자. 다만 위생이 좋지 않은 곳도 많으니 주의할 것!

반미 Bánh Mì

베트남에서 괜찮은 빵집을 찾기는 생각보다 어렵지만 바게트만은 한국보다 훨씬 낫다. 바삭하고 촉촉한 바게트에 각종 고기, 치즈, 허브 등을 듬뿍 넣은 베트남 특유의 샌드위치는 꼭 먹어보자. 특히 다낭과 호이안의 반미는 길거리에 보이는 노점 아무 곳에서나 사도 맛있다. 로컬 반미 노점에서는 대부분 고수를 넣어주므로, 싫으면 미리 빼달라고 해야 한다.

more & more 다양한 종류의 반미를 먹어보자!

유명 반미 가게에서는 다양한 종류의 속재료를 구비하고 있어서 취향에 따라 고를 수 있다. 비용을 추가하면 치즈나 아보카도 같은 고급(?) 재료도 더할 수 있다. 한국인은 매운맛을 선호한다고 생각해 묻지 않고 매운 소스를 첨가하기도 하므로 취향을 미리 정확히 말해야 한다. 주문은 '반미+속재료(돼지고기의 경우 반미 팃 느엉)'이라고 하면 된다.

망고 떡

이름은 '망고 떡'이지만, 사실 망고 모양일 뿐 견과류와 설탕이 든 찹쌀떡이다.

튀김

야채나 바나나 등 다양한 재료로 만든 튀김으로, 호이안 길거리에서도 흔하게 찾아볼 수 있다.

검은깨 죽

많이 달지 않아 출근길 아침 대용으로 좋은 검은깨 죽.

신또 Sinh tố

각종 과일과 연유를 갈아 만든 과일 쉐이크.

쩨 Chè

젤리, 팥, 코코넛밀크 등이 들어간 베트남식 디저트.

엿

이름도, 모양도 우리나라의 엿과 비슷해 더 신기하다. 아저씨의 엿 늘리는 솜씨가 기가 막히다.

껨 Kem

각종 천연 과일과 우유로 만든 아이스크림으로 야시장, 공원 등 사람들이 모이는 곳이라면 어디서든 껨 노점상을 찾아볼 수 있다. 언뜻 보면 불량 식품 같지만 용기 내서 먹어보면 우리나라의 고급 베이커리에서 맛볼 수 있는 부드러운 맛에 놀라게 된다.

Mission in Da Nang 06

베트남 커피 색달라서 더 맛있다!

아침이면 다낭 전역에는 작은 테이블에 앉아 달달한 베트남 커피를 즐기는 현지인들로 가득 찬다. 커피 사랑에는 질 수 없다는 한국인답게, 베트남에서의 커피 타임은 놓칠 수 없는 여행의 즐거움이다.

★ 대표 커피 메뉴

커피=까페Cà phê / 뜨거운=농Nóng / 얼음=다Đá / 연유=쓰어Sữa

까페 쓰어농(Hot) / 까페 쓰어다(Ice)

Cà Phê Sữa Nóng / Cà Phê Sữa Đá

베트남 커피 하면 가장 먼저 생각나는 연유 커피. 연유가 들어가 아주 달달하고 고소하다. 더운 베트남에서는 주로 아이스인 '카페 쓰어다'로 즐기게 된다.

까페 덴농(Hot) / 까페 덴다 (Ice)

Cà Phê Đen Nóng / Cà Phê Đen Đá

베트남에서 달달하지 않은, 깔끔한 커피가 그리워진다면 일종의 블랙 커피인 카페 덴농을 시키자. 차가운 커피가 먹고 싶다면 '카페 덴다'라고 말하면 된다.

코코넛커피

Cà phê Dừa, Coconut Coffee

얼린 코코넛밀크로 만든 코코넛 스무디와 연유, 진한 에스프레소가 어우러진 코코넛 커피는 한국인에게는 호불호 없는 즐거움을 선사한다. 다낭과 호이안의 거의 대부분의 커피숍에서 판매하기 때문에 자신의 취향에 딱 맞는 가게를 찾아보자.

소금커피

Cà phê Muối, Salt Coffee

동남아를 여행하다 보면 단맛이 덜한 그린망고를 소금과 함께 판매하는 것을 볼 수 있다. 짭짤한 소금이 단맛을 극대화시키기 때문! 이 원리를 커피에 적용한 소금커피는 달기만 한 커피보다 훨씬 인기 있다.

에그커피

Cà phê Trứng, Egg Coffee

커피에 부드러운 커스터드 크림을 얹은 듯 달콤하고 부드러운 베트남 에그커피 한 잔이면 디저트까지 모두 해결된다. 부드러운 달걀 크림이 굳으면 안 되기 때문에 에그커피는 주로 뜨거운 상태로 즐기게 된다. 달걀 비린내가 전혀 나지 않는 고소한 에그 크림과 쌉쌀한 커피의 시너지를 경험해보자.

more & more 알고 사자! 인스턴트커피

족제비 똥 커피(위즐 커피) Cà Phê Weasel

족제비의 위에서 완전히 소화되지 않고 배설된 커피콩을 채집, 24시간 이내에 땅속에 묻어 300여 일간 자연발효-세척-건조-로스팅을 거치면 쓴맛은 덜하고 풍부한 향과 고소한 맛이 독특한 위즐 커피가 탄생한다고 한다. 한정된 공급량으로 인해 인도네시아 루왁 커피보다 훨씬 비싸지만, 열악한 사육장에서 생활하는 족제비의 건강상태를 고려하더라도 위즐 커피를 구매하는 것은 추천하지 않는다.

다람쥐표 커피(콘삭 커피) Con Soc Cà Phê

베트남 기념품 중 흔히 '다람쥐 똥 커피'라고 알려진 콘삭 커피가 있다. 그러나 다람쥐는 잡식성이라도 커피를 즐겨 먹지는 않으므로 베트남 길거리에서 흔히 볼 수 있는 비싼 콘삭 커피는 가짜 위즐 커피(족제비 똥 커피)를 일컫는 경우가 많다. 소위 '다람쥐 똥 커피'라는 것은 없다는 이야기! 단, '다람쥐 상표'의 콘삭 커피는 이런 인식을 이용한 일반 인스턴트 커피로, 간편하게 드립 커피를 즐길 수 있으며 디자인도 귀엽다. 선물용으로 무난하고 괜찮은 상품이니 추천한다.

Mission in Da Nang 07

하루의 마무리는 시원하게~ 베트남 맥주

베트남 각 지역에는 유명 맥주 거리가 있다. 세계 곳곳에서 온 여행자들과 베트남 현지 사람들이 국적과 나이 따위는 아무 상관없다는 듯이 같은 자세로 앉아 맥주를 소비하는 모습은 진기하기까지 하다. 베트남에는 각 지역을 대표하는 맥주가 있으므로 여행하며 그 지방 고유의 맥주를 즐길 기회가 있다면 놓치지 말자.

❶ 비아허이 Bia hơi

특히 하노이에서 생맥주 거리가 성행하는 이유는 이 저렴한 생맥주 덕분이다. 일반 맥주보다 낮은 도수와 청량한 맛 덕분에 부담 없이 들이키다 보면 나도 모르게 취하게 된다. 하노이의 수많은 영세 양조장에서 그날그날 만들고, 소비되어 더욱 신선한 맛이다.

❷ 비아하노이 Bia Hà Nội

달콤하면서도 쌉쌀한 끝 맛이 독특한 비어하노이는 하노이 주변 북부지방을 대표하는 맥주이다. 후덥지근한 하노이의 더위를 견디는 데 특히 최고로 꼽힌다. 독특한 맛이 기름진 음식과 잘 어울린다는 평가다.

❸ 하리다 Halida

하노이를 대표하는 또 다른 맥주로, 베트남항공에서 제공하는 맥주 중 하나이다. 비어하노이보다 가벼운 맛이라서 음식과 함께 반주로 즐기기 좋다.

❹ 후다 Huda

후에 지방을 대표하는 맥주로 상큼한 단맛이 인상적이다. 덴마크의 기술이 더해졌다는 설명 덕분인지 더 맛있게 느껴지는데, 가격은 저렴하다. 중부 이외의 지역에서는 쉽게 찾아보기 힘든 맥주라서 더 희소가치가 느껴진다. 후에 흐엉강의 물을 사용한다고 한다.

❺ 라루 Larue

다낭 지역에서 가장 쉽게 접할 수 있는 맥주. 맛은 평범한 편이지만 저렴하면서도 시원해서 다낭과 호이안을 여행하며 자주 찾게 된다. 맛이 무겁지 않으므로 반주로 마시기 좋다.

❻ 바바바(333)

1893년 프랑스가 제조하기 시작한 맥주로 당시, 독일원료를 사용하였다고 한다. 원래 33 맥주라는 이름에서 1975년에 333 맥주로 이름을 바꾸었다. 베트남어로 3은 '바'로 발음되므로 현지인들은 '비아 바바바' 라고 부른다. 청량감 있는 깔끔한 맛으로 사랑받고 있다.

❼ 비아사이공 Bia Saigon

호찌민 지방의 맥주지만 베트남 전역에서 쉽게 찾아볼 수 있으며 해외에서도 베트남 맥주를 대표한다. 풍부한 거품과 달콤한 맛으로 베트남 음식에 가장 잘 어울린다는 평가를 받고 있다. 333 맥주와 같은 회사에서 생산된다.

❽ 타이거 Tiger

동남아 맥주시장을 평정한 것은 아쉽게도(?) 싱가폴이 원산지인 타이거 맥주다. 맑고 깔끔하며 탄산의 톡 쏘는 첫맛이 특징이다. 깔끔한 맛의 라거를 선호하는 한국 사람들이 사랑할 수밖에 없는 맥주!

Tip | 베트남 맥주는 얼음 잔이 필수!

베트남 현지인을 위한 많은 로컬 식당에서는 비용 때문인지 냉장고에 맥주를 시원하게 보관했다 꺼내는 대신 얼음이 든 잔을 함께 주는 경우가 있다. 얼음 잔에 부어 마시는 베트남 맥주는 왠지 병이나 캔으로 마시는 것보다 훨씬 더 시원하고 맛있게 느껴진다. 위생이 걱정되지 않는 곳에서는 얼음을 요청해 현지인들처럼 마셔보자.

Mission in Da Nang 08

달고 시원한 열대과일 제대로 맛보기

동남아 지역의 매력 중 하나는 싱싱한 열대과일을 마음껏 먹을 수 있다는 점! 이색적인 과일의 생김새를 기억해두었다가 마트나 시장에서 망설임 없이 골라보자.

❶ 망고 Mango
덜 익은 푸른 망고에서부터 잘 익은 노란 망고까지 다양한 종류의 망고를 판매한다. 품종별로 가격도 천차만별이다.

❷ 망고스틴 Mangosteen
두꺼운 껍질을 벗겨내면 나오는 하얀 속살의 달고 상큼한 맛 덕분에 '열대과일의 여왕'으로 불릴 정도로 인기 있다.

❸ 람부탄 Rambutan
저렴하면서도 달고 새콤한 맛으로 인기 있는 과일로, 차게 먹으면 더 맛있다. 통조림으로도 자주 볼 수 있다.

❹ 두리안 Durian
'과일의 왕'이라 불리며, 특유의 냄새 때문에 호불호가 갈리지만 한번 맛을 들인 사람은 최고의 과일로 꼽을 정도이다. 호텔 내에서는 먹지 못하는 경우가 많으므로 구입 전 확인하자.

❺ 용안 Longan
겉은 견과류 같지만 하얀 속 알맹이는 부드러운 맛이 난다. 용의 눈과 닮았다고 해서 용안이라는 이름이 붙었다.

❻ 잭프루트 Jack fruit
두리안과 비슷하지만 두리안보다 돌기가 적다. 주황색의 달고 향긋한 속살은 말린 과자로도 인기 있다.

❼ 용과 Dragon fruit
미네랄과 항산화물질이 풍부한 용과는 끝맛이 깔끔해 후식으로 자주 등장하는 고급 과일이다.

❽ 패션프루트 Passion fruit
단단한 껍질 속 새콤달콤한 맛 덕분에 리조트 뷔페에 자주 등장한다.

⑨ 커스터드애플 Custard apple

선인장 열매처럼 생겼지만 부드러운 촉감의 과육이 은은한 단맛을 낸다.

⑩ 오렌지 Orange

녹색 껍질을 벗기면 드러나는 주황빛이 대조적인 베트남 오렌지는 일반 오렌지보다 좀 더 상큼한 편이다.

⑪ 라임 Lime

베트남에서 무척 흔한 과일로, 쌀국수 집에 항상 준비되어 있다. 비타민과 항산화물질이 풍부해 건강에 좋다.

⑫ 자몽 Grapefruit

오렌지보다 훨씬 큰 자몽은 상큼한 맛으로 칼로리가 낮아 다이어트에도 좋다. 핑크빛 과육이 특징!

⑬ 파파야 Papaya

잘 익으면 주황색 속살이 단맛을 내는 과일로, 덜 익은 경우에도 각종 샐러드의 재료로 쓰인다.

⑭ 코코넛 Coconut

열대과일의 상징 코코넛! 미네랄이 풍부한 코코넛워터는 갈증 해소에 좋으며, 과육도 고소하다.

⑮ 아보카도 Avocado

최근 웰빙 과일로 각광받고 있으며, 잘 익은 속살은 천연 버터라고 할 정도로 부드럽고 깊은 맛을 낸다.

⑯ 구아바 Guava

단맛은 적지만 비타민이 귤의 3배 이상 함유되어 있고 항산화물질도 풍부해 건강에 좋다.

⑰ 사과대추 인도대추, Indian jujube

녹색 대추 열매보다 좀 더 크고, 이름처럼 사과와 덜 익은 대추의 중간 정도 맛이 난다.

⑱ 밀크프루트 Milkfruit

반을 가르면 우윳빛 속살이 나와 밀크프루트라고 불린다. 주로 숟가락으로 퍼 먹는데 우유처럼 부드럽고, 달달한 맛이 난다.

⑲ 스타프루트 Starfruit

자르면 단면이 별 모양과 닮았다 하여 이름 붙여진 과일로, 단맛이 강하지 않아 각종 허브와 함께 샐러드로 주로 먹는다.

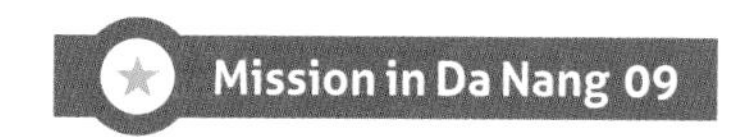

1일 1마사지 도전!
힐링 스파 & 마사지

휴양을 위해 다낭을 찾는 사람이 점점 많아지면서 체계적인 마사지 전문 숍이 속속 생겨나고 있다. 인기 있는 곳은 전화 예약을 하는 것이 좋으며, 간단한 영어로 날짜와 인원, 시간을 말하면 된다. 페이스북 메신저나 왓츠앱, 카카오톡을 통해서 예약할 수도 있다.

★ 내게 꼭 맞는 마사지 방법 찾아보기

베트남 전통 마사지

몸을 두드리거나 지압하는 방식으로 근육을 직접 자극하고 피로를 풀어주는 마사지이다. 베트남에서는 전통적으로 병을 치료하는 데 사용되었다고 한다. 원하는 정도의 압력을 직접 조절할 수 있어 마사지를 좋아하지 않는 사람도 부담없이 받을 수 있다는 장점이 있다.

핫 스톤 마사지

따뜻한 돌의 열기로 근육의 긴장을 풀어주어, 피로를 회복하고 피의 흐름을 촉진하며 림프 흐름과 부종을 개선하는 마사지 방법이다. 냉증이나 불면증이 있는 사람에게 효과적이며 당뇨병이나 고혈압, 심장질환자에게는 적합하지 않다.

뱀부 마사지

대나무로 근육에 마찰과 진동을 주는 방법으로, 경락을 효과적으로 자극하여 독소를 배출하고 혈액 순환을 촉진하는 마사지 방법이다. 대나무는 마사지사의 손 부담을 줄이면서도 마사지 효과를 받는 사람의 몸 속 깊숙한 곳까지 전달하는 효과가 있다. 대나무에서 나오는 음이온 역시 혈액순환을 돕고, 저항력을 증가시키는 효과가 있다고 한다.

딥 티슈 마사지

근육 심부의 경직과 협착을 풀어주기 위한 마사지로 천천히 손을 움직이면서 근육을 지그시 지압하거나 끌어올리는 등의 방법을 사용한다. 각종 근육 통증이나 신경통, 관절 통증에 효과적이며, 관절을 움직이지 않아 노인이나 어린아이, 임산부도 안전하게 받을 수 있다.

스웨덴 마사지

길고 부드러운 움직임으로 지압하거나 두드리는 방법으로 근육층 깊숙이 쌓여 있는 피로를 풀어준다. 딥 티슈 마사지에 비해 부드러운 편이어서 민감한 피부를 가진 사람에게 좋다.

타이 마사지

인도 아유르베다 요가를 기반으로 한 마사지로, 손과 발, 다리 등 몸 전체의 근육을 스트레칭과 지압으로 풀어준다. 피와 림프의 흐름 개선, 부종 개선의 효과가 있다. 지병이 있거나 몸의 특정 부위가 아플 경우, 마사지사에게 미리 상태를 말하고 맞춤형 마사지를 받는 것이 좋다.

★ 강추 마사지숍

다낭 흥짬 스파 p.139

가성비뿐 아니라 가심비까지 만족스러운 곳! 제대로 된 베트남 스타일의 마사지를 경험할 수 있는 곳이다. 건물 전체를 스파숍으로 사용하고 있으며 내부도 매우 정갈하게 관리하고 있다.

다낭 퀸 스파 p.140

겉모습은 평범해 보이지만 내공이 상당한 스파. 테라피스트들의 실력이 뛰어나서 스파 만족도가 매우 높다. 마사지 룸도 호텔 스파 못지않게 고급스럽고 마사지 전후로 세심한 서비스도 받을 수 있다.

호이안 빌라드스파 p.214

한국인이 운영하는 대형+고급 스파숍으로 호이안에서 가장 쾌적하고 럭셔리한 시설을 갖추고 있다. 호이안 숙소에 머물면서 2인 이상 예약할 경우, 픽업을 받을 수 있고 짐 보관과 샤워도 무료로 이용할 수 있다.

호이안 라 스파 p.214

라 시에스타 호텔의 마사지숍. 합리적인 가격에 고급스러운 호텔 마사지를 즐길 수 있어 무척 인기 있는 곳. 이곳에서 마사지를 받을 계획이라면 최소한 3일 전에 홈페이지를 통해 예약하는 것이 좋다.

Tip | 마사지 전후 준비할 것

1 마사지숍 중에는 샤워 시설이 갖춰지지 않은 곳도 많으므로 되도록 미리 샤워하고 방문하자. 오일 마사지의 경우, 하의 속옷을 제외한 모든 옷을 탈의하고 받으므로 당황하지 것!

2 마사지를 받은 후 팁을 주는 것은 베트남 현지인들에게도 일반적인 문화이다. 마사지사의 주 수입원이라고 하니, 마사지가 크게 불만스럽지 않았다면 미리 5만~10만 동 정도를 준비해두었다가 팁으로 주는 것이 좋다.

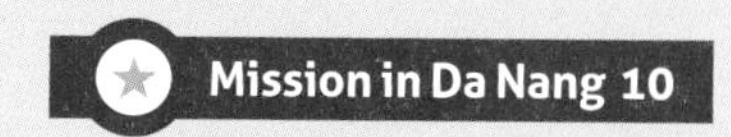

쇼핑 마니아의 완벽한 기념품 리스트

베트남에는 '짝퉁시장'이 있을 정도로 가짜가 무척 많으므로 시장이나 여행자 거리에서는 주의해서 구입하자. 시장에서는 흥정이 필수인 만큼 미리 적절한 가격을 알아놓지 않으면 바가지를 쓸 위험이 있다. 그러나 전반적으로 상품들이 무척 저렴하므로 큰 부담 없이 쇼핑을 즐길 수 있다.

★ 먹거리

인스턴트커피나 원두
다양한 맛의 인스턴트커피나 진하고 구수한 베트남 원두를 구매해보자.

각종 홍차, 우롱차, 녹차
세계적인 브랜드 딜마Dilma의 홍차 외에도 다양하고 질 좋은 홍차와 우롱차, 녹차를 구입할 수 있다.

제비집음료
미용에 좋다는 제비집음료. 맛도 나쁘지는 않다

건과일
다양한 브랜드에서 건과일 상품이 나오지만 맛이 검증된 브랜드 비나밋Vinamit의 고구마와 잭프루트를 추천한다. 말린 망고도 인기 있다.

꿀

한국보다 저렴해서 선물용으로 구입하기 좋다. 휴대하기 편한 튜브형도 판매한다.

유기농 캐슈너트

고소한 맛이라 안주로 딱인 캐슈너트를 한국에서보다 훨씬 저렴하게 구입할 수 있다.

피시 소스, 핫 소스, 간장 소스

베트남을 대표하는 피시 소스와 핫 소스. 국이나 찌개, 겉절이 등에서 다양하게 활용할 수 있다. 달걀 프라이에 딱인 간장 소스도 유용하다.

달랏 와인

저렴하면서도 괜찮은 맛의 와인. 작은 사이즈도 있으므로 부담 없이 분위기를 내기 좋다.

조리건어물

대부분의 건어물은 조미되어 있는데 첨가물에 따라 입맛에 맞지 않을 수 있으니 잘 살펴보자. 태국 브랜드로 한국인의 입맛에 잘 맞는 벤또Bento가 인기 있다.

인스턴트라면

다양한 브랜드가 있지만 하오하오Hảo hảo 새우 맛이나 비폰 퍼팃보Phở thịt bò 라면이 특히 유명하다.

치즈

다양한 치즈 중 더 래핑 카우The Laughing Cow의 치즈가 한국보다 훨씬 저렴해 특히 인기 있다. 와인과 찰떡궁합이다.

★ 공예품

대나무 등, 도자기 세트, 전통모자

베트남을 기억하기에 가장 좋은 것은 뭐니 뭐니 해도 특색 있는 공예품이 아닐까? 전통모자인 논라Non-la를 쓰고 다낭의 거리를 걸어도 좋다. 호이안에서 많이 볼 수 있는 대나무 등도 기념품으로 인기 있다.

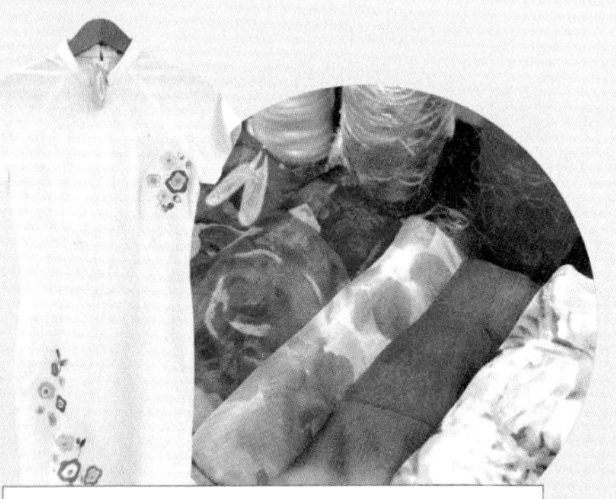

실크 스카프, 실크 가운

한국보다 훨씬 저렴하게 실크 제품을 구입할 수 있다. 특히 호이안에 방문한다면 다양한 실크 제품을 판매하는 가게들을 둘러보자. 화려한 색과 문양의 실크 스카프는 선물용으로도 제격이다. 배낭 안에 넣어두고 언제든 편하게 꺼내 쓸 수 있는 실크 침낭도 저렴하게 득템할 수 있다.

각종 기념품

냉장고 자석, 열쇠고리 등은 어디서나 구입할 수 있고, 가격도 착하다. 특히 베트남의 아름다운 풍경을 종이로 접어 만든 마그넷, 발에 그린 마그넷 등이 특이하다. 작은 기념품으로 일상 속에서도 다낭을 떠올려보자.

코끼리 바지 & 원피스

다낭에서는 시원하고 편한 옷, 일명 '코끼리 바지'를 한 번쯤 입어줘야 한다. 다낭이나 호이안, 후에 어딜 가든 구입할 수 있으니 이왕이면 화려한 패턴을 골라 즐겨보자!

★ 화장품·의약품

코코넛 화장품

몸에 좋지만 피부에는 더 좋은 코코넛으로 만든 화장품. 추운 날씨에는 굳어버리는 단점이 있으므로 로션보다는 립밤이나 크림이 사용하기 편리하다. 가격도 저렴하므로 선물용으로 더할 나위 없는 품목이다.

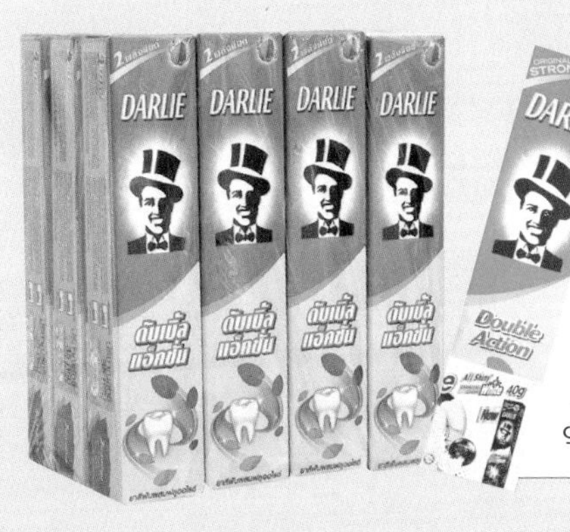

달리 치약

입속이 개운해지는 강렬한 느낌 덕분에 한국에서도 인기 있는 달리 치약은 태국산이지만 베트남에서도 저렴하게 구입할 수 있다. 향에 따라 가격이 조금씩 다른데, 대체로 천연물질로만 만들어진 초록색 치약과 미백에 좋은 의약품이 들어갔다는 파란색 치약이 인기 있다.

폰즈 크림

진주 성분이 들어간 미백 화장품으로, 동남아에서 인기 있는 상품이다. 필리핀 여행자 사이에서도 늘 필수 쇼핑 품목으로 언급될 정도인데, 베트남에서 역시 한국보다 무척 저렴하게 구입할 수 있다.

연고

호랑이 연고, 별 연고 등 다양한 종류가 있는데 모두 비슷하다. '만능 연고'로 알려져 있는데 상쾌한 허브향이 나며 근육통이 있는 곳에 바르면 시원한 느낌이 든다. 대단한 효과를 기대하지만 않는다면 기념품으로 나쁘지 않다.

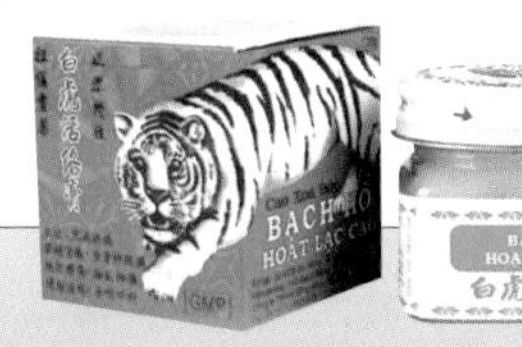

리조트 천국 다낭 완벽하게 즐기기

동남아 리조트계에 샛별처럼 떠오른 다낭의 해변은 그야말로 다양한 취향을 만족시키는 숙소로 가득하다. 세계 최고의 럭셔리 리조트로 손꼽히는 호화로운 곳부터 무제한 스파 서비스로 무장한 리조트까지! 특별한 매력이 돋보이는 리조트를 테마별로 추천한다.

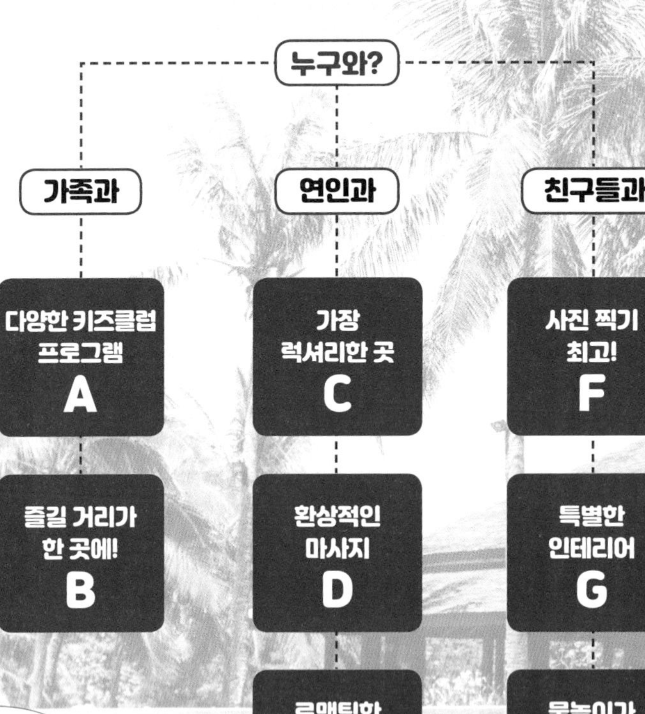

A

다낭 프리미어 빌리지 리조트 p.150

취사가 가능하고 아이들이 놀기 좋은 풀장이 있는 곳. 키즈클럽의 프로그램도 다양하다.

호이안 신라 모노그램 p.222

한국 브랜드인 신라 호텔 계열의 5성급 숙소. 가족 여행자들을 고려한 부대시설들이 특화되어 있다.

B

호이안 빈펄 리조트 & 골프 남호이안 p.225

골프는 물론 테마파크, 워터파크, 사파리가 모두 마련된 리조트! 가족 모두가 만족스럽게 즐길 수 있는 공간이다.

C

다낭 인터콘티넨털 다낭 선 페닌슐라 p.147

'세계에서 가장 럭셔리한 호텔' 중 하나. 썬짜 반도의 언덕 위에 위치해 있어 유유자적하게 시간을 보내고, 전용 해변을 즐길 수 있다.

D

다낭

티아 웰니스 리조트 p.149

하루 두 번, 스파 마사지가 제공되므로 최고의 호사를 즐길 수 있는 곳. 프라이빗한 풀빌라의 로맨틱함도 한껏 누려보자.

E

다낭

나만 리트리트 리조트 p.152

대나무로 둘러싸여 프라이빗하면서도 신비로운 분위기의 풀빌라가 돋보이는 곳. 이곳의 레스토랑과 스파 등은 여러 화보에도 등장할 정도로 로맨틱한 분위기를 자랑한다.

F

다낭 **푸라마 리조트** p.151

다낭에서 가장 고풍스러운 호텔이자 가장 로맨틱한 호텔. 우거진 나무 그늘에 자리한 아름다운 수영장이 돋보인다.

호이안 **알마니티 호이안 웰니스 리조트** p.229

어디를 찍어도 화보가 되는 풍경을 원한다면? 폭포수가 쏟아지는 아름다운 수영장과 베트남에서 가장 큰 규모의 스파를 즐겨보자.

호이안 **라 시에스타 리조트 & 스파** p.228

여심을 저격하는 작지만 아름다운 리조트! 호이안의 전통 등으로 꾸며진 내부가 아늑하다.

G

호이안 빅토리아 호이안 비치 리조트 p.226

올드타운을 가져다 놓은 듯 아름다운 곳! 호이안의 고풍스러움을 제대로 즐기고 싶다면 추천한다.

후에 필그리미지 빌리지 p.267

정글 속 오아시스의 여유로움을 느끼고 싶다면. 시내와 떨어져 있지만, 그만큼 특별한 경험을 할 수 있는 리조트.

H

다낭 하얏트 리젠시 리조트 p.146

모래사장이 깔린 얕은 풀장이 물놀이에 제격이다. 넓은 부지를 사용하고 있어 주변 눈치 보지 않고 마음껏 수영을 즐길 수 있다.

다낭 다낭 매리어트 리조트 p.148

해변가의 탁 트인 풀장을 즐기고 싶다면 이곳으로 가자. 우거진 열대나무 덕분에 분위기도 좋다.

후에 앙사나 랑꼬 p.266

동남아에서 가장 긴 풀장이 후에에 있다. 이번 연휴에는 온종일 수영장에서 보낼 예정이라면 이곳으로 가자.

★ 위치별 리조트 추천

다낭 해변

다낭 시내는 크게 볼거리가 없으며, 있다 하더라도 해변에서 10분 정도 거리이기 때문에 되도록이면 해변을 마음껏 즐길 수 있는 곳에 묵기를 추천한다. 해변 리조트 중 취향에 맞는 곳을 선택하면 되는데 가성비가 크고 저렴한 숙소를 원할 경우 다낭 해변의 '홀리데이비치 호텔' 인근에서 찾아보자.

다낭 시내

다낭 시내 어느 곳에서든 택시를 이용해 쉽게 숙소로 이동할 수 있지만, 늦은 밤까지 다낭의 밤거리를 마음 편하게 걸어 다니고 싶다면 볼거리가 밀집해 있는 용교와 '노보텔' 사이에 있는 숙소를 선택하는 것이 좋다.

호이안 해변

호이안의 해변 리조트들은 대체로 프라이빗 해변이 부실한 편이라서, 수영장을 이용하면서 호이안 가까이에서 여행하고 싶은 경우에 좋다. 해변을 즐기면서도 호이안 올드타운을 편하게 돌아다니고 싶다면 올드타운에 가까운 숙소를 정한 뒤 셔틀버스나 택시 등으로 안방 해변이나 끄어다이 해변에 가는 것도 고려해 보자.

호이안 올드타운 인근

올드타운 인근에 묵으면 번잡한 시간을 피해 고즈넉한 올드타운 거리를 마음껏 즐길 수 있다. 배낭여행자의 경우 호이안 올드타운 주변에 묵으면 투어 예약이나 자전거 대여 등이 여러 가지로 편리하지만, 저렴한 숙소는 해변과 올드타운을 오가는 거리에 있는 경우가 많다. 호이안 올드타운 바로 옆에 위치한 호텔은 가격에 비해 방이 무척 좁은 경우가 많다.

후에 & 후에 근교

시간적 여유가 있다면, 후에 여행자 거리의 숙소에서 묵으며 다낭이나 호이안과는 사뭇 다른, 후에만의 분위기를 즐겨도 좋다. 후에와 다낭 사이에는 아름다운 랑꼬 해변와 넓은 수영장이 특별한 '앙사나 랑꼬'와 '반얀트리 랑꼬', 자연친화적인 '필그리미지 빌리지' 등 남다른 매력의 리조트가 자리하고 있다.

Tip | 리조트 100% 즐기는 꿀팁

❶ 보증금Deposit용 해외 결제 가능 카드 준비

고급 호텔의 경우 체크인 시 보증금용 카드나 현금을 요구한다. 레스토랑이나 미니 바 이용 시 후불 정산을 보증하기 위한 돈인데 정산이 필요 없는 경우에는 그대로 환불된다. 현금 보증금을 낼 경우에는 반드시 영수증을 증거로 보관하는 것이 좋다. 저가 호텔은 여권을 보관하는 경우도 있으므로 체크아웃 시 돌려받는 것을 잊지 말자.

❷ 체크인 · 아웃 시간, 무료 픽업 여부 확인

대부분의 숙소가 11:00~12:00 체크아웃, 14:00~15:00 체크인이지만, 숙소마다 다르기 때문에 예약 시 미리 체크인 · 아웃 시간을 숙지해놓아야 예상치 못한 시간 낭비를 줄일 수 있다. 픽업 서비스는 대부분의 리조트에서 별도의 비용을 지불하고 요청할 수 있으며, 예약 시 무료 픽업과 샌딩이 포함되어 있는 경우도 있다.

❸ 셔틀 운행 시간 & 비용 확인

다낭에서 묵는 여행자 대부분이 호이안을 방문하기 때문에 많은 리조트에서 호이안행 셔틀버스를 운행한다. 하지만 리조트에 따라 일정 비용을 지불하고 예약해야 하는 경우도 있다. 일행의 규모에 따라 택시를 대절하는 것이 나을 수도 있으므로 잘 비교해서 선택하자. 호이안 올드타운의 일부 리조트와 호텔에서도 안방 해변까지 무료 셔틀버스를 운행하니 미리 확인해보자.

❹ 예약 시 각종 혜택을 확인

인터넷 호텔 예약 대행 사이트를 통해 예약할 경우, 각종 혜택을 놓치기 쉽다. 또한 호텔 홈페이지에서 직접 예약할 경우 레스토랑 할인 등 추가 혜택을 제공하기도 하고, 호텔 체인 회원으로 가입하면 무료 음료 쿠폰을 제공하기도 하므로 미리 챙겨서 손해 보는 일이 없도록 하자.

❺ 숙소에서 제공하는 고객 서비스 파악

고급 리조트에서는 다양한 시설을 무료로 이용할 수 있고 각종 액티비티를 제공하기도 한다. 5성급 리조트의 경우 대부분 무료로 사우나 시설을 이용할 수 있고, 아침에는 무료 요가 강습도 열린다. 키즈클럽에서 시간마다 다양한 액티비티도 운영되므로 문의해보자.

❻ 세이프티 박스 이용

고급 리조트라도 도난사고는 언제나 있을 수 있으며, 그 경우 책임소재를 파악하기가 쉽지 않으므로 세이프티 박스, 즉 금고를 이용하는 것이 좋다. 대부분 비밀번호를 새로 세팅해 사용하게 되어 있다.

❼ 미니 바 및 무료 어메니티 확인

미니 바 내부의 음료는 대부분 유료이고 미니 바 외부의 생수가 무료로 제공된다. 고급 리조트의 경우 물을 추가로 달라고 부탁하면 더 갖다 주기도 한다. 작은 용기에 든 어메니티는 기념으로 가져갈 수 있다.

❽ 얼리 체크인 & 레이트 체크아웃

리조트에서는 보통 오후 6시의 레이트 체크아웃까지 숙박비의 50%, 그 이후 체크아웃 시 100%의 요금을 청구한다. 객실에 여유가 있는 경우 한두 시간 정도는 무료로 연장해주기도 하므로 미리 문의해보자. 비용이 추가로 발생할 경우 인근의 저렴하고 깨끗한 숙소를 짐 보관 및 샤워용으로 예약하는 것도 괜찮다.

❾ 체크아웃 후 숙소에 짐 보관

체크아웃 후 숙소에 짐을 보관할 수 있다. 하지만 시내에서 일정을 소화하다가 짐을 찾기 위해 숙소로 다시 오기가 번거로울 수 있다. 다낭 시내의 많은 스파숍들이 짐 보관을 무료로 해주기 때문에 이런 서비스를 활용해보는 것도 팁!

Enjoy Da Nang

다낭을 즐기는 가장 완벽한 방법

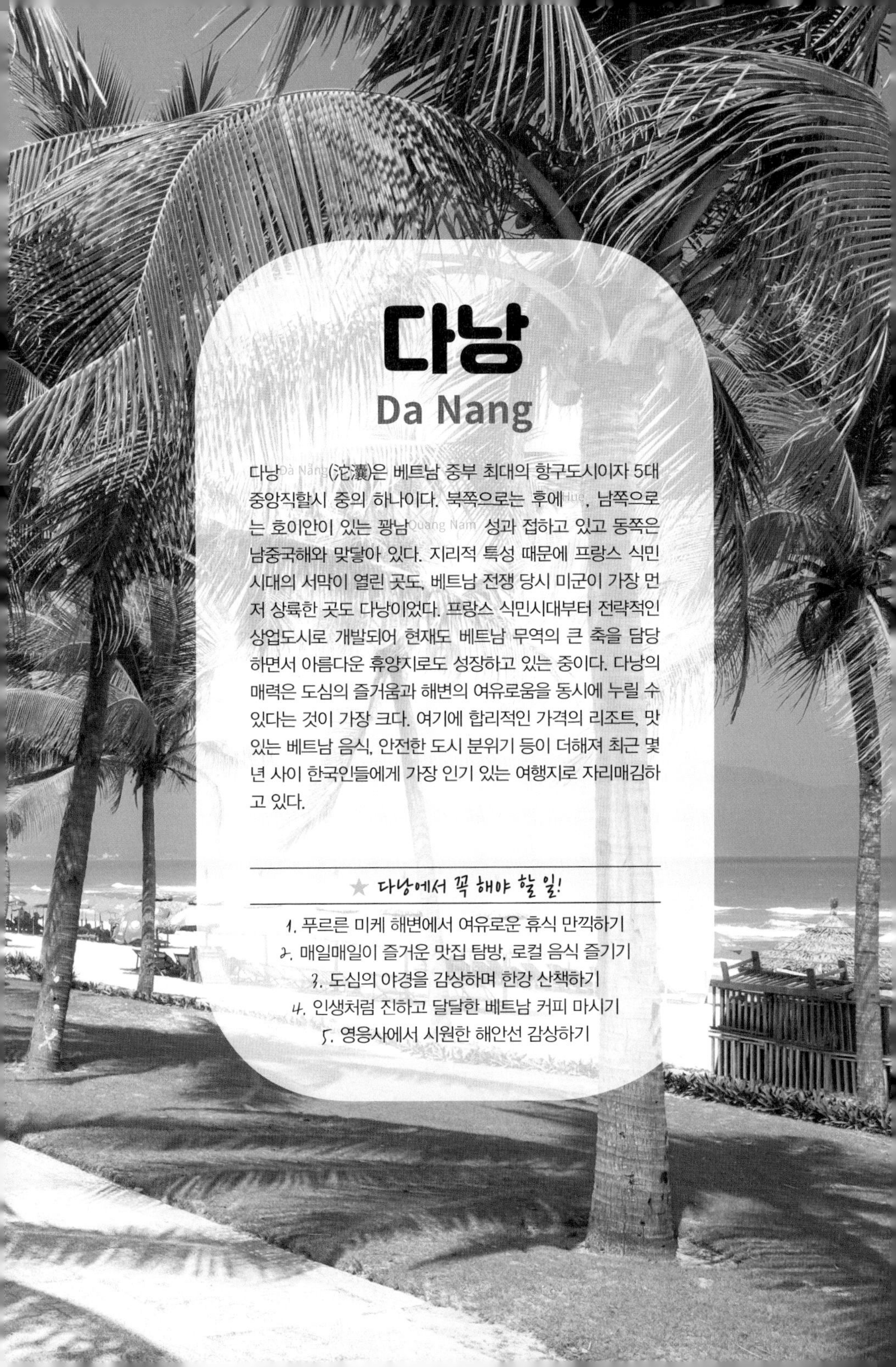

다낭

Da Nang

다낭Đà Nẵng(沱灢)은 베트남 중부 최대의 항구도시이자 5대 중앙직할시 중의 하나이다. 북쪽으로는 후에Hue, 남쪽으로는 호이안이 있는 꽝남Quang Nam 성과 접하고 있고 동쪽은 남중국해와 맞닿아 있다. 지리적 특성 때문에 프랑스 식민시대의 서막이 열린 곳도, 베트남 전쟁 당시 미군이 가장 먼저 상륙한 곳도 다낭이었다. 프랑스 식민시대부터 전략적인 상업도시로 개발되어 현재도 베트남 무역의 큰 축을 담당하면서 아름다운 휴양지로도 성장하고 있는 중이다. 다낭의 매력은 도심의 즐거움과 해변의 여유로움을 동시에 누릴 수 있다는 것이 가장 크다. 여기에 합리적인 가격의 리조트, 맛있는 베트남 음식, 안전한 도시 분위기 등이 더해져 최근 몇 년 사이 한국인들에게 가장 인기 있는 여행지로 자리매김하고 있다.

★ 다낭에서 꼭 해야 할 일!

1. 푸르른 미케 해변에서 여유로운 휴식 만끽하기
2. 매일매일이 즐거운 맛집 탐방, 로컬 음식 즐기기
3. 도심의 야경을 감상하며 한강 산책하기
4. 인생처럼 진하고 달달한 베트남 커피 마시기
5. 영응사에서 시원한 해안선 감상하기

information

다낭의 기본 정보

행정구역 중앙직할시
면적 1,285㎢
인구 약 1,220,634명(2023년 기준)
지역 전화번호 0236
지역 차량번호 43으로 시작

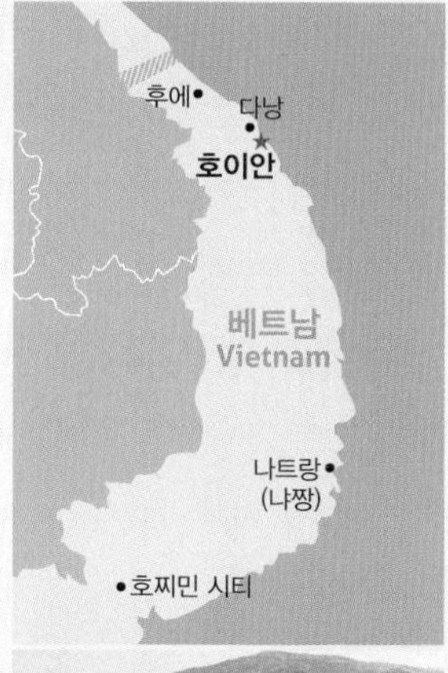

★ History

다낭의 역사는 서기 192년, 고대 참파 왕국으로부터 시작한다. 참파의 전성기 세력은 후에에서 붕따우Vũng Tàu까지였고 서기 875년부터 참파 왕국의 수도였던 '인드라푸라'가 다낭의 인근에 자리했다. 현재의 지명도 '큰 강 하구'라는 참파 언어의 다낙Da Nak에서 유래되었다.
작은 어촌에 불과했던 다낭이 주목을 받게 된 것은 18세기 무렵부터다. 투본강의 모래 퇴적으로 호이안이 항구 기능을 상실하자 그 자리를 다낭이 대신하게 되었다. 19세기 들어 제국주의가 팽창할 무렵에 많은 상선이 다낭 항을 통해 들어왔다. 1847년 프랑스 군함이 다낭을 폭격한 것을 시작으로 프랑스 식민지 시대가 열렸고, 베트남 전쟁 당시에는 미군의 대규모 공군기지가 다낭에 건설되었다. 현재의 다낭 공항도 베트남 전쟁 중에 사용한 중요한 공군기지 중의 하나였다. 베트남 전쟁 후에 배를 타고 베트남을 탈출하려는 보트피플들이 가장 많이 빠져나간 곳도 바로 다낭이다. 1986년 베트남의 도이 머이 정책 이후 상업과 무역 도시로 성장하면서 관광 도시로도 자리매김하고 있다.

★ 지형

강과 산, 바다가 함께 있다. 베트남 국토가 길고 좁은 모양을 갖게 된 것은 바로 안남 산맥(쯔엉썬 산맥) 때문이다. 길고 높은 산맥이 서북–동남 방향으로 뻗어 있고 다낭은 해안까지 그 지류가 뻗어 있다. 덕분에 자연스럽게 베트남의 남과 북을 가르는 경계가 되기도 하고 날씨에도 많은 영향을 준다. 남중국해와 맞닿은 미케 해변은 20km가 넘는 긴 해안선을 갖고 있고 지금의 다낭을 휴양지로 성장하게 한 주인공이라 할 수 있다. 다낭 시내를 가로지르는 한강은 북쪽 끝에서 바다와 이어져 있고, 이곳에 자리한 다낭 항구는 베트남에서 3번째로 큰 항구이다.

★ 날씨와 여행 시기

열대몬순기후에 속하지만 미묘하게 사계절을 느낄 수 있다. 베트남 남부는 1년 내내 더워서 건기와 우기로만 구분하면 되지만, 다낭은 단순히 강우량으로만 구분하기에는 무리가 있다.

우선 강우량으로 본다면 다낭의 건기는 2월~7월, 우기는 8월~이듬해 1월까지다. 그중 9월~12월은 1년 치 강우량의 70~80%가 몰려 있는 기간이고 **특히 10월은 평균 강우일이 21일이 넘고 600mm 정도의 집중호우가 내린다. 이 무렵에 남중국해를 지나는 태풍에 자주 노출되기도 하는 달이다.**

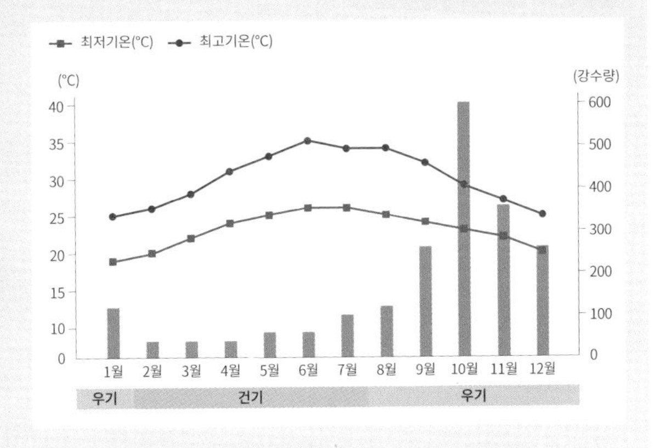

3월~5월은 초여름에 해당하고 비도 많이 오지 않아 다낭을 여행하기에 최적의 계절이다. 이 시기에는 얇은 바람막이 정도만 챙기면 무리가 없다. 6월~8월은 무더운 여름으로 체감 온도가 40도까지 올라가서 수영하면서 휴양을 즐기기에 제격이다. 가장 더울 시기지만 베트남의 휴가철도 7월~8월에 몰려 있어 성수기에 속한다.

9월~10월은 더위는 한풀 꺾이지만, 본격적인 우기로 접어든다. **11월부터 이듬해 1월까지는 우기와 겨울이 겹쳐 가장 선선할(때론 춥게 느껴지는) 때이다.** 야외에서 수영을 하는 것은 현실적으로 어려운 시기이기도 하다. 이 시기에 여행한다면 두께가 있는 니트나 점퍼 등을 필수로 챙기는 것이 좋다.

다낭 드나들기

★ 항공

국제선 항공

인천-다낭 구간은 직항이 있고 대한항공과 아시아나항공, 베트남항공, 진에어, 티웨이항공, 제주항공, 에어서울 등이 운항 중이다. 부산-다낭 간에도 아시아나항공, 진에어, 제주항공, 에어부산, 비엣젯항공 등의 직항 항공편이 있다. 무안-다낭, 대구-다낭 간 항공은 팬데믹 이후 상황이 유동적이다. 비행시간은 4시간 30분 정도 소요된다.

그 외로 홍콩, 타이베이, 쿠알라룸푸르, 방콕, 싱가포르, 씨엡립 등도 다낭국제공항을 통해 드나들 수 있다. 자세한 항공 상황은 각 항공사의 홈페이지에서 확인하도록 하자.

국내선 항공

다낭과 호찌민, 하노이, 달랏, 나트랑, 하이퐁 등을 연결하는 국내선 항공편이 있으며 국적기인 베트남항공 외에도 비엣젯, 뱀부 에어웨이즈 등 저비용항공사들이 활발하게 운행되고 있다. 베트남 국내선 항공의 경우 인터넷 홈페이지에서 구매할 수도 있지만, 베트남 현지의 여행사에서 구매하는 것이 더 저렴할 때가 많다. 운행 스케줄은 각 홈페이지를 참고하자.

홈피 **베트남항공** www.vietnamairlines.com
비엣젯 www.vietjetair.com
뱀부 에어웨이즈 www.bambooairways.com

다낭국제공항 Da Nang International Airport

하노이, 호찌민에 이어 베트남 제3의 공항으로, 베트남 중부의 관문 역할을 하고 있다. 국제 항공 운송 협회(IATA)가 정한 공항 코드는 'DAD'이다. 기존의 제1터미널은 국내선 청사고 2017년에 오픈한 제2터미널이 국제선 청사다. 1층 입국장에는 유심 카드를 판매하는 통신사들과 환전소, 커피숍, ATM 등의 편의 시설이 있다. 공항환전소에서는 당장 필요한 최소한의 금액만 환전하고 정확한 금액을 받았는지 꼭 확인하자.

베트남 공군이 사용하는 군용 겸용 공항이라 군사시설이 있다. 사진 촬영은 조심해야 한다.

홈피 www.danangairportonline.com

Tip | 다낭 공항에서 택시 혹은 그랩 타기

입국장에서 밖으로 나와서 길을 한 번 건너면 택시, 한 번 더 건너면 왼쪽에 그랩Grab 차량 미팅 포인트가 있다. 다낭 시내는 차로 약 10~15분 거리에 있고 미케 해변까지도 30분이면 이동할 수 있다.

※공항에서 다낭 시내로 이동하는 방법은 p.278 참고

★ 기차

다낭에서 다른 도시로 이동할 때, 기차는 중요한 운송 수단이다. 하노이에서 호찌민을 잇는 남북선Đường sắt Bắc Nam철도가 있고 이 구간을 다니는 모든 기차가 다낭 기차역에서 정차한다. 나무 의자에서부터 침대칸까지 다양한 객실과 차량이 운행되고 있다. 남북선의 전체 구간 1,727km 중 대부분이 베트남의 해안선을 지나간다. 다낭-후에 구간도 해안선을 따라가는 코스로, 산과 바다가 어우러진 아름다운 풍광을 감상할 수 있다.

기차표는 여행사에서 구매할 수도 있고 다낭 기차역에서 직접 구매할 수도 있다. 예약을 원한다면 베트남 철도청 사이트(www.vr.com.vn)에서 가능하다. 베트남 내 거의 모든 교통편을 예약할 수 있는 사이트인 '바오러우baolau(www.baolau.com)'에서도 예약할 수 있다. 약간의 수수료가 붙기는 하지만 시스템이 굉장히 편리하게 되어 있고 신용카드 결제도 가능하다. 다낭-후에 구간은 하루 7~8회 정도 운행되고 시간은 3시간 정도 소요된다. 참고로 하노이나 호찌민에서 다낭까지는 15시간 이상 소요된다. 기차는 우리나라 무궁화호 수준으로 철로와 차량이 낡은 탓에 지연이 잦고 그리 쾌적한 환경은 아니다.

다낭 기차역 Ga Đà Nẵng

주소 791 Hải Phòng, Tam Thuận, Thanh Khê, Đà Nẵng
전화 0236-382-3810

★ 시외버스

하노이나 호찌민 등의 대도시와 다르게 고속버스, 시외버스 등의 시스템은 아직 열악한 편이다. 그나마 여행사들의 오픈 버스가 그 역할을 대신했으나 팬데믹 이후 다낭 지역은 거의 운행을 하지 않는다. 신투어리스트(www.thesinhtourist.vn) 다낭 사무실은 문을 닫았고 호이안은 운영 중이므로 나트랑, 호찌민 등의 남쪽 도시를 오픈 버스로 이동하고 싶다면 호이안으로 가서 이용해야 한다. 다낭에서 호이안까지는 시내버스 개념의 사설 버스를 이용할 수 있다(p.164 참고).

★ 호이안익스프레스 트래블 Hoi An Express Travel

호찌민과 호이안에 사무실을 두고 있는 여행사로 베트남 전 지역의 투어, 차량 서비스 등을 제공하고 있다. 다낭-후에 이동 시에 유용하게 이용할 수 있는 셔틀버스가 있다.

다낭-후에 구간은 하루 2회(08:45, 16:45), 비용은 US $13이다. 다낭 출발은 참 박물관 앞에서 하고, 후에에서는 신시가지에 세워준다. 10명이 정원이고, 짐은 1인당 1개(24인치, 20kg)까지 갖고 탈 수 있다. 그 외로 바나힐과 미썬 유적지를 개별적으로 이동할 때도 이용할 수 있다. 자세한 사항은 홈페이지를 참고하자.

홈피 hoianexpress.com.vn

information

시내에서 이동하기

다낭 현지인들의 주요 교통수단은 오토바이다. 여행자들이 가장 의존하는 교통수단은 택시나 그랩이다. 2016년부터 도입한 시내버스가 있지만, 외국인 여행자가 이용하기에는 아무래도 조금 불편하다. 다낭의 볼거리는 다낭 시내에 몰려 있고 웬만한 거리는 도보로 다닐 수 있으므로 걷는 것도 좋은 방법의 하나다.

★ 택시 Taxi

여행자가 가장 친근하게 이용할 수 있는 대중교통 수단이다. 회사나 차량의 크기에 따라 택시 기본요금은 1만 동~1만 5천 동(한화로 600원~900원)이고 300m까지는 기본요금이다. 이후부터 km당 1만 4천 동~1만 9천 동의 요금이 붙는다. 평균 10분 정도의 가까운 거리는 5만 동 내외, 15분 이상의 조금 먼 거리는 10만 동 정도 나온다.

작은 택시보다 큰 택시가 좀 더 비싸지만 큰 차이는 없다. 택시는 회사마다 색깔이 다른데, 흰색의 비나선Vinasun 택시와 초록색 마이린Mai Linh 택시가 가장 믿음직하다.

호이안이나 바나힐 등 장거리를 이동할 때는 미터기를 이용하지 않고 미리 흥정하는 것이 더 저렴할 때가 많다. 호텔에서 출발할 경우, 거리로 나가지 말고 리셉션에 요청해 콜택시를 불러 달라고 하면 편하다. 별도의 콜비는 없다. 흔한 일은 아니지만, 택시를 가장한 사설 택시도 있고 바가지를 씌우는 일도 있으므로 주의해야 한다.

Tip 예상 택시 비용 (4인승 택시, 다낭 공항 출발 기준)

- 브릴리언트 호텔 : 7~8만 동 (미터 요금)
- 프리미어 빌리지 : 12~13만 동 (미터 요금)
- 하얏트 리젠시 리조트 : 16~18만 동 (미터 요금)
- 호이안(32km) : 편도 40만 동/왕복 70만 동 (4시간 대기/미리 협상 시)
- 바나힐(40km) : 편도 50만 동/왕복 90만 동 (4시간 대기/미리 협상 시)

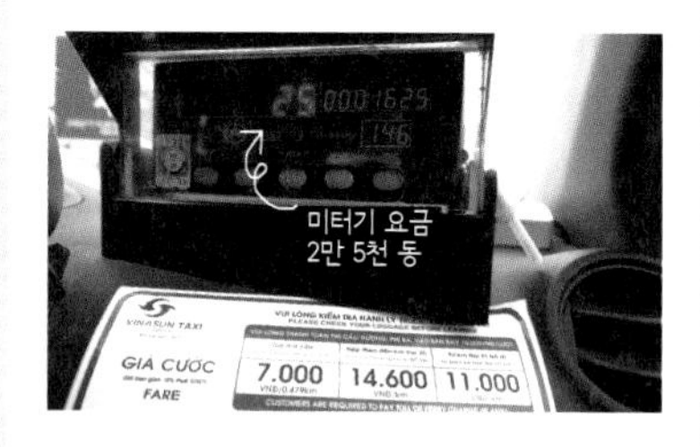

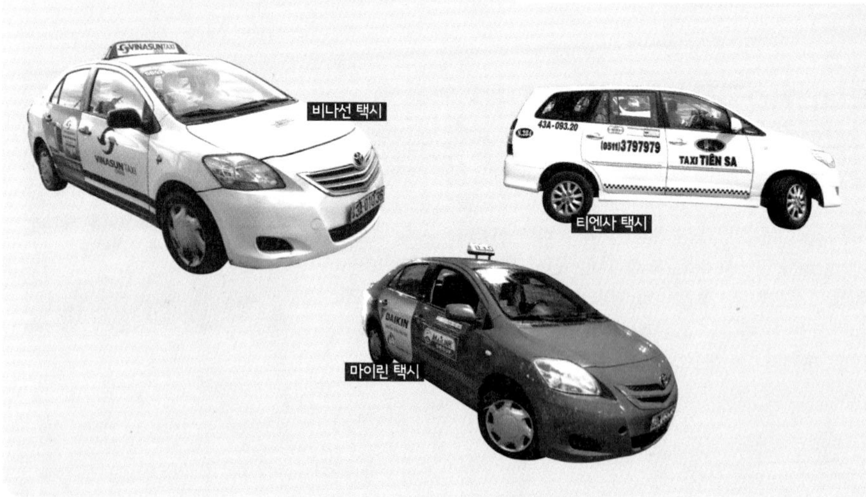

★ 그랩 Grab

우리나라의 '카카오택시'나 '타다'와 비슷한 개념이다. 그랩Grab 애플리케이션으로 차량을 이용할 경우, 목적지와 경로, 가격을 미리 확인할 수 있어서 편안한 마음으로 이동할 수 있다. 신용카드를 입력해 놓으면 자동 결제되는 시스템이라 택시에서 내릴 때마다 계산해야 하는 번거로움도 없다.

다낭의 그랩은 택시가 아닌 영업용 자가용이다. 그랩 차량이 택시만큼 많아 비교적 오래 기다리지 않고 이용할 수 있다. 요금은 차량 크기에 따라 약간 다른데 세단(소형)보다 SUV 차량이 조금 더 비싸다. 원하는 차량 종류를 선택할 수 있고 전체적으로 택시 요금과 비슷하다고 생각해도 무리가 없다. 취소 등의 일처리도 꽤 신속하고 정확하다.

그랩 이용법

❶ 안드로이드 플레이스토어 / 아이폰 앱스토어에서 '그랩' 검색 후 다운로드한다.

❷ 구글 계정이나 페이스북 계정이나, 핸드폰 번호를 입력해 가입한다(한국 번호로 가입하는 경우, 베트남 유심칩의 번호로 변경하는 것이 좋다).

❸ 화면을 실행하면 현재 자신이 있는 위치가 나온다. 지도에서 위치를 확대해 자신의 위치를 좀 더 정확하게 선택하자.

❹ 목적지는 영어로 기입한 뒤 나오는 여러 주소 중에서 정확하게 고르자. 특히 여러 지점이 있는 빈펄 리조트의 경우, 자신의 숙소 이름을 제대로 고르는 것이 중요하다.

❺ 목적지를 선택하면 최단 경로가 지도에 표시된다. 이용할 차량의 종류를 선택한다.

❻ 차량을 선택하고 BOOKING 버튼을 누르면 주변의 운전기사를 찾는다.

❼~❽ 그랩 기사가 결정되면 기사 얼굴과 차량 종류, 차량번호가 화면에 표시된다. 차량번호를 잘 확인한 후 차량에 탑승한다.

> **Tip | 그랩 이용 시 주의사항**
>
> 1 차량을 부르는 위치가 정확하지 않을 때는, 인근의 큰 건물 혹은 호텔을 찾아 그곳으로 이동 후 호출하는 것이 좋다.
>
> 2 차량에 타기 전, 자신의 애플리케이션에 표시된 차량이 맞는지 반드시 번호판을 확인해야 한다. 다낭 지역 차량번호가 '43'으로 시작하기 때문에 뒷번호를 확인해야 한다.

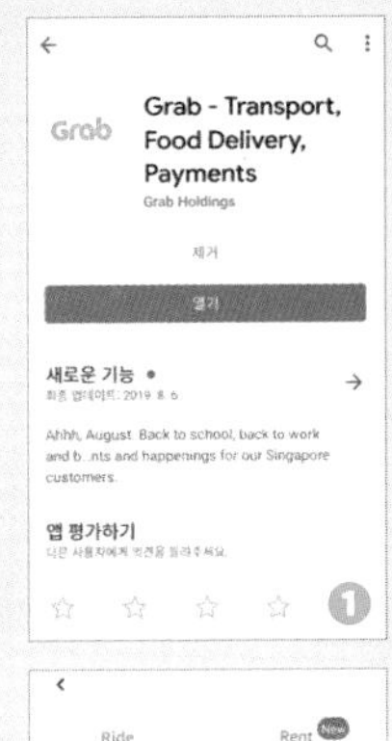

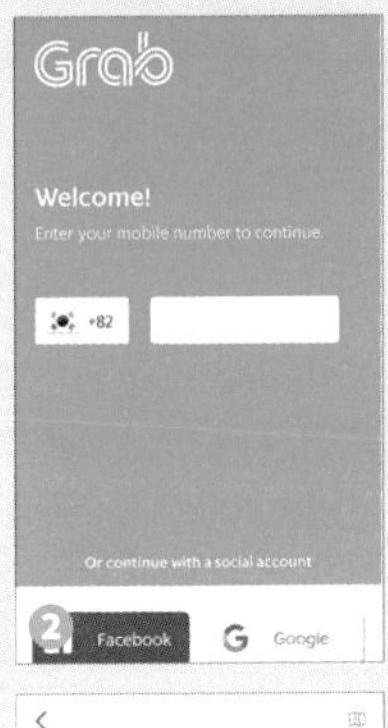

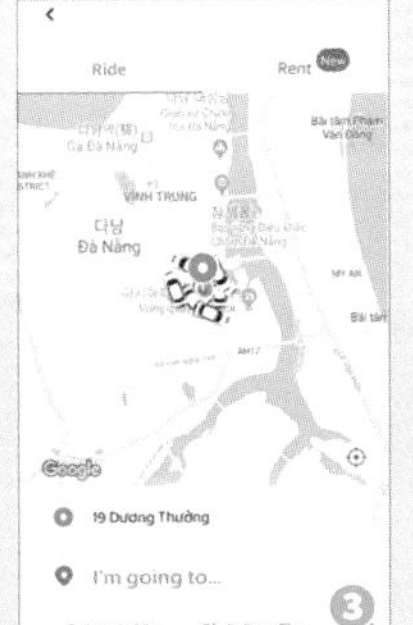

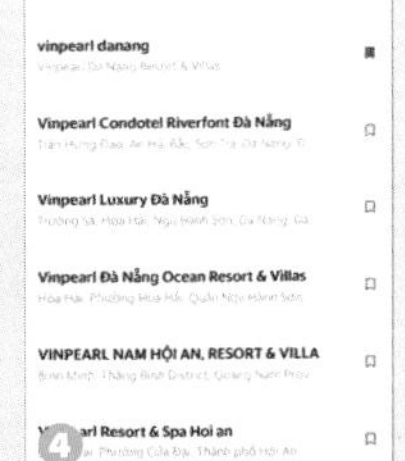

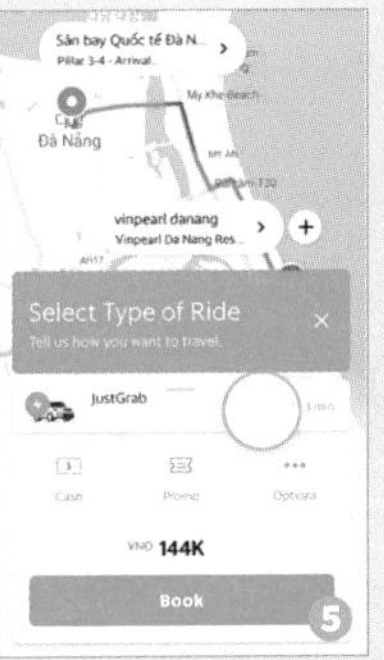

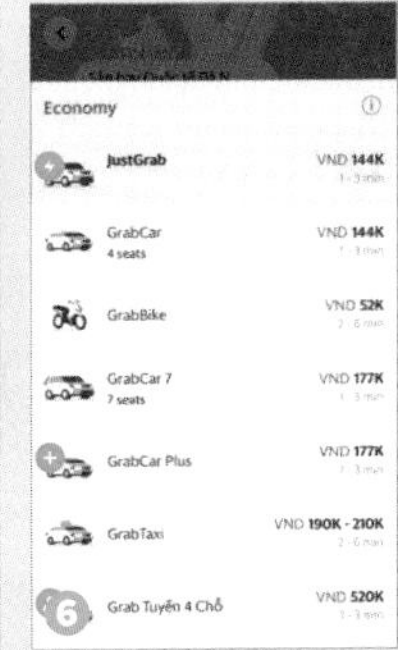

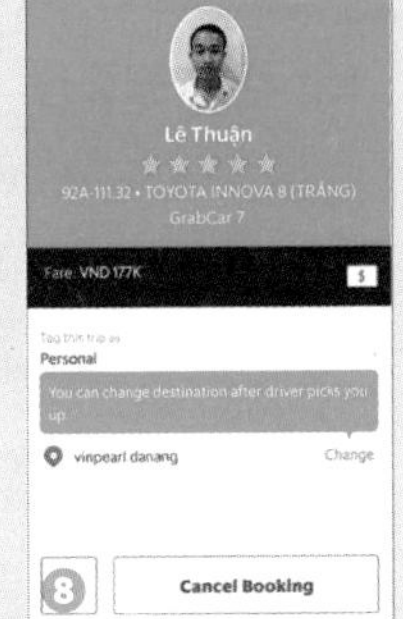

★ 오토바이 렌트 Motorbike Rent

오토바이 대여점은 해변이나 다낭 시내에서 쉽게 찾아볼 수 있으며, 1일 10~20만 동의 대여료를 받는다. 가격은 오토바이의 상태에 따라 달라진다. 대여 전에 오토바이 외관에 이상은 없는지 꼼꼼히 살펴보고 사진 등으로 남겨두는 것이 좋다. 오토바이를 탈 때는 반드시 헬멧을 써야 하며 미착용 시, 공안 단속에 걸려 곤란한 상황이 벌어지게 된다. 베트남은 공산 국가라서 공안의 힘이 막강하다. 만약 단속에 걸리면 공안의 요구대로 순순하게 응해야 한다. 해변도로가 한적하긴 하지만 종종 화물차가 빠르게 지나가는 등 위험 요소가 아주 많다. 베트남의 교통사고율은 무척 높은 편이므로 오토바이를 잘 타는 사람만 이용하도록 하자.

★ 코코 시티투어 버스 Coco City Tour Bus

분홍색의 2층 오픈 버스. 다낭 시내 주요 명소를 돌아보는 N1 노선과 선짜 반도 및 다낭의 전경을 둘러볼 수 있는 N2 노선, 코코베이 리조트에서 호이안 올드타운을 오갈 수 있는 N3 노선이 있다. 24시간이나 48시간 티켓을 구매하면 그 기간 내에 세 노선 모두를 무제한으로 이용할 수 있다. 티켓은 탑승 후 버스 내에서 혹은 공항의 티켓 부스에서 구매할 수 있다. 다낭 공항을 경유하지만 캐리어를 싣지 못하게 하므로 공항버스 대용으로는 이용할 수 없다. 각 노선의 자세한 시간표가 홈페이지에 있으니 참고하자(팬데믹 이후 잠정적으로 운행이 중단된 상태이다).

전화 0236-395-4666

각 버스의 운행 시간 및 이용 요금

노선 번호		운행 시간	운행 간격	이용 요금
코코 시티투어 버스	N1	08:00~19:00	45분	4.5만 동(1회) 17만 동(24시간) 25만 동(48시간)
	N2	08:50~17:05	45분	
	N3	10:15~17:15	홈페이지 스케줄 참조	

N1 주요 정류장

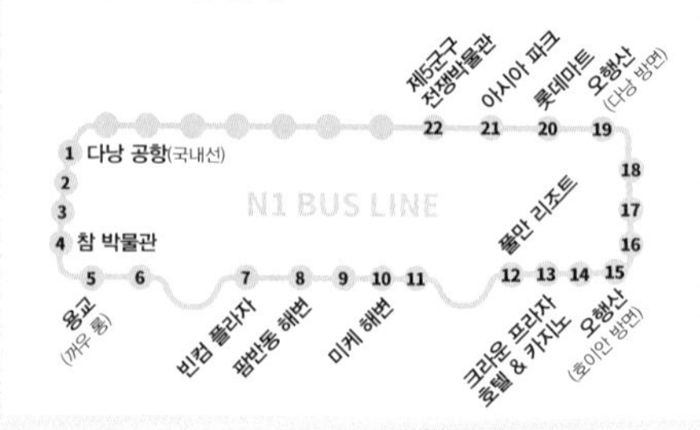

N2 주요 정류장

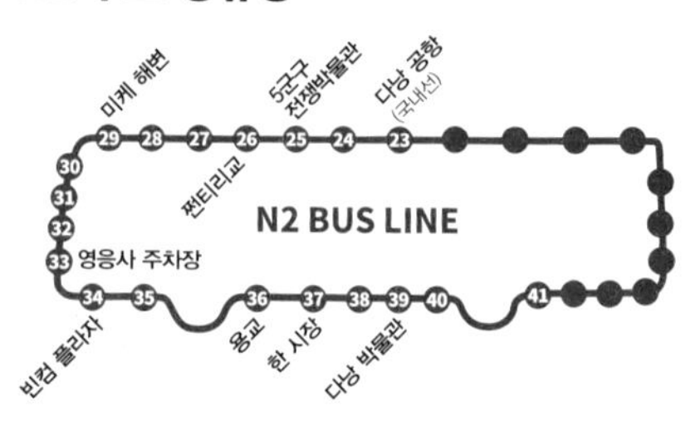

★ 시내버스 Public Bus

다낭의 시내버스는 크게 두 가지다. 다낭 시내를 오가는 버스와 다낭 인근의 도시를 연결하는 시외버스 개념의 사설 버스가 있다. 스마트폰 애플리케이션 'DANABUS'가 있어 노선과 정류장 등을 확인할 수 있다.

홈피 www.danangbus.vn

1 TMF 버스 & 시내버스

다낭 시내 곳곳을 연결하는 버스로 모두 12개(TMF 01, 05, 07, 08, 11, 12, R14, R4A, R6A, R15, R16, R17A)의 노선이 있다. TMF 버스는 토요타 모빌리티 재단Toyota Mobility Foundation에서 지원하는 차량으로 운행하고 나머지 노선은 다낭시의 지원을 받는 공공 버스 개념이다. 25인승 에어컨 버스에 내부도 쾌적하다.

TMF 01은 다낭 항 인근부터 시작해 골든베이 다낭→투언프억교→꼰 시장→참 박물관→용교→미케 해변까지 가는 코스다. 공항 근처에서 쩐티리교를 넘어 미케 해변까지 연결하는 12번, 여행자들이 가장 많이 움직이는 박당 거리를 관통하는 R17A, 다낭 기차역에서 롯데마트를 연결하는 11번 버스는 활용도가 높다.

요금은 거리에 상관없이 6천 동이고 버스에 승차한 후 안내원에게 승차권을 구입하면 된다. 각 노선에 따라 이용시간이 조금씩 다른데 TMF 01은 05:30~21:00까지, 나머지 버스는 06:00~19:00까지 공통으로 운행하는 시간이다. 배차 간격은 15~30분.

2 시외버스 (사설 버스)

땀끼Tam Kỳ, 꾸에선Quế Sơn 등 다낭 인근의 소도시를 오가는 버스다. 모두 5개 노선(1번, 3번, 4번, 6번, 9번)이 있고 이 중 1번 버스가 다낭에서 호이안을 연결하기 때문에 여행자들이 이용할 만하다. 2016년 다낭의 시내버스가 도입되기 전부터 있었고 다낭시에서 지원을 받는 버스가 아니라서 차량이 매우 낡았고 비좁다. 공식적인 요금은 1만 8천 동이지만 외국인에게는 바가지가 심하다. 큰 짐이 있으면 짐에 대한 비용도 따로 받는다.

1인당 요금은 2만 동 정도로 생각하고 짐 1개당 1만 동 정도 주면 적당하다. 이때를 대비해 잔돈은 미리 챙겨둘 것! 다낭에서는 다낭 대성당 정문 옆의 버스 정류장에서 탑승하는 것이 가장 좋고, 다낭으로 돌아올 때는 박당 거리의 한 시장 후문에서 하차하면 된다. 호이안에서는 올드 타운 외곽에 자리한 '호이안 버스터미널Bến xe Hội An Nguyễn Tất Thành'에서 하차하면 된다. 30분 간격으로 05:45~17:00까지 운행한다.

다낭 개념 잡기

다낭은 한강을 중심으로 크게 다낭 시내와 해변 지역으로 나눌 수 있다. 다낭 공항에서 다낭 시내까지는 약 8km 정도로 상당히 가까운 편이다. 고급 숙소들은 미케 해변과 논느억 해변 쪽에 몰려 있고, 다낭 최고급 숙소로 분류되는 인터콘티넨털 다낭 선 페닌슐라는 썬짜 반도에 자리한다. 미케 해변의 안트엉 지역은 해변 지역의 시내라 할 수 있다.

❶ 다낭 시내 Danang Downtown

다낭 시내는 한강을 사이에 두고 서쪽에 자리한다. 가성비 좋은 숙소들과 맛집들이 산재해 있다. 재래시장인 꼰 시장과 한 시장도 있어 현지인들의 삶을 생생하게 체험해볼 수도 있다. 가장 번화한 곳은 쏭한교(한강교)Cầu Sông Hàn부터 용교Cầu Rồng 남단까지고 쩐티리교Cầu Trần Thị Lý 인근도 점차 발전하고 있다.

❷ 한강 Sông Hàn

다낭 시내를 가로지르는 다낭의 강이다. 남에서 북으로 흘러 바다와 만나고 강의 하류에는 항구가 형성되어 있다. 이 항구는 다낭이 상업 도시로, 무역 도시로 발전하는 데 큰 역할을 하고 있다. '다리의 도시'라는 별명이 붙은 도시답게 아름답고 특이한 다리들이 있다.

❸ 박당 거리 Đường Bạch Đằng

다낭의 강변도로다. 이 거리를 따라 호텔과 고급레스토랑, 카페, 펍들이 들어서 있다. 밤이 되면 더 아름다워지는 거리이기도 하다. 통행량이 많아 남에서 북으로 일방통행을 시행하고 있다.

❹ 바나힐 Bà Nà Hills

다낭 시내에서 서쪽으로 약 40km 정도 거리에 있는 산이자 휴양지이다. 이곳에는 테마파크로 개발된 바나힐 썬 월드Sun World Bà Nà Hills가 있어 여행자들의 방문이 잦다.

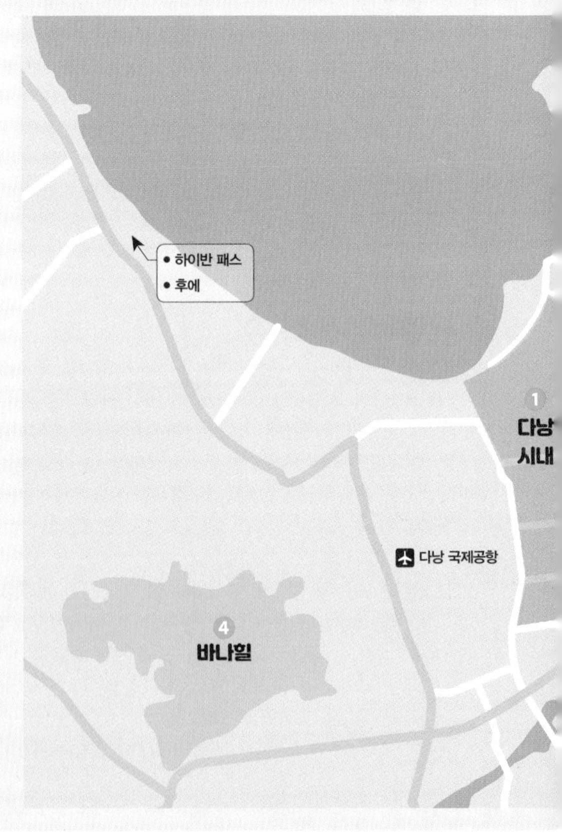

5 썬짜 반도

Sơn Trà Peninsula

다낭의 동북쪽에 자리한 산악지대이자 반도이다. 지대가 높아 자연스럽게 다낭의 전망대 같은 역할을 하고 있다. 영응사와 인터콘티넨털 다낭 선 페닌슐라 리조트가 이곳에 자리하고 있다.

6 미케 해변 Bãi Biển Mỹ Khê

다낭을 인기 휴양지로 만든 1등 공신! 세계 6대 해변 중 하나로 손꼽힌 바 있는 다낭의 해변이다. 해안선이 20km 이상 이어지고 해안을 따라 여행자 편의 시설들이 끝없이 들어서 있다. 알라카르트 호텔 인근부터 TMS 호텔 사이의 해변은 누구나 이용할 수 있는 공용해변이다. 공용해변으로 가면 선베드를 빌려주는 업체들이 있고, 온종일 빌리는데 보통 4만 동 수준이다. 공중화장실과 간이 샤워장을 갖추고 있으며 오토바이 주차료, 음료 가격까지 다낭시에서 정한 금액대로 운영한다.

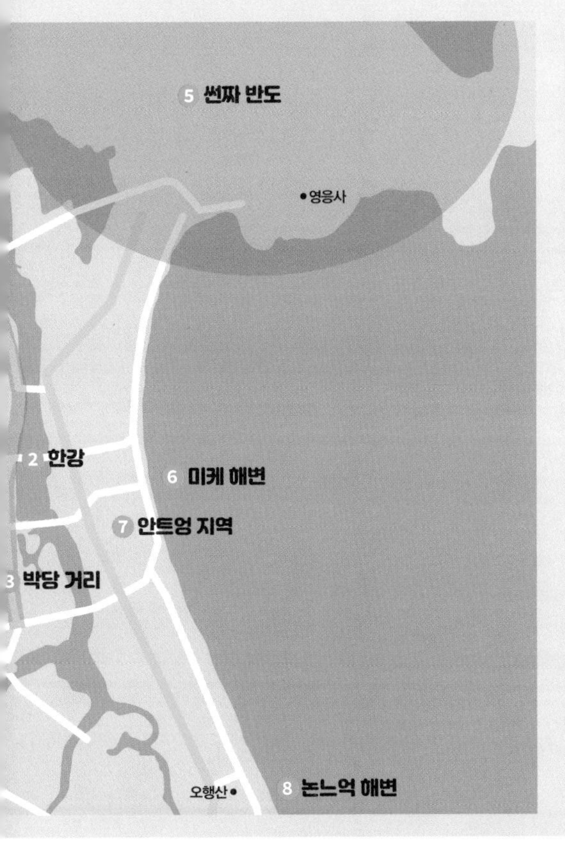

7 안트엉 지역 An Thượng Area

해변 지역의 시내라 할 수 있다. 여행자 거리 같은 이국적인 분위기를 갖고 있다. 해변과 가까우면서 가성비 좋은 숙소들이 밀집해 있어 장기 여행자들이 주로 묵는다. 다낭에 사는 외국인들이 운영하는 식당들과 바들이 밀집해 있기도 하다.

8 논느억 해변 Bãi Biển Non Nước

잔잔하고 고운 백사장을 가진 해변이다. 고급 리조트들의 격전장으로 하얏트 리젠시 리조트, 다낭 매리어트 리조트, 나만 리트리트 리조트 등이 이곳에 자리하고 있다.

다낭 전도
투언프억교
3D 아트 박물관
썬짜 반도
영응사(약 10분)
인터콘티넨털 다낭 선 페닌슐라 (약 20분)
베만
꾸어 비엔
공공버스터미널
뉴 오리엔트 호텔 다낭
다낭 시내(p.93)
분 보 베마이
포포인츠 바이 쉐라톤 다낭
팜반동 해변
Bãi Tắm Phạm Văn Đồng
다낭 홀리데이 서프
Đống Đa
노보텔
다낭 프리미어 한 리버
하다나 부티크 호텔
다빈
하이반 패스 (약 30분)
다낭 기차역
쏭한교 (한강교)
동해안 공원
Công viên Biển Đông
Lê Duẩn
빈컴 플라자
Phạm Văn Đồng
K-마트
알라카르트 호텔
에스코비치 바 라운지
홍짬 스파
빈쭝 플라자 (고! (빅시) 슈퍼마켓)
한 시장
오드리 네일 앤 스파
던 비치 바
사랑의 다리
용교
썬짜 야시장
Võ Văn Kiệt
퀸 스파
Nguyễn Văn Linh
참 박물관
APEC 파크
Võ Nguyên Giáp
파라다이스 비치
하이 코이 1
하이 코이 2
미케 해변
Bãi Biển Mỹ Khê
쩐티리교
TMS 호텔
Duy Tân
Ngô Quyền
5군구 전쟁박물관
그랜드머큐어 다낭
홀리데이 비치 호텔
다낭 국제공항
프리미어 빌리지 다낭 리조트
민토안 갤럭시 호텔
풀만 리조트
썬 월드 아시아 파크
푸라마 리조트
헬리오 센터
롯데마트
띠엔손교
다한 스파 다낭
티아 웰니스 리조트
올랄라니 리조트
바나힐 (약 45분)
르 보르도 베이커리
An Thượng 34
Hoàng Kế Viêm
하얏트 리젠시 리조트
서민구이 다낭
에코 그린 부티크 호텔
홀리데이 비치 호텔
An Thượng 1
Trần Bạch Đằng
An Thượng 2
엘 스파
An Thượng 3
An Thượng 4
레꽝다오 거리 Lê Quang Đạo
다낭 매리어트 리조트
오행산 (마블 마운틴)
논느억 해변
Bãi Biển Non Nước
켄따
버거 브로스
실크 스파
응오티시 거리 Ngô Thì Sĩ
멜리아 다낭 비치 리조트
43 스페셜티 커피
탄떰 커피 & 베이커리
빈펄 다낭 오션 리조트 & 빌라
안트엉 지역
쉐라톤 그랜드 다낭 리조트
호이안(약 20분)
빈원더스 남호이안(약 1시간)
빈펄 리조트 & 골프 남호이안 (약 1시간)
디 오션 빌라스
나만 리트리트 리조트

다낭 시내
N
마담 런
흐엉박 관
한강
Sông Hàn
루나 펍
오큐 라운지 펍
버거 브로스
동다 거리 Đống Đa
한강 크루즈 선착장
퍼 홍
스카이 36 바
다낭 한 리버 호텔
노보텔 다낭 프리미어 한 리버
정부 청사
Lê Lợi
퍼 박 63
다낭 박물관
쩐까오번 거리 Trần Cao Vân
껌땀 옵렛 1940
동다 거리 Đống Đa
박당 거리 Bạch Đằng
분짜까 109
Trần Phú
쩐까오번 거리 Trần Cao Vân
Lê Lợi
Nguyễn Chí Thanh
힐튼 호텔 다낭
다낭 병원
스타벅스
다낭 기차역
미꽝 1A
쏭한교 (한강교)
다낭 미술관
레 주언 거리 Lê Duẩn
Trần Phú
Ông Ích Khiêm
레 주언 거리 Lê Duẩn
본파스 베이커리 & 커피
Phan Chu Trinh
옌바이 거리 Yên Bái
올리비아 프라임 스테이크하우스
피자 포피스
원더러스트
다목적경기장 (체육시설)
꽁 카페
관안 딤섬
Hùng Vương
한 시장
꼰 시장
훙브엉 거리 Hùng Vương
아지트 스파
꽁 카페(2호점)
아보라 호텔
브릴리언트 호텔
사트야 다낭 호텔
빈쭝 플라자 (고!(빅시)슈퍼마켓)
사누바 호텔
다낭 대성당
하이안 리버프론트 호텔
1920's 라운지 바
퍼 박 하이
타이 마켓
분짜 짜오 바
코코넛 디저트 거리
껌가 아하이
퍼 응온
Thái Phiên
뱀부 2 바
반꾸온 띠엔홍
벱 꾸어 응오아이
브루맨 커피
더 로컬 빈스 커피
Lê Hồng Phong
미꽝 홍번
그린 프라자 호텔
남 하우스 카페
Ông Ích Khiêm
후띠에우 키키
카페 무오이 후에 3
피자 포피스
하이랜드 커피 VTV8
참 박물관
용교
Nguyễn Văn Linh
반다 호텔
따우롱 쏭 한 크루즈 선착장
다낭 국제공항
반미 바란
반쎄오 바즈엉

★ 다낭의 어트랙션

다낭의 볼거리는 생각보다 많지 않다. 한강과 해변, 영응사와 오행산이 대표 관광지다. 소소한 박물관들이 많지만 참 박물관을 제외하면 수준이 높은 편은 아니다. 관광객들이 많이 찾는 바나힐 썬월드는 다낭에서 차로 1시간 거리에 있다.

★★★

한강 Sông Hàn

대한민국 서울의 한강(漢江)과 같은 이름을 가진 다낭의 강. 서울의 한강은 도심을 남북으로 가르며 흐르지만, 다낭의 한강(瀚江)은 도심을 동서로 나누며 흐른다. 한강을 중심으로 서쪽이 다낭 시내와 공항, 동쪽이 해변 방면이다. 강변을 따라 호텔과 고급 아파트, 레스토랑과 펍들이 들어서 있다. 그 중 가장 번화한 지역은 한강교Cầu Sông Hàn 인근부터 용교Cầu Rồng 남쪽까지고 야경 또한 화려하다. 산책로와 공원도 잘 조성되어 있어 운동하거나 데이트를 하는 시민들도 많다.

위치 다낭 시내

▶▶ APEC 파크 Công viên APEC

2017년 다낭에서 열린 APEC(아시아태평양경제협력체)을 기념하기 위해 만든 공원. 약 2,500평의 넓은 부지에 각 회원국에서 선사한 조각상이 전시되어 있다. 날아가는 연을 모티브로 만든 돔 건축물이 하이라이트. 밤이면 시시각각 변하는 돔 조명이 주변을 밝혀준다. 공원 주변에 다낭 젊은이들의 핫플들이 많아 밤에도 활기차다.

주소 365F+67X Đà Nẵng
위치 다낭 시내 용교와 쩐티리교 사이

▶▶ 사랑의 다리 Cầu Tình Yêu

다낭 시민과 여행자들을 위한 조형물. 실제로 강을 건너갈 수 있는 다리가 아니라 강 위에 설치된 산책로라고 생각하면 된다. 길이는 68m이다. 하트 모양의 조명이 이곳의 트레이드 마크로 2015년에 개장한 후로 다낭 시민의 데이트 명소가 되었다. 저녁이면 데이트를 나온 시민들, 여행자들, 노점상들로 북적인다. 싱가포르의 머라이언 상을 닮은 분수Tượng Cá Chép Hóa Rồng는 용교와 더불어 다낭의 상징처럼 등장한다.

주소 367H+8R9 Đà Nẵng
위치 용교 동단(용머리 쪽) 강변, 용교에서 한강교 방면

more & more 한강의 주요 다리

다낭의 한강에는 총 10개의 다리가 있다. '다리의 도시'라고도 불릴 만큼 아름답고 특이한 다리들도 있다. 그중 가장 대표적인 다리는 아래 소개하는 4개로 다낭 시내와 해변 지역을 연결하는 통로가 되어준다. 밤에는 저마다 화려한 조명이 빛을 발한다(순서: 북쪽에서 남쪽 순).

❶ 투언프억교Cầu Thuận Phước

한강의 가장 하류 쪽이자 북쪽에 지어진 다리. 베트남에서 가장 긴 현수교로 길이가 약 1.8km 정도다. 언뜻 보면 샌프란시스코의 금문교와 닮았다. 다리 끝은 골든베이 다낭 호텔과 맞닿아 있으며 영응사, 인터콘티넨털 다낭 선 페닌슐라까지 가는 지름길이 되어주기도 한다. 2003년에 착공하여 2009년에 완공되었다.

❷ 쏭한교(한강교)Cầu Sông Hàn

1998년에 착공하여 2000년에 개통한 베트남 최초의 스윙 브리지Swing Bridge. 교량의 중간 부분이 90도로 회전하면서 선박이 통행할 수 있도록 만들어졌다. 외국의 자본과 기획 없이 다낭 시민들의 재능 기부와 모금으로 만들어져 다낭 시민들의 자부심이 대단하다. 주말 밤 11시경이면 회전하는 다리를 감상할 수도 있다.

❸ 용교Cầu Rồng

한강의 다리 중 가장 유명한 랜드 마크. 베트남 통일 38주년을 기념하여 2013년 3월에 개통되었다. 다리의 총길이는 666m, 높이는 37.5m로 다낭 공항에서 주요 해변으로 이어지는 가장 빠른 통로이기도 하다. 밤에는 시시각각 변화하는 조명으로 더욱 화려해진다. 다낭 시내 쪽이 용의 꼬리, 해변 쪽이 용의 머리다.

❹ 쩐티리교Cầu Trần Thị Lý

다낭 출신의 독립운동가인 쩐티리Trần Thị Lý의 이름을 딴 다리. 한강의 다리 중에 가장 현대적이고 기하학적인 아름다움을 품고 있다. 높이 145m의 주탑이 상당히 인상적인데 바다로 가는 돛 모양을 상징하는 것이라고 한다. 디자인과 건설에는 핀란드 회사인 WSP가 참여하였다.

Special Tour

다낭의 한강, 이렇게 즐겨보자!

다낭의 한강을 아침부터 저녁까지 즐기는 방법!
한강을 제대로 즐기겠다는 야무진 여행자들에게 다음과 같은 방법들을 추천한다.

1 아침 시간에 강변 따라 산책하고 모닝커피 마시기

새벽녘, 아직 동이 트기 전부터 한강의 주변은 분주하다. 잘 만들어진 강변의 산책로를 따라 조깅과 사이클을 즐기고 체조를 하는 다낭 시민들을 많이 볼 수 있다. 우리도 그들 사이에서 산책하거나 운동을 하면서 '로컬들 속으로 들어가 보는' 여행을 해보는 건 어떨까? 한 시장 주변으로 채소와 꽃, 생선과 고기 등을 판매하는 '진짜 시장'을 구경하는 재미도 쏠쏠하다. 새벽부터 문을 여는 강변의 노점 카페에서 진한 베트남 커피를 한잔하는 것도 잊지 말자!

2 카페나 바에서 한강 전망 즐기기

한강 주변에는 멋진 강 전망을 가진 카페나 바들이 즐비하다. 특히 루프톱 바가 경쟁적으로 생기는 추세라 여행자들에게 선택의 즐거움을 주고 있다. 루프톱 바의 선구자라 할 수 있는 노보텔의 스카이 바를 필두로 브릴리언트 호텔, 하이안 리버프론트 호텔 등에도 루프톱 바가 있다. 강 건너 사랑의 다리Cầu Tình Yêu 인근의 카페들도 강을 조망할 수 있게 해놓은 곳이 많다.

3 용교 불쇼 감상

주말 저녁 9시가 되면 약 10분간 불쇼를 구경할 수 있다. 실제로 보면 조금 시시할 수도 있지만 다낭 시민들에게는 큰 이벤트 같은 시간이다. 용의 머리 부분에서 불을 내뿜고, 그 후에는 물도 뿜으니 주의! 용교 양쪽 끝은 보행자를 위한 인도가 연결되어 있고 10~15분 정도면 끝에서 끝까지 걸어갈 수 있다.

4 대관람차 썬 휠 타고 야경 감상

썬 월드 아시아 파크의 대관람차인 썬 휠을 타고 다낭의 야경을 감상하는 것도 좋은 아이디어다(p.105 참고). 천천히 돌아가는 관람차 덕분에 다낭의 야경을 차근차근 감상할 수 있다. 누구의 방해도 받지 않는 프라이빗한 공간은 덤! 썬 월드 아시아 파크의 모든 시설을 이용할 수 있는 통합 입장료를 구매하지 않고 썬 휠만 타는 것도 가능하다.

5 한강 크루즈 Tàu Rồng Sông Hàn

한강에는 수많은 크루즈가 있지만, 패키지가 아닌 자유여행 중이라면 선택할 크루즈는 하나다. 바로 참 조각 박물관 맞은편에서 출발하는 '따우롱 쏭 한Tàu Rồng Sông Hàn'. 현장에서 표를 구매해서 탑승할 수 있다. 2층의 바깥쪽 좌석이 명당자리다. 식사도 저렴하게 판매하지만, 음료를 즐기며 경치 감상과 사진 촬영에 집중하는 편이 더 낫다. 주말 저녁 8시 출발 편을 타면 용교 불쇼 시간에 맞춰 가장 좋은 포인트에 세워준다.

따우롱 송 한 크루즈
위치 참 박물관 맞은편 강변
운영 월~토 18:00, 19:45, 21:30 출발 (90분 소요, 일요일 휴무)
요금 15만 동(식사비 별도)
전화 098-507-4797

Tip | 다낭 국제 불꽃놀이 축제

다낭에서는 매년 5월에서 7월 사이에 국제 불꽃놀이 축제(Danang International Fireworks Festival)가 열린다. 베트남 외에도 프랑스, 미국 등 다양한 나라가 경쟁하고, 최종 우승국이 마지막 불꽃놀이를 장식한다. 2008년 1회 대회를 시작으로 2019년까지 10번의 대회가 열렸다. 이 시기에 여행을 왔다면 축제 분위기를 한껏 즐겨보는 것도 좋을 것이다. 용교, 미케 해변 등에서 다양한 행사도 진행된다. 다만 국제 불꽃놀이 축제 기간에는 몇몇 호텔의 요금이 인상되거나 취소 불가 예약만 가능한 경우도 있다.

★★★

미케 해변 Bãi Biển Mỹ Khê

다낭을 인기 휴양지로 만든 1등 공신! 《포브스》가 선정한 세계 6대 해변 중 하나로 손꼽힌 바 있는 다낭의 해변이다. 해안선은 썬짜 반도부터 호이안 초입까지 20km 이상 이어진다. 이 해변을 전부 미케 해변이라고 부르지만, 북쪽부터 팜반동 해변, 미케 해변, 미안 해변, 논느억 해변으로 나누어 부르기도 한다. 남국의 에메랄드빛 바다를 상상했다면 약간 실망할 수도 있지만 완만하고 넓은 해안선은 다낭이 휴양 여행에 최적으로 꼽히는 이유 중 하나다. 미케 해변이 더 인기 있는 이유는 해변과 나란히 있는 여행자 시설들 덕분이다. 낮에는 해변에서 뒹굴뒹굴하더라도, 밤이면 밖으로 나가 식도락과 마사지를 즐겨야 하는 여행자들과 코드가 딱 맞는 곳이기도 한 것이다. 알라카르트 호텔 인근부터 TMS 호텔 사이의 해변은 누구나 이용할 수 있는 공용해변이다. 오후 4~5시가 되면 바다로 뛰어들어 하루의 더위를 식히려는 현지인들로 가득 찬다.

위치 다낭 공항에서 동쪽으로 약 8km

Tip | 공용해변 이용법

프라이빗 비치가 있는 고급 숙소에 묵지 않더라도, 해변에서 휴양을 즐길 수 있다. 공용해변으로 가면 선베드를 빌려주는 업체들이 있고, 하루 종일 빌리는데 보통 4만 동 수준이다. 공중화장실과 간이 샤워장을 갖추고 있으며 오토바이 주차료, 음료 가격까지 다낭시에서 정한 금액대로 운영한다. 가성비 좋은 숙소에서 묵으면서 해변으로 출퇴근하는 것도 현명한 여행 계획이 될 수 있다.

★★☆

논느억 해변 Bãi Biển Non Nước

논느억 해변은 대부분 고급 리조트들이 차지하고 있다. 이곳에 있는 리조트에 체크인 후 해변으로 나가 보면, 논느억 해변에 대한 칭찬이 왜 자자한지 금세 느낄 수 있다. 미케 해변보다 훨씬 바다색이 예쁘고 잔잔한 데다 백사장도 고운 편이다. 하얏트 리젠시 리조트, 다낭 매리어트 리조트, 나만 리트리트 리조트 등에 숙박할 경우 프라이빗 비치로 이용할 수 있다.

위치 미케 해변 남쪽, 오행산 인근

★☆☆

팜반동 해변 Bãi Biển Phạm Văn Đồng

썬짜Sơn Trà 반도와 가까운 미케 해변의 북쪽 해변은 현지인들의 삶이 녹아 있는 곳이다. 대나무를 엮어 만든 둥근 바구니 배들과 그 배를 이용해 물고기를 낚는 어부들을 만날 수 있다. 잡아 온 물고기를 즉석에서 거래하고 자연스럽게 식당으로 이어져 이 해변 뒤로 저렴한 해산물 식당들이 모여 있는 편이다. 영응사Chùa Linh Ứng로 가는 길목에 있어 같이 둘러보는 것도 팁!

위치 미케 해변 북쪽, 썬짜 반도 인근

★★☆

다낭 대성당 Nhà Thờ Chính Tòa Đà Nẵng

여행자들 사이에선 일명 '핑크 성당'으로 통하는 곳. 프랑스 식민지 시절인 1923년에 프랑스인 사제가 설계하고 건축했다. 고딕 양식의 구조로 색색의 아름다운 스테인드글라스가 잘 조화되어 있다. 성당 꼭대기에 뾰족하게 솟은 첨탑에 수탉 모양의 풍향계가 있다. 첨탑 위에 수탉 풍향계를 올려놓는 것은 유럽의 많은 성당에서도 공통으로 발견할 수 있다. 예수를 부인했던 베드로가 수탉의 울음소리를 듣고 속죄하며 회개를 한 순간을 상징하며, 풍향계는 그리스도인을 인도한다는 의미가 있다. 교회 뒤쪽으로는 성모 마리아상을 볼 수 있다. 평일 새벽 5시와 오후 5시 15분에 미사가 있으며 일요일 오전 10시에는 영어 미사가 진행된다. 미사를 진행하는 시간 외에는 성당 뒤쪽의 출입문을 이용해서 성당 안으로 들어가야 한다. 관광객들에게 많이 시달린 성당 측의 자구책으로 보인다. 관광지가 아니라 종교 시설임을 잊지 말고 너무 큰소리를 내거나 무리해서 사진 촬영 등을 하는 것은 주의하도록 하는 것이 좋겠다.

주소 156 Trần Phú, Hải Châu 1, Đà Nẵng
위치 한강교와 용교 중간 지점, 브릴리언트 호텔 뒤편

수탉은 회개와 깨달음의 상징~!

★★☆

다낭 미술박물관 Bảo Tàng Mỹ thuật Đà Nẵng

다낭 시립 현대미술관 역할을 하고 있는 미술관 겸 박물관. 규모가 크지는 않지만 볼만한 작품들이 꽤 있는 편이다. 총 3층 규모로 2층은 유화와 옻칠, 판화 등의 현대미술작품들이 전시되어 있다. 특히 옻칠 회화는 베트남에서 발전한 독특한 분야이니 관심 있게 볼 만하다. 3층은 다낭을 포함한 중부지방, 고산지대의 수공예품과 전통예술 작품들을 만나볼 수 있다. 베트남 미술에 매료된 일본 출신의 컬렉터, 이토 토요키치Itoh Toyokichi가 수십 년간 모은 베트남 작가들의 컬렉션을 감상할 수 있기도 하다. 한국어로 된 팸플릿이 준비되어 있고 관람 전 입구 보관함에 가방을 보관해야 한다.

주소 78 Lê Duẩn, Thạch Thang, Hải Châu, Đà Nẵng
위치 레주언 거리, 한강교 서단에서 공항 쪽으로 약 1km
운영 08:00~17:00
요금 2만 동
전화 0236-386-5668
홈피 www.baotangmythuat.danang.gov.vn

★☆☆

다낭 박물관 Bảo Tàng Đà Nẵng

다낭의 자연과 시대적 흐름에 따른 발전사, 지역의 민족과 문화를 한자리에서 볼 수 있는 곳이다. 전시품은 선사시대부터 현대에 이르기까지 다낭의 생활상을 엿볼 수 있는 사진이나 소품들이 주를 이룬다. 그중에는 다낭 대성당의 초창기 모습, 다낭 시내의 옛 모습이 담긴 사진 등이 있어 반갑기도 하다. 베트남 전쟁 당시, 파병된 한국군의 사진도 포함되어 있고 무기 등도 전시되어 있다. 전시된 곳에 QR 코드가 있어 영어 설명을 도움 받을 수 있지만 조금 부족하게 느껴질 수도 있다. 전시품들이 다소 조악한 면이 있으므로 크게 기대는 하지 않는 것이 좋다. 노보텔 인근에 자리하고 있어 접근성은 좋은 편이다.

주소 24 Đường Trần Phú, Thạch Thang, Hải Châu, Đà Nẵng
위치 노보텔과 나란히 있는 다낭 시청 옆, 시청 정문을 바라보고 왼쪽
운영 08:00~11:30 / 14:00~17:00
요금 2만 동
전화 0236-388-6236
홈피 baotangdanang.vn

★★★

참 박물관 Bảo Tàng Điêu Khắc Chăm

세계 최대 규모의 참파 유적 박물관. 참파 왕국 유물 발굴에 참여했던 고고학자 앙리 파르망티에Henri Parmentier의 제안으로 설립되어 1915년 개관하였다. 미썬 유적지에서 발굴한 유물 2,000여 점이 이곳에 보관되어 있으며 그중 300여 점이 전시되어 있다. 전시된 유물들은 희소가치가 높고, 수준도 높은 편이다. 참파 왕국과 힌두교에 대한 이해가 있으면 훨씬 흥미롭게 둘러볼 수 있다. 아는 만큼 보인다는 이야기가 그 어떤 곳보다 진하게 공감되는 곳이다(참파 왕국에 대한 정보는 p.197 참고). 참파 왕국의 종교는 17세기 이전까지 인도의 영향을 받은 힌두교였다. 주로 시바 신을 모시는 신전이 많았기 때문에 그에 관련한 조각상들이 많다. 875년 인드라바르만 2세가 새로운 왕조를 세우며 대승불교를 받아들여 9~10세기까지는 불교적인 색채가 더해진 유물들을 볼 수 있다. 한국어로 된 팸플릿을 받을 수 있는데, 관람 순서 안내가 직관적으로 되어있어 도움이 된다. 박물관 야외는 정원처럼 꾸며져 있어 잠시 쉬어가기에도 좋다.

주소 2 Đường 2 Tháng 9 Bình Hiên, Đà Nẵng
위치 용교 서쪽 강변, 9월 2일 거리Đường 2 Tháng 9
운영 07:30~17:00 **요금** 6만 동
전화 0236-357-4801 **홈피** chammuseum.vn

Tip | 조각물에 등장하는 주요 힌두교 신들 & 상징들

시바 Siva
힌두교에서 파괴의 신이자 생식의 신. 눈에 보이는 물리적인 것 외에 사람이 가진 업보(카르마)나 고난 등 추상적인 것까지 파괴한다고 하여 이 시바 신에게 기도하는 신도들이 많다. 참파 왕국은 이 시바 신을 모셨고 박물관에도 그와 관련된 유물들이 많다.

비슈누 Vishnu
질서와 유지의 신으로 브라흐마, 시바와 함께 힌두교 3대 신 중 하나다. 세상을 구제하는 수호신으로 그 위상이 높다. 우주를 구성하는 네 가지 요소인 땅, 물, 불, 바람을 상징하는 것을 들고 있고, 이 중 물을 상징하는 연꽃 봉오리가 상실된 상태이다.

압사라 Apsara
신들을 위해 춤을 추는 구름과 물의 요정

링가와 요니 Linga & Yoni
시바의 추상적 성물이며, 남성적 에너지 혹은 강력한 왕을 의미한다. 여성적 에너지를 뜻하는 요니와 함께 결합한 모습은 풍요를 상징한다.

시바
비슈누
압사라
링가와 요니

more & more 박물관 둘러보기 Tip

전시실은 유물들이 발견된 지역에 따라 미썬(7~10세기), 짜키에우(7~12세기), 동즈엉(9~10세기), 탑만(11~14세기), 꽝찌(7~8세기), 꽝남(8~9세기), 꽝응아이(10~12세기), 빈딘(12~13세기)으로 나누어져 있다. 그중 다음에 소개하는 세 가지 유물을 가장 중요한 것으로 평가한다.

❶ 타라 불상 Tượng Bồ Tát Tara

타라는 티베트 불교에서 숭배하는 여성 보살이다. 손과 발, 이마에 있는 눈으로 세상의 모든 고통을 보고 중생들을 구원한다고 한다. 이곳에 전시된 타라 불상은 청동으로 만들어진 입불상으로 동즈엉 시대의 뛰어난 청동 주조술을 보여주는 걸작으로 평가받고 있다.

❷ 미썬 E1 제단 Đài Thờ Mỹ Sơn E1

참족 사람들에게 제단은 시바 신이 깃든 성산인 카일라스산을 의미한다. 미썬 E1 스타일 중 가장 유명한 사암 제단으로, 7세기 후반에 제작된 것으로 추정된다. 원래 종교적인 목적으로 만들어졌으며, 시바의 상징인 거대한 링가를 지지하기 위해 사용되었다. 제단에는 각종 악기를 연주하거나, 동물들에게 설교하는 수행자들의 모습이 묘사되어 있다.

❸ 짜키에우 제단 Đài Thờ Trà Kiệu

짜키에우 왕조의 전성기를 상징하는 제단으로, 최상단의 둥근 링가와 중간의 제식용 욕조, 그리고 하단의 기단으로 구성되어 있다. 특히 기단의 네 면에 섬세하게 재현된, 힌두교 바가바타 푸라나 경전 속 영웅 크리슈나의 결혼식 장면은 참파 예술의 정수로 손꼽힌다.

★☆☆

5군구 전쟁박물관 Bảo Tàng Quân khu 5

프랑스 식민지 시절부터 베트남 전쟁, 남북통일까지의 과정이 담긴 박물관. 야외 공간에 미군이 사용한 폭탄, 포, 항공기가 전시되어 있고 내부에는 전쟁 당시의 상흔이 느껴지는 사진과 소품들이 전시되어 있다. 전쟁의 아픔을 덮기보다는 드러내어 상처를 치유한다는 의미도 있다. 관람 순서가 곳곳에 붙어 있어서 그 화살표 방향으로 관람하면 된다. 전쟁박물관 왼쪽으로 호찌민 박물관Bảo tàng Hồ Chí Minh도 자리하고 있고 연못 옆에는 호찌민의 집을 그대로 본뜬 2층 가옥이 있다.

주소 26X9+F2G, Duy Tân Hòa Cường Bắc, Hải Châu, Đà Nẵng
위치 쩐티리교와 다낭 공항 사이
운영 07:30~16:30
요금 6만 동
전화 0236-362-4014

★☆☆

3D 아트 박물관 Bảo Tàng 3D Art Đà Nẵng

덥고 강렬한 다낭의 햇볕을 피해 에어컨이 있는 실내에서 신나게 시간을 보내고 싶다면 이곳이 딱 적당하다. 2017년 7월에 오픈한 3층 건물의 박물관은 밖에서 볼 때보다 내부가 훨씬 더 넓으며 동화, 명화, 사막, 이집트, 심해 등 여러 콘셉트의 방이 있다. 특히 아이들과 함께하는 가족 여행자나 연인에게 좋으며, 의외로 베트남 현지인들에게도 상당히 인기 있다. 착시 사진을 찍는 재미로 들르는 곳이므로 사진에 관심이 없는 친구와 함께, 혹은 혼자서 이곳을 찾는 것은 추천하지 않는다. 맨발로 돌아다니게 되므로 미리 양말이나 덧신을 준비하면 좋다. 사람이 많으면 실내에 소리가 울려서 조금 소란스러울 때도 있다.

주소 Lô C2-10 Trần Nhân Tông, Thọ Quang, Sơn Trà, Đà Nẵng
위치 미케 해변 북쪽에서 띠엔싸 항구Cảng Tiên Sa 방면
운영 09:00~18:00
요금 어른 20만 동, 키 1.3m 이하 어린이 10만 동, 키 1m 이하 어린이 무료
전화 0236-393-1100
홈피 artinparadise.com.vn

사실 쇼핑백은 가짜!

썬 월드 아시아 파크 Công viên Châu Á | Sun World Asia Park

다낭의 랜드 마크가 된 대관람차 '썬 휠'이 있는 테마파크로, 바나힐과 같은 썬 그룹에서 조성하였다. 넓은 부지는 정원처럼 꾸며져 있고 그 사이사이에 각종 놀이기구가 포진해 있다. 한국의 놀이공원을 상상한다면 조금은 실망스럽기도 하겠지만 어린이가 있는 가족 여행자들은 탈 만한 것들이 꽤 있다. 청룡열차, 싱가포르 슬링, Love Locks 등 어른들을 위한 기구도 있다. 베트남에서 가장 높은(115m) 썬 휠과 1.8km 길이의 모노레일은 이곳의 핵심이니 꼭 타보도록 하자. 특히 썬 휠을 타고 다낭의 야경을 감상하는 것은 매우 추천할 만하다. 모든 시설을 이용할 수 있는 통합 입장료를 구매하지 않고 썬 휠만 타는 것도 가능한데 요금은 절반 가격이다. 입구에 들어서면 한국을 포함해 아시아 10개국의 건축 양식을 표현한 신기한 외형의 시계탑이 있다. 이것저것 할 것이 많은 만큼 한나절 이상 시간을 넉넉히 잡아야 한다. 인근에 롯데마트와 헬리오 센터가 자리하고 있으므로 함께 들러보면 좋다.

주소 1 Phan Đăng Lưu, Hòa Cường Bắc, Hải Châu, Đà Nẵng
위치 롯데마트 북쪽
운영 15:00~22:00
(일부 놀이기구 ~19:00)
요금 **통합입장권** 어른 20만 동,
키 1~1.4m 어린이 10만 동,
키 1m 이하 어린이 무료
썬 휠만 이용 어른 10만 동,
키 1~1.4m 어린이 5만 동,
키 1m 이하 어린이 무료
전화 091-130-5568
홈피 asiapark.sunworld.vn

빙글빙글 동심으로~

★★☆

헬리오 센터 Helio Center

다양한 게임기, 농구공 던지기, 인형 뽑기 등의 각종 오락 시설과 키즈 카페 등이 들어서 있는 레크리에이션 센터. 키즈 카페에는 볼풀과 슬라이더 등의 시설이 되어있고 볼링장과 영화관도 같이 입점해 있다. 실내에 자리하고 있어 비가 오는 등 날씨가 안 좋을 때 시간을 보내기에도 적당하다. 헬리오 센터 앞마당에는 오후 6시 정도부터 먹을거리 야시장이 열린다. 다양한 공연이 열리기도 해서 흥겨운 분위기도 느낄 수 있다. 야시장이지만 저녁 10시면 문을 닫고, 비가 오면 영업을 하지 않는다.

주소 22 Đ. 2 Tháng 9, Hoà Cường Bắc, Đà Nẵng
위치 롯데마트 서쪽
운영 17:00~22:00
전화 0236-363-0888

★★☆

썬짜 야시장 Son Tra Night Market

용교와 가까운 야시장. 모자, 가방, 옷, 소품 등의 쇼핑을 위한 구역과 먹을거리를 파는 구역이 나뉘어 있고, 금액도 저렴한 편이다. 정찰로 금액을 오픈해놓은 곳이 많아 마음 편하게 둘러볼 수 있다. 찾아다니면서 먹어야 하는 먹을거리가 한자리에 있어 골라 먹는 재미가 있다. 마사지를 받을 수 있는 곳도 있는데, 의외로 실력이 좋다. 오후 5시부터 오픈하지만 제대로 된 분위기를 즐기려면 좀 더 늦은 시간에 방문하는 것이 좋다. 용교의 불쇼를 가까이에서 볼 수 있어 주말에는 엄청난 인파가 모여든다.

주소 Mai Hắc Đế, An Hải Trung, Sơn Trà, Đà Nẵng
위치 용교 동단(용머리 쪽)에서 도보로 3분
운영 17:00~24:00

★★☆

다낭 홀리데이 서프 Danang Holiday Surf

2019년 오픈한 다낭 최초의 한인 서핑 스쿨. 완만하고 넓은 모래사장과 적당한 파도로 초 · 중급자에게 좋은 미케 해변 북단 옆에 자리하고 있다. 오랜 경험과 경력을 갖춘 전문 강사님들로 구성되어 있고 5인 이내의 소규모 강습에 집중하고 있다. 숍에는 깨끗한 탈의실, 온수 샤워실, 새로 갖춘 서프보드 등이 잘 갖춰져 있다. 서핑이 처음인 사람에게는 안전 문제로 보드 대여만은 불가하다. 초보라면 한국어로 각종 안전수칙부터 차근차근 배운 후 바다로 나가는 것이 더 안전하게 서핑을 즐기는 방법이다. 강습은 오전과 오후 2회(겨울 시즌은 1회)로 진행되는데 예약은 필수. 겨울 시즌에는 체온 보호를 위한 웨트 슈트를 제공한다. 그 외 수영복, 래시가드, 자외선 차단제는 직접 준비해야 한다.

주소 9 Lê Thước, Phước Mỹ, Sơn Trà, Đà Nẵng
위치 미케 해변 북단, 포포인츠 쉐라톤 다낭 호텔 뒤편(도보 3분)
운영 07:30~18:30
요금 입문 강습(100분) 45$, 2회차 강습 (100분) 40$
전화 034-989-1350 (**카톡** holidaysurf)
홈피 www.holidaysurfdn.com

more & more 서핑 시 주의사항

❶ 서퍼 증후군

서핑 초보자에게 드물게 발생하는 증후군으로, 서핑 강습 중 허리 통증과 다리 통증을 느낀 후 하반신 마비로 발전하는 위험한 병을 말한다. 정확한 원인은 알려지지 않았지만 서핑 보드 위에 엎드린 채 허리를 꺾어 상체를 든 자세를 오래 유지할 경우, 척추의 신경이 과도한 압박을 받아 일어나는 것으로 추측된다. 이를 예방하기 위해서는 강습 시 서핑보드 위에 엎드린 채 오랫동안 대기하는 것을 삼가고, 대기 중에는 자주 자세를 바꿔주는 것이 좋다. 단체 강습의 경우 대기시간이 기므로 될 수 있으면 개인 강습이나 소규모 강습을 선택하자.

❷ 이안류

이안류란, 해변으로 밀려와 파도를 일으키며 쌓인 바닷물이 좁은 폭을 통해 한꺼번에 빠져나가면서, 특히 수면 아래에서 바다 쪽으로 강한 흐름이 형성되는 것을 말한다. 다낭의 해변은 길고 얕다는 특성 때문에 부분적으로 이안류가 형성되기 쉽다. 사람들이 자주 오가는 리조트가 아닌 일반 해변의 경우 안전요원이 배치되어 있지 않으므로 위험한 상황이 종종 발생하며, 이를 방지하기 위해 곳곳에 주의를 환기하는 깃발을 꽂아놓거나 경계를 지어두었다. 특히 초보자가 보드를 빌려 개인적인 서핑 연습을 할 경우에는 각별한 주의가 필요하다.

SURF RESCUE
SURF RESCUE

★★★

영응사 Chùa Linh Ứng

다낭에서 딱 한 군데의 관광지만 가야 한다면? 1순위로 추천하고 싶은 곳이다. 다낭 해변 북쪽의 썬짜 반도 언덕 위에 세워진 사원으로, 하얗고 웅장한 해수관음상(레이디붓다)이 서 있는 곳이다. 67m의 거대한 높이가 보는 이를 압도한다. 이는 보트를 타고 탈출하려다 다낭 앞바다에 빠져 죽은 남베트남 사람들(보트피플)의 원혼을 달래기 위해 세운 것이라고 한다. 그 당시에 천 명이 넘는 보트피플들이 다낭 앞바다에서 사망하였고 해수관음상이 바라보고 있는 곳이 바로 그 바다이다. 현재에도 안전한 항해를 기원하는 불상으로도 여겨지고 2000년대에 이 불상이 세워진 이후로 다낭 지역은 태풍 피해를 입지 않는다는 이야기가 있다. 해수관음상은 연꽃 좌대 위에 서서 손으로 정병을 받치고 있는 모습이다. 정병 속의 물은 불교에서는 '감로수'라고 하는데, 중생의 고통을 덜어주고 갈증을 해소해준다는 의미가 있다. 연꽃 좌대 아래쪽에 자리한 법당에도 들어가 볼 수 있다. 법당에서 소원을 빌고, 적어서 간직하면 이루어진다는 이야기가 전해진다.

주소 Vườn Lâm Tỳ Ni, Hoàng Sa, Sơn Trà, Đà Nẵng
위치 썬짜 반도 남쪽 해안가
운영 08:00~18:00
요금 무료

영응사의 대웅전도 웅장하고 화려하다. 대웅전에 들어서면 볼록한 배를 내밀고 웃는 모습이 익살맞은 포대 화상이 있다. 큰 포대를 메고 다니며 복을 점쳐주는 포대 화상은 재물복을 가져다주는 것으로 여겨진다.
사찰 곳곳에 아름다운 분재가 많은데, 이는 모두 신도들이 시주한 것이라고. 영응사 입구, 주차장 길 건너편에 자리한 9층 탑과 와불상이 있는 탑 싸러이Tháp Xá Lợi도 같이 둘러보자. 이곳에서 바라보는 다낭의 전경이 매우 아름답다. 모든 법당 안으로 들어갈 때는 신발을 벗어야 하고 짧은 옷을 입었을 때는 빌려주는 천으로 몸을 가려야 한다.

Tip | 영응사를 방문하려면

영응사를 방문하기 위해서는 택시나 차량을 대절하는 것이 편리하다. 영응사는 시내에서 떨어진 썬짜 반도 중턱에 관람 후 자리한 만큼 대기하고 있는 택시나 그랩 차량을 찾기 어렵다. 따라서 미리 왕복으로 협의하는 게 비용과 시간을 절약하는 방법이다.

★★★
오행산 Marble Mountain, Ngũ Hành Sơn

다섯 개의 산이 모여 있어 오행산으로 부른다. 동양철학에서 세상을 구성하는 다섯 요소인 오행(목, 화, 토, 금, 수)을 의미한다. 이 중 가장 높은 수산(水山)에 동굴과 사원, 탑과 전망대 등의 다양한 볼거리가 존재한다. 대부분 여행자가 방문하는 곳도 바로 수산이다.
엘리베이터가 있어 산의 중간 정도까지는 힘들지 않게 올라갈 수 있고, 여기서부터 걸어서 둘러보면 된다. 중요한 곳들을 둘러보는 데는 약 2시간 정도 소요되는데 체력 소비가 좀 있는 편이다. 너무 어린아이가 있거나 거동이 불편한 어르신은 동행하지 않는 것이 낫고 편한 운동화와 시원한 물을 준비하도록 하자.

주소 Hòn Thủy Sơn, Hoà Hải, Ngũ Hành Sơn, Đà Nẵng
위치 빈펄 리조트 맞은편
운영 08:00~17:00
요금 수산 입장료 4만 동, 암부 동굴 입장료 2만 동, 엘리베이터 이용 1만 5천 동 (편도)

수산 2번 입구의 엘리베이터

▶▶ 수산(水山) Thủy Sơn

수산을 오르는 방법은 세 가지로, 1번 입구의 156개 계단, 2번 입구의 106개 계단을 오르거나 2번 입구 옆에 위치한 엘리베이터이다. 일반적으로 2번 입구의 계단이나 엘리베이터를 이용하게 된다. 수산에 오르면 엘리베이터 옆에 위치한 영응문과 영응사, 수산을 상징하는 7층 석탑인 영응보탑Tháp Xá lợi을 가장 먼저 볼 수 있다. 영응보탑을 지나 전망대인 망해대Vọng Hải Đài에 오르면 오행산 주변의 아름다운 전망을 감상할 수 있다. 담태사Chùa Tam Thai를 중심으로 주위에 여러 크기의 동굴들이 있는데, 그 중 '아득한 하늘'이라는 뜻의 현공 동굴Động Huyền Không은 놓치지 말자. 특히 햇살이 좋은 날 정오경에 이곳을 방문하면, 동굴의 위쪽에 나 있는 구멍을 통해 들어온 햇살로 신비로운 분위기가 가득해진다. 18개의 팔을 가진 천수관음상이 모셔진 담태사 옆에는 오행산의 나머지 산인 목산, 화산, 금산, 토산을 한눈에 볼 수 있는 전망대인 망강대Vọng Giang Đài가 있다. 망강대에서 전망을 좀 더 둘러본 뒤 1번 입구와 연결된 계단으로 내려오면 된다.

현공 동굴

▶▶ 암부(陰府) 동굴 Động Âm Phủ

수산 아래쪽 주차장 옆에 위치한 암부 동굴도 흥미진진하다. 이곳은 위아래로 연결된 동굴을 3층으로 나누는 방법으로 사후세계를 묘사하고 있다. 입구에는 작은 개울이 있는데, 이것은 이승과 저승을 가르는 강 '삼도천'을 표현한 것이다. 좁은 입구를 들어서면 일생의 공과를 비추는 거대한 거울과 10인의 판관, 죄의 무게를 재는 저울 등을 볼 수 있다. 한쪽에는 아래로 내려가는 통로가 있고 지옥을 상징하는 각종 모형들이 곳곳에 전시되어 있다. 반대쪽에는 위로 오르는 계단이 있어 천국을 뜻하는 각종 불상과 천사의 형상을 볼 수 있다.

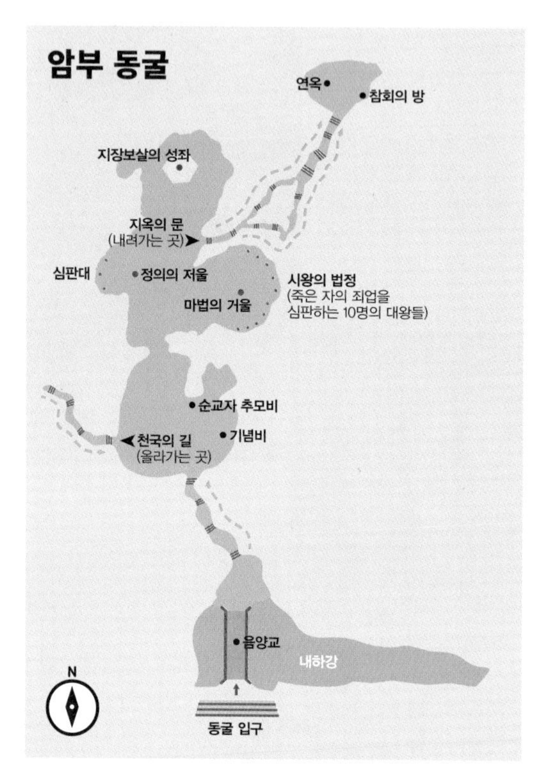

more & more 알아두면 유용한 오행산 관람 팁!

❶ **추천 관람 코스** : 엘리베이터나 계단으로 입산 ··· 현공(후옌콩) 동굴 ··· 망강대(전망대) ··· 하산

❷ 오행산의 하이라이트는 날씨 좋은 날의 현공 동굴이다. 굴 속 높은 곳에 부처상이 모셔져 있는데, 천장에 뚫린 구멍으로부터 햇빛이 쏟아져 내리는 모습이 장관이다.

❸ 미끄러지기 쉬우므로, 평소에는 물론 특히 비가 온 후라면 운동화 등 미끄러지지 않는 신발을 챙겨야 한다.

❹ 오행산은 계단으로도 쉽게 오를 수 있는 산이며, 유료 엘리베이터는 허무할 정도로 낮으니 실망하지 말 것!

❺ 전망대 두 곳 중 하나를 고르라면 다섯 개의 산을 모두 볼 수 있고 오르기도 쉬운 망강대를 추천한다.

❻ 시간적으로 여유가 된다면 암부(동엄푸) 동굴까지 관람해보자. 입장료를 별도로 내야 하지만, 사후세계 형상화한 조형물이 흥미롭다.

★★★

바나힐 썬 월드 Sun World Bà Nà Hills

해발 약 1,500m 바나 산에 조성된 테마파크. 바나힐은 1919년(프랑스 식민지 시절) 프랑스인들의 피서지로 시작해 1954년 프랑스 군대가 떠난 뒤 한동안 방치되었다. 1998년 정부의 승인 아래 기존의 휴양 시설을 철거하고 테마파크를 개발하기 시작해 지금도 계속 확장 중이다. 테마파크 안에는 옛 교회와 우체국, 주택 등을 모방하여 만든 프랑스 마을, 게임과 놀이기구를 즐길 수 있는 판타지파크, 바나힐의 명물인 골든 브리지, 사원과 전망대 등이 있다. 바나힐의 케이블카는 세계 10대 케이블카 중의 하나로 기네스북에도 등재되어 있다. 입구에서 산 정상까지는 이 케이블카로 이동하며, 약 20분 정도 소요된다. 중간에 타고 내리는 정류장이 있어 원하는 곳에 내려 구경을 하고 다음 코스로 이동하는 식이다. 대표 관광지답게 레스토랑은 상당히 많은 편이다. 이렇다 할 맛집은 없고 가격도 비싼 편. 최상층 판타지파크 옆의 레스토랑들을 이용하면 적당하다. 날씨에 따라 만족도가 많이 달라지는 곳이다. 5월~8월 사이에 방문하면 좋은 날씨를 볼 수 있는 확률이 높다. 산 정상에 올라가면 갑자기 비가 오는 경우도 많으니 우비나 긴 소매 옷을 챙겨가도록 하자.

주소 Tuyến cáp treo lên Bà Nà Hills, Hoà Ninh, Hòa Vang, Đà Nẵng
위치 다낭 시내에서 서쪽으로 약 40km
운영 08:00~22:00
요금 어른 90만 동, 키 1~1.4m 어린이 75만 동, 키 1m 이하 어린이 무료 (케이블카와 실내 게임기, 중간층의 열차 탑승을 포함한 대부분의 시설 이용 가능)
전화 090-576-6777
홈피 www.banahills.com.vn

Tip | 어떻게 방문할까?

1. 바나힐 일일 투어
여러 여행사에서 바나힐 입장 티켓과 셔틀, 뷔페를 연계한 투어 프로그램을 판매하고 있다. 현장에서 티켓 프로그램을 구매할 경우 오랫동안 줄을 서야 하는 경우가 있으며, 예약가보다 비싼 경우가 많으므로 바나힐을 방문할 예정이라면 투어 업체에서 미리 일일 투어 상품을 구입하는 편이 좋다. 워낙 인기 있는 상품이므로 KLOOK, 마이리얼트립 등에서 쉽게 구입할 수 있다. 큰 셔틀차량으로 이동하는 상품의 경우 여행자들을 각각 픽업하고 다시 호텔에 내려주는 시간이 만만치 않게 걸리는 편. 가족이나 소규모 단체라면 택시를 대절하거나 개별 셔틀버스를 이용할 수 있는 상품을 고르자.

2. 바나힐 교통편
공공버스나 셔틀버스가 다니지 않으므로, 택시나 각 여행사에서 운영하는 투어를 이용해야 한다. 바나힐 입구에 빈 택시는 많지 않으므로 처음부터 왕복으로 대절하는 것이 저렴하다. 먼 곳이므로 미터기를 이용하기보다 미리 가격 협상을 하는 것이 보통이다.

바나힐 썬 월드

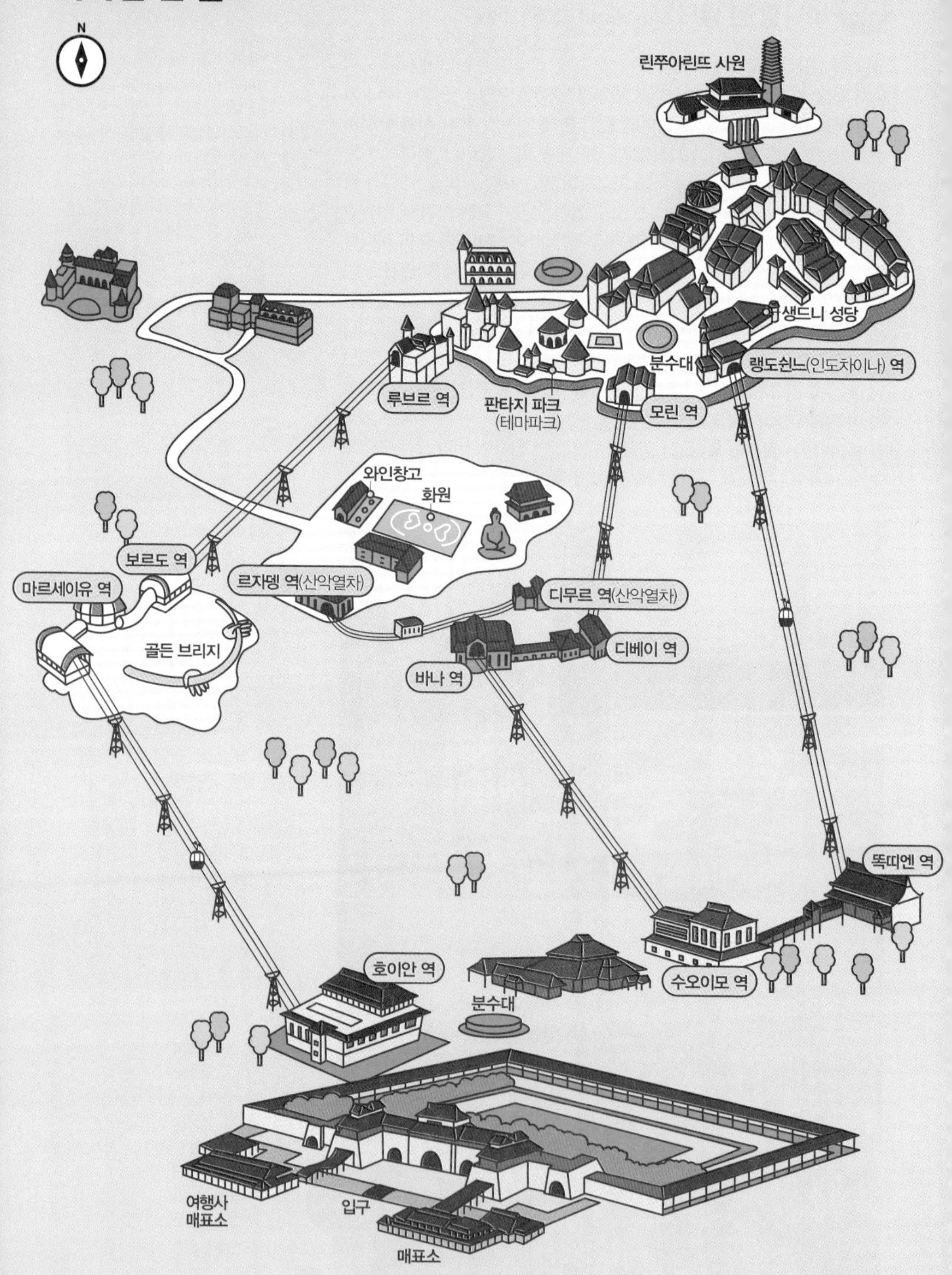

N
린쭈아린뜨 사원
생드니 성당
분수대
랭도쉰느(인도차이나) 역
루브르 역
판타지 파크
(테마파크)
모린 역
와인창고
화원
보르도 역
마르세이유 역
르자뎅 역(산악열차)
디무르 역(산악열차)
골든 브리지
디베이 역
바나 역
똑띠엔 역
호이안 역
분수대
수오이모 역
여행사
매표소
입구
매표소

▶▶ 케이블카

2009년에 오픈한 케이블카는, 세계적으로 가장 큰 고도 차이(1,368m)와 가장 긴 싱글 로프 케이블카로 기네스북에 등재되었으며 세계 10대 케이블카로 꼽힌다. 바나힐을 가로지르는 구불구불한 똑띠엔 폭포와 언덕 너머 탁 트인 하늘을 내다보는 20분간의 여정은 바나힐 최고의 볼거리 중 하나다. 바나힐에는 현재 다섯 개의 케이블카와 한 개의 산악열차(Funicular)가 운행하고 있다. 각 운행 시간이 다르며 특히 가장 긴 똑띠엔–랭도쉰느(인도차이나) 케이블카는 오후에만 운행하므로 오전에 도착할 경우에는 중간층을 거쳐야 한다.

운행 시간

❶ **호이안-마르세이유**
월~목 07:00~12:00, 14:00~18:00,
금~일 07:00~18:00

❷ **보르도-루브르** 07:00~20:00

❸ **수오이모-바나**(15분간 운행)
07:30, 08:30, 09:30, 10:30, 11:30

❹ **디베이-모린** 06:50~17:30,
이후 5분간 운행 18:00, 18:55,
19:55, 20:55, 21:30, 22:15

❺ **똑띠엔-랭도쉰느**
09:00~20:15, 21:00~21:15,
22:00~22:15

❺ **산악열차(Funicular)**
08:00~17:00

more & more **추천 이동경로**

바나힐은 생각보다 넓기 때문에 미리 계획하지 않으면 우왕좌왕하다가 바나힐의 주요 명소를 제대로 보지도 못하고 되돌아오기 쉽다. 바나힐의 주요 케이블카를 경험하는 동시에 바나힐의 명소를 전부 다 즐길 수 있는, 가장 경제적이고 알찬 이동경로를 소개한다.

추천 코스 : 호이안–마르세이유 케이블카 탑승 ⋯› 골든 브리지를 거쳐서 중간층(와인 셀러, 플라워 가든) 둘러보기 ⋯› 르자뎅–다무르 산악열차 탑승 ⋯› 디베이–모린 케이블카 탑승 ⋯› 최상층 둘러보기 ⋯› 랭도쉰느–똑띠엔 케이블카로 하산

▶▶ 최상층

바나힐은 사실 최상층만 방문해도 충분하다. 세계적인 길이의 케이블카를 이용해 이곳에 오르면 산 정상의 상쾌한 공기와 각종 놀이기구가 방문객을 맞이한다. 겨울에 이곳을 방문한다면 반드시 겉옷을 챙겨야 한다.

❶ 판타지파크

바나힐의 놀이기구와 게임시설이 모두 모여 있는 3층 건물로, 베트남에서 가장 높은 곳에 위치한 가장 넓은 놀이공원이며 엘리베이터와 에스컬레이터를 이용하여 각 층을 이동할 수 있다. 가장 아래층(B3)의 3D 메가 360도 시네마를 중심으로 층마다 다른 테마로 꾸며져 있으며, 밀랍인형 박물관과 상품이 걸린 코인 게임 일부를 제외한 거의 모든 시설을 무료로 이용할 수 있다.

알파인코스터

판타지파크에서 가장 인기 있는 놀이시설 중 하나로, 지형을 이용하여 시원한 전망과 스릴 있는 속도감이 일품이다. 속도가 빠르고 충격이 강해서 운전미숙으로 앞뒤 차량과 충돌할 경우 허리를 크게 다칠 수 있으므로 아이들은 반드시 보호자와 동승해야 한다.

범퍼카

어딜 가나 인기 있는 범퍼카로, 이곳에서도 줄이 늘어서 있다. 베트남의 범퍼카는 한국의 것보다 훨씬 충격이 세기 때문에 아이들만 따로 태워서는 안 된다. 어른들도 안전벨트를 반드시 착용하자.

3D 메가 360 시네마

3층의 판타지파크 건물 중심에 위치한 스릴 있는 놀이기구로, 적당한 스릴감으로 판타지파크 실내 놀이기구 중 가장 인기 있다.

각종 3D 영화관

큰 기대를 하면 안 되겠지만 즐기기에는 가벼운 3D 영화관이 제격이다. 스릴을 별로 즐기지 않는 사람이라면 더욱 안성맞춤.

게임시설

자동차 운전 게임과 사격 게임 등을 무제한으로 즐길 수 있다. 돈이 떨어질 염려 없이 마음껏 즐길 수 있는 수많은 게임시설은 아이들이나 연인 여행객이 이곳을 좋아하는 중요한 이유 중 하나다.

운영 9~5월 08:30~17:00, 6~8월 08:30~19:00

산악열차

❷ 프랑스 마을

옛 프랑스 식민지 시절 휴양지로 조성되었다는 바나힐의 유래 덕분인지, 이곳에 놀이공원을 조성한 선 그룹은 각종 유럽풍 건물을 지어놓고 프랑스 마을이라고 명명했다. 케이블카를 내리면 보이는 광장과 시계탑, 분수대는 주변의 경관과 잘 어우러지고, 놀이공원답게 때때로 거리 퍼포먼스도 펼쳐진다. 인증샷을 찍기에도 좋다.

❸ 레스토랑 거리

프랑스 마을 한쪽에는 뷔페나 러시아 음식, 베트남 음식 등을 파는 레스토랑이 모여 있다. 전반적으로 가격이 꽤 비싼 편. 단일 메뉴로는 패스트푸드를 추천하며 만약 육류를 즐긴다면 러시아 음식점의 그릴 음식이 무난하다. 다만 이곳에서 파는 독일식 흑맥주는 강추.

❹ 전망대 · 사원들

프랑스 마을을 지나면 바나힐 전체를 한눈에 조망할 수 있는 전망대에 다다른다. 이곳에는 각종 베트남 전통 양식의 사원과 탑을 조성해놓았는데, 특별한 볼거리가 있는 것은 아니지만 바나힐 전체를 한눈에 감상할 수 있다는 점만으로도 오를 만하다.

▸▸ 중간층

2018년 6월, 바나힐의 새로운 명물이 된 골든 브리지가 새로 개장하였다. 황금빛 다리를 쥐고 있는 거대한 손이 바나힐 주변에 종종 형성되는 운무와 어우러지면서 신비스러운 분위기를 연출한다. 골든 브리지와 이어져 있는 화원에서 최상층으로 오르는 케이블카를 탑승할 수 있는 디베이 역까지는 스위스에서 공수한 산악열차를 이용해 재미있게 이동할 수 있다. 아기자기하게 꾸며놓은 중간층이지만 최상층에 즐길 거리, 볼거리가 더 많으므로 이곳에서 너무 힘을 빼지 말도록 하자.

거대한 손 골든 브리지~!

★★★
하이반 패스 Đèo Hải Vân

베트남에서 가장 위험한 고개이자 가장 아름다운 해안도로로 손꼽히는 하이반 패스는 《내셔널 지오그래픽 트래블러》 잡지에서 꼭 가봐야 할 50곳으로 선정되기도 하였다. 높이 1,172m의 아이반쏜산 주변을 지나 해발 500m를 오르내리는 21km의 긴 도로는 베트남 남북을 횡단하는 데 큰 장애가 되었지만, 동남아시아에서 가장 긴 하이반 터널이 완공된 후로 드라이브를 즐기는 여행자들의 명소가 되었다.

하이반 패스는 오스트로네시아어족의 참Cham 왕조와 베트남 옛 왕조인 다이 비엣Dai Viet 왕조의 경계가 되거나, 베트남전쟁의 격전지가 되기도 하는 등 역사적인 중심지 역할을 했으며, 겨울철 추운 북서풍을 막아주는 고마운 고개이기도 하다. 우기인 겨울철(11~3월)에 하이반 패스 북쪽 지역에 비해 다낭시가 훨씬 건조하고 따뜻한 온도를 유지하는 비결이다.

위치 다낭시 북서쪽 30km 지점

오토바이를 렌트하여 직접 하이반 패스를 오를 경우 브레이크를 미리 점검하고 높은 경사와 90도 이상의 급커브길, 그리고 종종 발생하는 짙은 안개를 주의해야 한다. 경치가 좋은 곳에는 가끔 노점도 있지만 도롯가에 정차하는 것은 안전하지 않다. 단, 오토바이나 자전거는 하이반 터널을 이용할 수 없다.
정상의 쉬어갈 수 있는 공간에는 프랑스 식민지 시절 지은 옛 요새가 있다. 이 요새는 베트남전쟁 당시 남베트남군과 미군이 군사시설로 사용하던 곳으로, 무수히 많은 총탄의 흔적이 당시 치열했을 전투를 떠올리게 한다.

★ 다낭의 레스토랑 & 카페

다낭 시내인가, 아닌가. 이렇게 양분될 만큼 맛집들은 다낭 시내에 몰려 있다. 한 가지 음식만 전문으로 하는 노포들도 포진해 있다. 한강의 강변을 따라 고급 식당들이 조금씩 생겨나는 추세다. 해변 쪽의 식당들은 대부분 관광객용 식당들로 시푸드 메뉴에 주력하고 있다. 다양한 한식당들도 해변 쪽에 많이 자리 잡고 있다.

벱 꾸어 응오아이 Bếp Của Ngoại

외할머니 집처럼 정겨운 음식을 먹을 수 있는 곳! 베트남 가정식 전문 식당. 메뉴들은 흰밥에 반찬으로 좋은 요리들로 구성되어 있다. 맛도 있을 뿐 아니라 가격까지 저렴해서 현지인들에게도 인기 만점이다. 다낭에 총 4개의 지점이 있고 여행자들이 가장 쉽게 접근할 수 있는 곳은 옌바이 지점이다. 인기가 워낙 많아 늦은 시간에 가면 매진되는 요리들이 좀 있는 편이다. 특히 주말에는 가족 단위로 외식하는 현지인들이 많으니 가급적 주중 점심시간에 방문하는 것이 좋다.

주소 136B Yên Bái, Phước Ninh, Hải Châu, Đà Nẵng
위치 옌바이Yên Bái 거리, 다낭 대성당 후문에서 남쪽으로 300m
운영 10:00~20:00
요금 2인 예산 30만 동~
전화 098-901-1121

Tip | 메뉴가 고민된다면?

메뉴는 크게 고기와 생선, 달걀, 두부, 채소 중에 고를 수 있는데 영어 메뉴판은 별도로 없어 선택에 어려움이 있을 수 있다. 한국인들도 친근감 있게 접근할 수 있는 메뉴들은 다음과 같다.

Trứng chiên : 달걀부침
Thịt kho trứng : 고기를 넣은 달걀 장조림
Cá phèn chiên : 생선 튀긴 것
Rau muống xào tỏi : 공심채 볶음
Đậu khuôn nhồi thịt sốt cà : 두부조림
Canh chua cá đuối : 가오리를 넣은 국

가오리국

달걀부침

반쎄오 바즈엉 Bánh Xèo Bà Dưỡng

현지인들이 입을 모아 칭찬하는 반쎄오, 넴루이 집이다. 좁디좁은 골목 안에 뭐가 있으려나 의구심을 갖고 들어가다 보면 넓은 식당 규모에 한 번 놀라게 되고, 그 식당을 가득 메운 사람들에 한 번 더 놀라게 된다.
바삭한 부침개 같은 반쎄오, 다진 고기를 스틱에 말아 구운 넴루이는 채소를 곁들여 라이스페이퍼에 말아 소스에 찍어 먹으면 된다. 이 집의 비밀병기가 바로 이 소스라 해도 과언이 아니다. 현지인들이 입을 모아 칭찬하는 대목도 바로 이 소스이기도 하다. 반쎄오는 한 접시 기준으로, 넴루이는 5개 단위로 주문할 수 있다.
넴루이에 사용하는 고기와 채소, 소스를 한데 넣고 국수와 비벼 먹는 분팃느엉, 옥수수 맛 그대로 나는 콘밀크도 판매한다. 테이블 위의 물티슈는 사용하는 개수대로 계산을 하니 주의할 것. 식당 입구에 손 씻는 곳이 별도로 있으니 이곳을 이용하는 것도 팁.
인근에 비슷한 골목이 많아 헷갈릴 수 있다. 골목 입구 왼쪽에 간판이 걸려 있으니 찬찬히 보고 찾으면 된다(사진 참고). 골목 안에도 같은 메뉴를 하는 집들이 여럿 있는데 맨 끝에 자리하고 있는 집이다.

주소 Kiệt 23/280 Hoàng Diệu, Hải Châu, Đà Nẵng
위치 참 박물관에서 공항 방면으로 도보 15분
운영 09:30~21:30
요금 반쎄오 한 접시 8만 동, 넴루이 5개 4만 동
전화 0236-387-3168

퍼 응온 Phở Ngon Hoàng Hà

아침 일찍 열어 두어 시간만 장사하고 무정하게 문을 닫아버리지만, 다낭에서 맛볼 수 있는 최상의 쌀국수집이다. 밤새 곤 육수는 마치 보약처럼 느껴진다. 시그니처 메뉴는 생소고기에 뜨거운 육수를 부어 살짝 익힌 퍼 보 따이Phở Bò tái로 부드러운 식감을 그대로 즐길 수 있다. 시원한 닭 육수에 당면을 넣은 미엔가Miến Gà도 추천 메뉴. 주문한 국수가 나오면 먼저 있는 그대로의 육수를 즐기다가 해선장이나 라임, 향채, 고추 등을 추가해 먹는 것이 정석. 영업시간은 아침 6시부터 9시 30분까지지만 준비한 재료가 떨어지는 시간이 문 닫는 시간이다. 사람이 많아 합석을 해야 할 때도 있다.

주소 116 Yên Bái, Phước Ninh, Hải Châu, Đà Nẵng
위치 옌바이 거리, 다낭 대성당 후문에서 남쪽으로 160m
운영 06:00~09:30
요금 쌀국수 3만 5천 동~
전화 098-471-3493

퍼 박 하이 Phở Bắc Hải

하루 종일 여행자들의 출출한 배를 채워주는 고마운 식당. 찾기 쉬운 위치도 장점이다. 쌀국수뿐 아니라 볶음면인 퍼싸오나 미싸오도 맛볼 수 있고 배추 절인 것을 넣은 소고기 볶음밥도 맛있다. 어떤 것을 주문해도 평타 이상은 한다. 메뉴판에 한글 번역본이 있는데, 정확한 표기는 아니고 소고기 쌀국수는 퍼 따이Phở Tái를 주문하면 된다. 한국인들에게 이미 많이 알려져 낮에는 한국 여행자들을 많이 만나게 되지만 이른 새벽에는 아침 식사를 하려는 현지인들도 많이 찾는다. 식당 내부에도 좌석이 있다.

주소 185 Đ. Trần Phú, Hải Châu 1, Hải Châu, Đà Nẵng
위치 다낭 대성당 정문에서 남쪽으로 도보 1분
운영 06:00~23:30
요금 쌀국수 4만 동~
전화 093-519-5668

퍼 박 63 Phở Bắc 63

다낭 시내에서 조금 떨어져 있지만, 현지인들의 추천 1순위 쌀국수집이다. 1975년부터 영업을 시작한 노포로 내부는 소박하다. 메뉴는 쌀국수 한 가지뿐인데 크기와 수란 유무에 따라 나뉜다. 맑은 국물을 선호한다면 일반 쌀국수를, 좀 더 풍미가 있는 맛을 즐기고 싶다면 수란을 넣은 스페셜(Đặc Biệt)을 주문하면 된다. 쌀국수에는 소고기를 오랜 시간 끓여 편처럼 썰어낸 것과 생고기를 뜨거운 육수에 살짝 데친 것이 섞여 나온다. 국물 맛이 다른 집들에 비해 진한 편이다. 함께 나오는 고추 소스는 이 집만의 매력이니 육수에 더해 즐겨보도록 하자.

주소 203 Đống Đa, Thạch Thang, Dà Nẵng
위치 뉴 오리엔트 호텔에서 남서쪽으로 1km, 동다 거리
운영 05:30~21:30(금~일 ~22:30)
요금 쌀국수 4만 5천 동(작은 그릇 nhỏ),
5만 5천 동(큰 그릇 thường)
전화 0236-383-4085

퍼 홍 Quán Phở Hồng

쌀국수를 먹을 때, '아! 김치 한 젓가락만'! 하고 속으로 외치던 한국인들의 마음을 저격한 곳. 평소 진하고 기름기 많은 쌀국수가 부담스러웠던 사람도 이곳에서는 젓가락이 가벼울 것이다. 김치도 따로 판매하니 금상첨화. 유난히 바삭한 이 집의 짜조는 쌀국수만큼이나 인기메뉴다. 새우가 들어간 것과 고기가 들어간 것, 두 종류를 한 접시에 제공하는데 양이 많다면 절반도 주문할 수 있다.

가게가 널찍하고 깨끗해 위생에 민감한 여행자들에게 추천할 만하고 대가족 등 일행이 여럿일 때도 자리 걱정 없이 방문할 수 있어 좋다. 이미 한국 여행자들에게 유명해서 주인장들이 시크한 것과 금액이 다소 비싼 것이 흠.

주소 10 Lý Tự Trọng, Thạch Thang, Hải Châu, Đà Nẵng
위치 노보텔 뒤편
운영 07:00~21:00
요금 쌀국수 5만 5천 동~, 짜조 20만 동~, 김치 2만 동
전화 098-878-2341

분짜 짜오 바 Bún Chả Chào Bà - Hà Nội Xưa

유명한 분짜 맛집. 10년 넘게 이곳을 운영해오던 1대 주인장은 은퇴하고 그의 가족이 이어받아 운영 중이다. 가게도 원래 있던 자리에서 한 시장 남쪽인 옌바이Yên Bái 거리로 이전했다. 주인은 바뀌었지만 맛있는 분짜 맛은 그대로 남아 있다. 분짜의 핵심은 '숯불'에 구운 고기인데 불 향이 제대로 입혀진 고기를 맛볼 수 있다. 분짜는 큰 그릇, 작은 그릇 중에 고를 수 있고 튀긴 스프링롤이 고기 자리를 대신하는 '분넴'도 맛볼 수 있다. 분짜를 먹으면서 별도로 판매하는 '넴'을 추가로 주문하는 것도 좋은 방법이다. 점심시간과 저녁 시간 중간에 브레이크타임이 있다.

주소 98 Yên Bái, Phước Ninh, Hải Châu, Đà Nẵng
위치 옌바이 거리, 다낭 대성당 후문에서 남쪽으로 100m
운영 07:30~14:00 / 16:30~21:00
요금 분짜 4만 5천 동(작은 그릇), 5만 5천 동(큰 그릇)
전화 098-169-3951

하이 코이 HAI COI

치맥 하기 딱 좋은 곳이다. 쩐티리교Cầu Trần Thị Lý에서 해변으로 이어지는 응우옌반토아이Nguyễn Văn Thoại 거리에는 맛집들이 즐비하다. 그중에 몇 개의 닭구이 집도 포함된다. 한국인들에게 많이 알려진 곳은 건너편의 1호점이지만, 이곳 2호점이 좀 더 쾌적한 환경을 갖고 있다. 가장 인기 있는 메뉴는 역시 닭날개구이. 한국의 간장 치킨과 매우 비슷한 맛이 난다. 주문하면 초벌해두었던 것을 숯불에 바로 구워주는데 한국 치킨 이상으로 상당히 맛이 있다. 그 외로 닭모래집, 닭발, 새우구이 등 술안주 할만한 메뉴가 대부분이다.

주소 91 Đường Nguyễn Văn Thoại, An Hải Đông, Sơn Trà, Đà Nẵng
위치 응우옌반토아이 거리, 쩐티리교 동단과 해변 사이
운영 17:00~24:00
요금 닭구이 개당 1만 8천 동, 닭발구이 개당 7천 동
전화 090-533-0010

반꾸온 띠엔흥 Bánh cuốn Tiến Hưng

반꾸온 전문점. 반꾸온Bánh Cuốn Nóng은 쌀가루 반죽을 찜통에 쪄낸 후 소스(느억쩜Nước chấm)에 찍어 먹는 요리이다. 현지인들의 아침 식사 단골 메뉴로 반꾸온 자체만 먹기도 하고 안에 돼지고기, 버섯 등을 소로 넣어 먹기도 한다. 향신료에 취약한 사람들도 부담 없이 먹을 수 있다. 황금비율을 가진 소스와 반꾸온 위에 잔뜩 올려져 있는 튀긴 양파는 이 집의 인기 비결. 벽에 붙은 메뉴판을 보고 주문해야 하는데 1번 메뉴에는 반꾸온과 베트남식 어묵Chả chiên이 포함되어 있고, 2번 메뉴는 반꾸온만 나오는 메뉴다. 크기에 따라서 약간 금액이 다르다. 식당 내부도 비교적 깨끗하다.

주소 190 Đ. Trần Phú, Phước Ninh, Hải Châu, Đà Nẵng
위치 발솔레일 호텔을 등지고 바로 오른쪽
운영 06:00~22:00
요금 세트 4만 3천 동 / 4만 8천 동, 반꾸온 3만 동 / 3만 5천 동
전화 0236-382-5292

미꽝 홍번 Mi Quảng Hồng Vân

가게는 허름하고 협소하지만, 다낭 내 손꼽히는 미꽝 맛집이다. 미꽝은 베트남 중부지역 음식으로 노란색의 통통한 면을 사용한다. 뭔가 자극적이고 화끈한 맛을 기대했다면 처음에는 실망할 수도 있다. 하지만 한 번 두 번 먹다 보면 어느새 빠지게 되는 미꽝! 그 은은한 고소함은 미꽝만이 가진 매력이다. 이 미꽝에 빠진 현지인들로 가게는 늘 바쁘게 돌아간다. 면에 자작하게 육수를 붓고 고명으로 메추리알, 고기, 파, 새우, 해파리, 숙주, 고수 등이 올라간다. 고소한 땅콩 소스가 함께 들어 있으니 비빔국수처럼 비벼 먹으면 된다. 영어는 통하지 않아도 '누들!' 이 한마디면 주문도 OK!

주소 59 Lê Hồng Phong, Đà Nẵng
위치 레홍퐁Lê Hồng Phong 거리, 그린프라자 호텔에서 서쪽으로 도보 5~6분(400m)
운영 06:00~13:00
요금 미꽝 3만 5천 동~
전화 078-849-2977

분 보 베마이 Bún bò Bé Mai

늘 사람들로 북적이는 분보후에집. 베트남 국수 중 손이 가장 많이 가는 국수로 소의 다양한 부위를 넣고 오랜 시간 고아서 만든다. 원하는 부위를 골라 주문할 수도 있고, 모두 조금씩 들어간 것도 주문할 수 있다. 무난하게 먹을 수 있는 메뉴는 분 남 Bún nạm 으로 푹 곤 소고기가 나온다. 일반 쌀국수 집에서 접하기 힘든 소꼬리(Đuôi bò)나 소갈비(Sườn bò)가 들어간 메뉴를 공략해보는 것도 좋다. 각종 부위가 모두 조금씩 들어간 것은 분텁껌 Bún thập cẩm 이다. 새벽 늦게까지 영업하니 나이트라이프를 즐긴 후 해장을 하거나 늦은 시간 출출한 허기를 달래기에도 좋다.

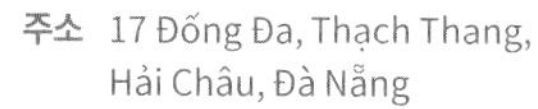

주소 17 Đống Đa, Thạch Thang, Hải Châu, Đà Nẵng
위치 그랜드브리오 시티호텔을 등지고 왼쪽으로 약 200m
운영 06:00~익일 01:00
요금 분보후에 4만 5천 동~, 스페셜 7만 5천 동
전화 093-532-3119

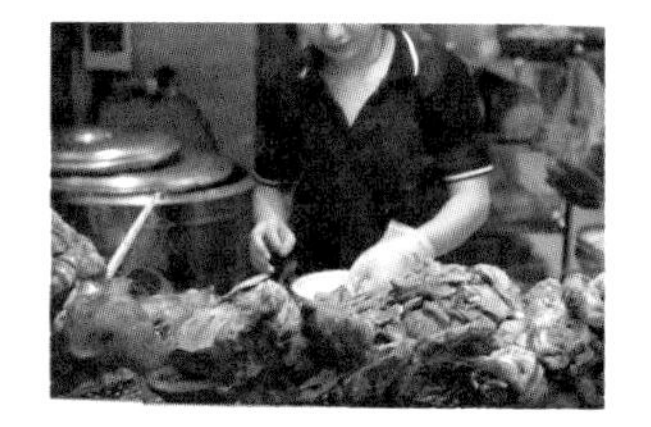

흐엉박 꽌 Hương Bắc Quán

분 Bún (국수) 요리와 분더후맘똠 Bún đậu mắm tôm 등을 취급하는 식당이다. 분짜와 분넴, 우렁이를 넣어 만든 분옥 Bún Ốc, 민물 게를 넣어 만든 분리에우 Bún riêu 등 다른 곳에서 접하기 힘든 국수들을 경험해 볼 수 있다. 특히 분짜와 분넴이 상당히 맛있는 편이다. 새우를 발효시켜 만든 맘똠에 국수와 두부, 순대, 내장을 찍어 먹는 분더후맘똠을 주문하는 현지인들도 많다. 대나무로 만들어진 낮은 의자와 테이블이 조금 불편하게 느껴질 수도 있지만, 그것이 로컬식당의 매력! 식당 입구 나무 간판에는 'Hương Bắc-Ngon Hà Nội Phở' 라고 적혀 있다.

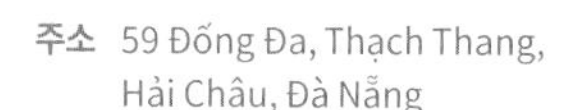

주소 59 Đống Đa, Thạch Thang, Hải Châu, Đà Nẵng
위치 그랜드브리오 시티호텔을 등지고 왼쪽으로 약 400m
운영 10:00~22:00
요금 분짜 4만 동, 분넴 4만 5천 동, 분더후맘똠 3만 5천 동
전화 081-246-6666

분짜까 109 Bún chả cá 109

어묵국수인 분짜까Bún chả cá 전문점. 싱싱한 생선으로 직접 만든 어묵으로 인기를 끌고 있다. 육수가 담백한 편이다. 함께 나오는 다양한 옵션들(소스, 마늘, 다진 고추, 라임, 향 채소)을 이용해 나만의 맛을 만들어보는 것도 재미. 식당 내부는 깨끗하고 직원들도 친절하다.

주소 109 Nguyễn Chí Thanh, Hải Châu, Đà Nẵng
위치 노보텔 뒤편으로 도보 10분
운영 06:00~22:00
요금 분짜까 4만 동, 분짜까+리에우 추가 5만 동
전화 094-571-3171

마담 런 Madame Lân

베트남 전통요리 식당으로 규모가 크고 고급스럽다. 베트남 음식들이 총망라되어 있다고 봐도 무방할 만큼 다양한 메뉴를 취급한다. 위생에 민감해서 로컬식당 이용이 꺼려졌던 여행자들이나 어르신과 어린이들이 있는 가족 여행자들에게는 좋은 선택이 될 수 있다.

주소 4 Bạch Đằng, Hải Châu 1, Đà Nẵng
위치 노보텔에서 북쪽으로 도보 10분(약 500m)
운영 06:30~21:30
요금 퍼보 7만 2천 동~9만 5천 동, 반쎄오 8만 5천 동
전화 0236-361-6226
홈피 www.madamelan.vn

껌땀 옵렛 1940 Cơm Tấm Ốp Lết 1940

쾌적한 에어컨 식당에서 불맛이 제대로인 껌땀을 맛볼 수 있는 곳. 숯불에 구운 고기를 포함해 다양한 방법으로 조리한 고기를 옵션으로 선택할 수 있다. 1940년대 사이공을 콘셉트로 한 식당 내부도 예쁘고 직원들도 매우 친절하다. 음식 사진이 크게 되어있어서 주문에 도움이 된다.

주소 326 Đống Đa, Thanh Bình, Hải Châu, Đà Nẵng
위치 동다 거리, 뉴 오리엔트 호텔에서 남서쪽으로 1.3km
운영 10:00~14:00/16:30~21:30
요금 껌땀 5만 동~, 프라이드에그 추가 1만 동
전화 070-743-8686

껌가 아하이 Cơm gà A.Hải

베트남식 치킨라이스 전문점. 아무 부재료 없이 단순하게 볶은 밥도 풍미가 그만이고, 그 위에 올려진 닭고기는 '겉바속촉'의 표본이다. 겉은 바삭하고 부드러운 속살은 육즙이 살아 있다. 양도 푸짐해서 한 끼의 식사로 손색이 없다. 로컬식당의 전형으로 쾌적한 환경은 아니다.

주소 100 Thái Phiên, Phước Ninh, Hải Châu, Đà Nẵng
위치 사누바 호텔에서 남쪽으로 도보 3분
운영 08:00~23:30
요금 치킨라이스(Cơm Gà Quay) 5만 7천 동
전화 090-531-2642

반미 바란 Bánh mì Bà Lan

오토바이 드라이브스루의 현장을 목격할 수 있는 곳. 정말 맛있는 현지식 반미를 찾아 헤맸다면 이곳으로 가보자. 일단 반미의 재료로 사용하는 바게트가 다른 반미 집보다 한 수 위에 있다. 안에 들어가는 재료는 파테pâté, 고기와 소시지, 햄, 향신채소 등이다. 가장 일반적인 메뉴는 반미 바란을 선택하면 된다. 테이크아웃만 가능하다.

주소 62 Trưng Nữ Vương, Bình Hiên, Hải Châu, Đà Nẵng
위치 참 박물관을 등지고 왼쪽 도로, 도보로 5분
운영 06:30~10:30 / 15:00~23:00
요금 반미 2만 5천 동~, 스틱 반미 1만 동
전화 093-564-6286

후띠에우 키키 Hủ tiếu kỳ kỳ

후띠에우는 말린 쌀국수의 한 종류로 태국이나 캄보디아에서 먹는 쌀국수와 매우 흡사하다. 국물이 있는 것(Soup)과 국물 없이 비벼 먹는 것(Dry) 중에 고르면 된다. 국물은 맑고 시원해서 한국인이라면 싫어할 수가 없는 맛이다. 밖에 노점식 테이블도 있지만, 안으로 들어가면 귀여운 실내 공간도 자리해 있다.

주소 20 Hoàng Văn Thụ, Phước Ninh, Hải Châu, Đà Nẵng
위치 그린프라자 호텔 남서쪽, 도보로 5분
운영 06:00~20:00
요금 후띠에우 남방 4만 동
전화 090-555-1663

꽌안 딤섬 Quán ăn Dim Sum

딤섬과 우육면 등을 먹을 수 있는 곳이다. 한국인들에게 인기 있는 하가우, 시우마이, 창펀, 부채교 등 다양한 딤섬 메뉴가 있다. 딤섬을 먼저 천천히 즐기고 우육면이나 죽으로 마무리하면 한 끼의 식사로 클리어! 작은 골목 안쪽에 자리하고 브레이크 타임이 있으니 방문 시에는 참고할 것.

주소 45A Ngô Gia Tự, Đà Nẵng
위치 한강교와 연결된 레주언 거리의 본파스 베이커리에서 도보로 3분
운영 06:30~14:00 / 16:30~21:00
요금 딤섬 종류에 따라 4만 동~6만 동, 우육면 4만 5천 동
전화 090-510-3004

올리비아 프라임 스테이크하우스 Olivia's Prime Steakhouse

미트 러버들을 위한 최고의 레스토랑! 다낭의 물가를 고려하면 매우 비싼 곳이지만 다른 대안을 찾기도 어려울 만큼 훌륭한 스테이크를 선보인다. 기왕 돈을 쓰기로 마음먹었다면, 프라임급에서 고를 것을 추천한다. 소스와 사이드디시도 따로 지불하고 주문해야 한다. 직원들은 영어에 능숙하고 서빙도 전문적이다.

주소 Indochina Mall, 74 Bach Dang Hải Châu, Đà Nẵng
위치 한강대교 근처, 인도차이나 리버사이드 타워 건물 G층
운영 11:00~23:00(라스트 오더 22:00)
요금 스테이크 120만 동~, 햄버거 20만 동(SC 5% 별도)
전화 090-816-3352
홈피 www.oliviasprime.com

코코넛 디저트 거리 Coconut Dessert Street

의외의 용교 감상 1열 포인트. 다낭 시내, 하이안 리버프론트 호텔부터 뱀부2바 사이에 베트남식 디저트를 파는 집들이 몇 개 몰려 있다. 주메뉴는 코코넛 아이스크림과 빙수인 쩨Chè, 코코넛 젤리, 과일 스무디 등이다. 저녁 시간이면 길거리까지 점령한 손님들과 호객행위를 하는 직원들까지 합세해 매우 혼잡하다. 하지만 그 길을 뚫고 2층으로 올라가면 강변의 멋진 전망을 감상할 수 있다.

주소 196 Bạch Đằng, Phước Ninh, Q. Hải Châu, Đà Nẵng
위치 박당 거리, 하이안 리버프론트 호텔과 뱀부2바 사이
운영 08:00~23:00
요금 코코넛 아이스크림 6만 5천 동, 코코넛 젤리 4만 5천 동

피자 포피스 Pizza 4P's

'놀라움을 전달하고 행복을 나눈다(Delivering Wow, Sharing Happiness)'는 사업 철학을 가진 수제 피자 체인점. 2011년 첫 매장을 시작한 이후로 현재 베트남 내 2~3위를 다투는 피자 기업으로 성장했다. 베트남 전역에 매장이 30여 개임을 고려할 때 이는 실로 놀라운 일이라 할 수 있다. 달랏 인근의 치즈 공방에서 생산한 치즈와 유기농 농장에서 직송한 채소들을 사용한다. 금액대는 어느 정도 있지만 퀄리티 높은 음식들을 접하면 불만을 갖기는 어려워진다. 피자 외로 치즈 플래터, 신선한 샐러드와 파스타, 다양한 디저트도 즐길 수 있다. 용교 인근에도 지점이 있고 홈페이지를 통해 예약할 수 있다.

주소 Indochina Mall, 74 Bach Dang Hải Châu, Đà Nẵng
위치 한강대교 근처, 인도차이나 리버사이드 타워 건물 내
운영 주중 11:00~22:00 (라스트 오더 21:30), 주말 10:00~23:00 (라스트 오더 22:30)
요금 부라타 샐러드(s) 12만 4천 동, 치즈피자 19만 동~, 파스타 15만 동~
전화 1900-6043
홈피 pizza4ps.com

타이 마켓 Thai Market

현지화에 성공한 타이 레스토랑. 다낭에만 5개 지점을 갖고 있다. 현지인들에게 가장 인기 있는 메뉴는 핫폿. 베트남어로는 러우Lẩu라고 한다. 모임이 있을 때 술과 함께 즐기는 단골 메뉴로 베트남 사람들의 러우 사랑은 대단하다. 이곳의 똠얌 핫폿은 오늘날의 타이 마켓을 만든 1등 공신이라 할 수 있다. 여행자들에게 친숙한 팟타이를 비롯한 똠얌꿍, 쏨땀, 얌운센 등 다양한 메뉴 리스트를 갖고 있다. 디저트에도 상당한 공을 들이고 있는데 특히 망고밥에 아이스크림이 같이 나오는 메뉴는 꼭 먹어봐야 하는 아이템. 커다란 사진과 함께 영어 설명도 잘 되어 있어서 주문에는 어려움이 없다. 시원한 에어컨 좌석에 직원들과는 어느 정도 영어소통도 가능하다.

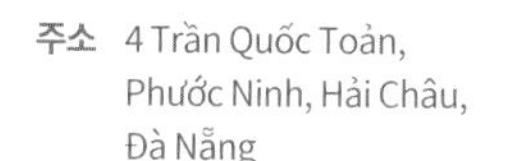

주소 4 Trần Quốc Toản, Phước Ninh, Hải Châu, Đà Nẵng
위치 브릴리언트 호텔에서 도보로 5분
운영 10:00~22:00
요금 팟타이 10만 5천 동, 쏨땀 5만 동~, 얌운센 13만 동, 핫폿 22만 동~
전화 093-472-7472

켄따 Kenta

해변 쪽에 자리한 숨은 보석 같은 베트남 식당. 좋은 재료, 신선한 재료로 본연의 맛을 살린 음식들을 제공한다. 고이꾸온과 짜조를 시작으로 몇 가지 국수 요리와 밥 요리, 샐러드와 채소볶음 등이 있다. 관리를 잘해서인지 생맥주의 청량함도 남다르다. 실내는 모두 에어컨 좌석이고 직원들의 응대도 다정하다.

주소 39 An Thượng 3, Bắc Mỹ An, Ngũ Hành Sơn, Đà Nẵng
위치 미케 해변 안트엉 지역, 홀리데이 비치 다낭 호텔 뒤편, 도보로 5분
운영 09:00~14:00 / 17:00~21:00
요금 고이꾸온 4만 동, 퍼보 6만 동
전화 090-934-5395

버거브로스 Burger Bros

일본인이 운영하는 수제버거 집. 미케 해변과 가까워 숙소가 인근에 있다면 한번 들려볼 만하다. 가장 인기 있는 메뉴는 치즈버거와 베이컨 에그 버거. 가장 비싼 미케 버거는 패티가 두 장 들어간 것으로 양이 많은 사람에게 적합하다. 음료수와 프렌치프라이 혹은 콘슬로우가 포함된 콤보 메뉴가 있다. 배달 시스템이 잘되어 있다.

주소 30 An Thượng 4, Mỹ An, Quận Ngũ Hành Sơn, Đà Nẵng
위치 미케 해변 안트엉 지역, 홀리데이 비치 다낭 호텔 뒤편, 도보로 5분
운영 11:00~14:00 / 17:00~21:00
요금 미케 버거 15만 동, 치즈버거 9만 동, 후다 맥주 3만 동
전화 094-557-6240
홈피 burgerbros.amebaownd.com

Tip | 2호점

주소 4 Nguyễn Chí Thanh, Thạch Thang, Q. Hải Châu, Đà Nẵng
전화 093-192-1231
운영 11:00~14:00 / 17:00~21:00

다빈 Dã Viên

외국에서 한국 음식이 그리울 때, 한국 스타일의 중식당도 좋은 선택이 될 수 있다. 한국인의 영원한 짝꿍인 짜장과 짬뽕을 맛볼 수 있으니 말이다. 짜장도 한국 못지않게 맛있고 짬뽕은 상당히 얼큰하게 나오는 편이다. 사천탕수육과 잡채도 인기메뉴. 2층에는 개별룸도 준비되어 있다.

주소 86 Lê Mạnh Trinh, Phước Mỹ, Sơn Trà, Đà Nẵng
위치 팜반동 해변, 포포인츠 쉐라톤 호텔에서 도보로 7분
운영 10:00~21:00 (매월 첫째 주 수요일 휴무)
요금 간짜장 14만 동, 짬뽕 18만 동, 사천탕수육 50만 동, 소주 14만 동
전화 096-530-8879

탄떰 커피 & 베이커리 Thanh Tâm Coffee & Bakery

폴 수도원Paul Monastery에서 운영하는 베이커리 겸 카페. 수도원 산하 '장애 아동 특수 학교Thanh Tam Special School' 학생들이 직원으로 일하는 곳이기도 하다. 수녀님들과 학생들이 직접 만드는 베이커리는 투박하지만 정감 있다. 카페 뒤로는 아담하고 조용한 정원이 있어 사색하거나 잠시 산책하는 시간을 가져보는 것도 좋다.

주소 The corner of, Đ. Ng. Thì Sĩ, Bắc Mỹ An, Ngũ Hành Sơn, Đà Nẵng
위치 홀리데이 비치 다낭 호텔 뒤편, 응오티시Ng. Thì Sĩ와 레꽝다오Lê Quang Đạo 거리가 만나는 사거리 코너, 43 팩토리 커피 로스터 대각선
운영 07:00~17:00 (일요일 휴무)
요금 크로아상 3만 동, 샌드위치 3만 동~, 아메리카노 3만 동
전화 0236-395-8545

르 보르도 베이커리 Le Bordeaux Bakery

다낭에서 제대로 된 베이커리를 접하기란 아직 쉽지 않다. 작고 아담한 베이커리지만 그 내공이 상당하다. 천연 발효종 빵이 전문 분야. 효모, 물, 소금 및 밀가루로만 만드는 로프를 필두로 초콜릿, 크로아상, 까눌레, 에끌레어 등 프랑스식 베이커리가 한가득이다. 오후에 가면 품절인 제품들이 좀 있고 팜반동 지역에도 지점이 있다.

주소 D42 An Thượng 34, Bắc Mỹ An, Ngũ Hành Sơn, Đà Nẵng
위치 미케 해변 안트엉 지역, TMS 호텔 뒤편
운영 07:00~20:00
요금 크로아상 2만 9천 동~, 로프 3만 7천 동~, 까눌레 2만 7천 동~
전화 090-213-5210
홈피 www.lebordeauxbakery.com

본파스 베이커리 & 커피 Bonpas Bakery & Coffee

다낭에서 태어난 베이커리 체인점 겸 카페. 에어컨과 와이파이를 즐기며 쾌적하게 시간을 보낼 수 있다. 진한 베트남식 커피보다는 아메리카노나 카푸치노 등을 선호하는 사람들에게는 더없이 반가운 곳. 여행 중에 특별한 날을 맞았다면 귀여운 케이크를 사기에도 좋다.

주소 59 Đ. Lê Duẩn, Hải Châu 1, Hải Châu, Đà Nẵng
위치 레주언 거리, 다낭 미술박물관 건너편
운영 07:00~21:00
요금 크로아상 9천 동~, 에그타르트 1만 9천 동, 아메리카노 2만 9천 동
전화 0236-388-8348
홈피 bonpasbakery.com

남 하우스 카페 NAM house Cafe

아무것도 없을 것 같은 좁은 골목 안, 진정한 레트로 감성을 가진 카페가 있다. 어디서 다 모았을까 싶은 빈티지 아이템들은 마치 박물관을 연상케 한다. 1층도 나쁘지 않지만 2층의 창가 자리가 명당이다. 에어컨은 없지만, 곳곳에 팬이 있어 덥게 느껴지지는 않는다. 에그 커피와 소금 커피 등 베트남에서 맛볼 수 있는 별미 커피들도 다 모여 있다. 금액도 저렴한 편. 사진을 찍으면 이국적으로 나오는 포인트가 많으니 시간적 여유를 갖고 방문해보길 추천한다. 다만 실내 흡연이 가능해서 비흡연자들은 괴로울 수도 있다. 뉴오리엔트 호텔 인근, 동다 거리에도 지점이 있다.

주소 15/1 Kiệt Lê Hồng Phong, Đà Nẵng
위치 옌바이 거리와 레홍퐁 거리가 만나는 삼거리에서 파생된 작은 골목인 Kiệt 15 안으로 80m, 그린프라자 호텔에서 도보 5분
운영 06:00~23:00
요금 에그 커피 3만 동, 카페 쓰어 2만 9천 동, 신또 3만 7천 동
전화 078-778-6869

더 로컬 빈스 커피 The Local Beans Coffee

다낭 시민들에게 고품질 커피를 제공하겠다는 포부를 안고 시작한 커피전문점. 베트남에서 주로 생산하는 커피인 로부스타 종을 이용하는 만큼 커피는 진하고 구수하다. 연유 커피, 코코넛 커피, 에그 커피, 소금 커피 등을 즐길 수 있고, 차와 말차, 요거트, 과일, 탄산수 등을 활용한 창의적인 메뉴들도 상당히 많다. 1~3층까지 모두 카페 공간으로, 에어컨은 없지만, 개방되어 있어 시원하다. 1층보다는 2층 좌석이 더 여유롭고 좌석도 편하다. 주문은 좌석으로 직원이 와서 받고, 계산은 음료를 갖다 줄 때 지불하면 된다. 실내 흡연 가능.

주소 56A Lê Hồng Phong, Đà Nẵng
위치 레홍퐁 거리, 그린프라자 호텔에서 서쪽으로 도보 5~6분(400m)
운영 06:30~22:30
요금 연유 커피(핀) 2만 8천 동, 소금 커피 3만 9천 동, 코코넛 커피 4만 2천 동
전화 0236-999-9972
홈피 thelocalbeans.com

43 스페셜티 커피 XLIII Specialty Coffee

빠르게, 저렴하게 커피를 즐기는 곳이 아니다. 생산자부터 로스터, 바리스타까지 까다롭고 느린 과정을 거쳐야만 맛볼 수 있는 스페셜티 커피(싱글 오리진)를 맛볼 수 있는 귀한 곳이기 때문이다. 바리스타에게 커피 취향을 이야기하고 추천을 받을 수도 있다. 에스프레소 머신보다는 핸드드립 방식으로 음미해 보길 추천한다.

주소 Lot 422, Đ. Ng. Thì Sĩ, Đà Nẵng
위치 홀리데이 비치 다낭 호텔 뒤편, 응오티시와 레꽝다오 거리가 만나는 사거리 코너, 탄떰 커피 & 베이커리 대각선
운영 06:30~22:30
요금 스페셜티 커피 11만 동~, 브라우니 9만 동, 티라미슈 9만 동
전화 079-934-3943
홈피 43factory.coffee

카페 무오이 후에 3
Cà Phê Muối Huế 3

후에에서 생겨난 소금 커피집의 다낭 분점. 달달한 베트남 커피에 소금을 넣고 진득한 거품이 있는 채로 마시게 된다. 소금의 짠맛이 커피 맛을 더 극대화해 주는 역할을 한다. 베트남 현지인들에게 상당히 인기 있다. 이 집의 소금 커피는 우리나라 미숫가루 정도의 걸쭉한 농도로 포만감마저 느껴진다. 소금 커피의 원조를 경험해 보고 싶다면 방문해 봐도 나쁘지 않다.

주소 254 Đ. Trần Phú, Phước Ninh Đà Nẵng
위치 쩐푸 거리, 다낭 대성당 정문에서 남쪽으로 450m
운영 06:30~22:00
요금 카페 무오이(소금 커피) 2만 9천 동~, 코코넛 커피 3만 2천 동
전화 038-556-7050

꽁 카페 Cộng Cà phê

다낭에 여행 오는 한국인들의 필수 코스가 되어버린 곳. 베트남 사회주의를 콘셉트로 한 인테리어는 독특하면서 이국적이다. 코코넛 스무디 커피의 유행을 몰고 온 원조 격인 만큼 커피 맛도 좋은 편. 한강변에 자리 잡고 있어 전망이 좋고, 한 시장과 가까워 쇼핑 전후로 카페인 보충을 위해 들르기에도 좋다.

주소 98-96 Bạch Đằng, Hải Châu 1, Hải Châu, Đà Nẵng
위치 한강교와 용교 사이의 박당 거리
운영 07:00~23:30
요금 코코넛 커피 5만 5천 동~, 요거트 커피 4만 5천 동~
전화 0236-655-3644
홈피 congcaphe.com

브루맨 커피 Brewman Coffee

골목 안쪽, 깊숙한 곳에 숨어 있는 커피집. 단골들만 알고 올 것 같은 곳이다. 온실처럼 생긴 공간은 자연 친화적이면서도 쾌적하다. 진짜 핀Phin 커피로 만드는 코코넛 커피가 추천 메뉴. 코코넛 슬러시 양이 많으니 아이스크림처럼 슬러시만 먼저 즐기다 나중에 커피를 부어서 마셔보자. 커피도 저렴한 편. 강 건너 쩐흥다오 거리에도 지점이 있다.

주소 k27a/21 Thái Phiên, Phước Ninh, Hải Châu, Đà Nẵng
위치 다낭 대성당 정문에서 남쪽으로 400m, 타이피엔Thái Phiên 거리에서 파생된 작은 골목인 Kiệt 27로 80m 안
운영 07:00~18:00
요금 코코넛 커피 4만 5천 동, 아메리카노 5만 5천 동
전화 096-735-9292

원더러스트 Wonderlust

현대적인 대형 카페. 커피나 음료값이 다른 곳보다 조금 비싼 편이지만 쾌적한 에어컨 좌석을 즐길 수 있는 안락함도 큰 곳이다. 콜드브루 등의 커피도 좋고 망고나 코코넛을 이용한 스무디 등을 공략해도 좋다. 공간이 넓은 만큼 포토존도 많은 편이다. 흡연은 야외 좌석에서만 가능하다.

주소 96 Đường Trần Phú, Hải Châu 1, Đà Nẵng
위치 쩐푸 거리, 한 시장 입구에서 북쪽으로 도보 1분(90m)
운영 09:00~22:00
요금 코코넛 라떼 7만 5천 동, 스무디 5만 9천 동
전화 0236-374-4678

하이랜드 커피 VTV8 Highlands Coffee VTV8

다낭의 핫플레이스. 하이랜드 커피는 베트남의 스타벅스라 할 수 있는 커피 체인점이다. 한국식 아이스 아메리카노를 찾던 여행자들에게는 오아시스 같은 곳이기도 하다. 수많은 하이랜드커피 브랜치 중에 가장 인기 있는 지점으로 저녁 시간이면 빈자리를 찾기 힘들다. 에어컨이 나오는 실내 공간과 야외 정원 좌석으로 나누어져 있다.

주소 258 Bạch Đằng, Đà Nẵng
위치 박당 거리 남단, VTV8 방송국 옆
운영 07:00~22:00
요금 아이스 아메리카노 4만 5천 동~5만 5천 동, 카푸치노 6만 5천 동~
전화 0236-710-9778

★ 다낭의 나이트라이프

다낭은 대도시가 아니라서 나이트라이프도 소박하다. 시끌벅적한 클럽보다는 칵테일과 맥주 등의 가벼운 음주를 즐기는 바들이 대부분이고 레스토랑을 겸한 곳도 많다. 한강 주변과 해변의 호텔 중에는 전망을 즐길 수 있는 루프톱 바가 유행처럼 생겨나고 있다.

오큐 라운지 펍 Oq Lounge Pub

현재 다낭에서 가장 핫한 클럽이다. 현지인들에게도 인기 있는 장소로 생일 등 특별한 날 많이 찾는다. 특히 주말에는 발 디딜 틈이 없을 정도로 북적인다. 오픈은 늦은 밤 9시로, 11시~새벽 1시까지가 피크타임이다. 열정적인 디제이들과 중간에 춤을 추는 스태프들이 있어 화끈한(?) 분위기를 조성해 준다. 한쪽에 작은 스테이지가 있지만 자기 테이블에서 춤을 추는 사람들이 대다수다. 바에서는 별다른 주문 없이 맥주 1~2병만 마셔도 눈치 주지 않지만, 뒤쪽의 테이블을 차지하려면 맥주 콤보세트나 양주를 주문해야 한다.

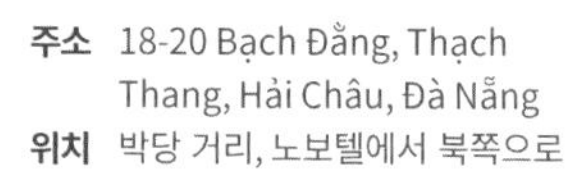

주소 18-20 Bạch Đằng, Thạch Thang, Hải Châu, Đà Nẵng
위치 박당 거리, 노보텔에서 북쪽으로 도보 3분
운영 21:00~03:00
요금 맥주 1병 9만 동~, 맥주 콤보 세트 85만 동~, 양주 콤보세트 185만 동~
전화 070-530-3079

1920's 라운지 바 1920's Lounge Bar

다낭에서 보기 드문 라이브 바. 1920년대, 미국 금주령 시대에 생겨난 바speakeasy bars를 콘셉트로 하고 있다. 공연은 매일 저녁 9시 30분 정도부터 시작해 1~2시간 정도 즐길 수 있다. 1920년대를 풍미했던 재즈를 기반으로 어쿠스틱, 팝, 발라드 등 조용한 음악을 주를 이룬다. 공연하는 아티스트들은 베트남 현지의 젊은 뮤지션들이 대부분이지만 간혹 외국인 뮤지션도 참여하곤 한다. 다만 공연의 수준이 높은 편은 아니니 크게 기대는 하지 말자. 아늑한 공간이지만 실내 흡연이 가능하고 물담배를 피우는 사람들도 많으므로 담배 연기에 민감하다면 추천하지 않는다.

주소 53 Trần Quốc Toản, Phước Ninh, Hải Châu, Đà Nẵng
위치 다낭 대성당 인근
운영 19:00~익일 01:00
요금 스피크이지 칵테일 23만 동~, 물담배 38만 동
전화 089-999-1920

스카이 36 바 Sky 36 Bar

한강과 마주 보고 있는 노보텔 36층에 자리한 루프톱 바 겸 클럽. 다낭 야경 감상 필수 코스로 손꼽혔지만, 인근에 비슷한 루프톱 바가 많이 생기고 핫한 클럽들이 생겨나면서 예전 명성에는 미치지 못하고 있다. 호텔 입구에서는 조금 위압적이지만 막상 안으로 들어가면 친절한 환대를 받을 수 있고 특별한 드레스코드는 없다.

주소 36 Bạch Đằng, Thạch Thang, Hải Châu, Đà Nẵng
위치 노보텔 36층, 로비에서 전용 엘리베이터 이용
운영 18:00~02:00
요금 칵테일 29만 동~(세금 별도), 쿨타월 2만 동
전화 0236-322-7777
홈피 www.sky36.vn

루나 펍 Luna Pub

장기거주하는 서양 여행자들의 아지트로 피맥 하기 좋은 곳이다. 이탈리아 레스토랑을 겸하고 있지만, 저녁 시간이 가장 핫하다. 주메뉴는 피자와 파스타, 칼초네, 샐러드 등이 있다. 창고를 개조해 만든 내부는 인더스트리얼 스타일로 꾸미고 개방감을 더했다. 다양한 생맥주와 와인, 수입 맥주를 즐길 수 있으며 과하지 않은 음악은 일행과 담소를 나누며 식사와 음주를 즐기기에도 적당하다.

주소 9A Đ. Trần Phú, Đà Nẵng
위치 다낭 시내 북쪽, 노보텔에서 북쪽 방면으로 도보 3분
운영 17:00~24:00
요금 생맥주 5만 동(330ml)~, 칵테일 12만 동~, 피자 17만 동~
전화 0236-389-8939
홈피 www.lunadautunno.vn

뱀부 2 바 Bamboo 2 Bar

어른들의 놀이터. 영국 어느 골목의 스포츠 바를 연상시키는 곳으로, 외국인 여행자들이 모이는 핫플레이스이기도 하다. 칵테일이나 위스키, 맥주를 마시는 사람들로 늘 북적이고, 커다란 음악 소리가 떠들썩하다. 주말 저녁에는 빈자리를 찾기가 쉽지 않을 정도로 인기다.

주소 216 Bạch Đằng, Phước Ninh, Đà Nẵng
위치 박당 거리, 한강교와 용교 사이 강변
운영 13:00~02:00
요금 맥주 4만 동~, 칵테일 9만 5천 동~13만 동
전화 090-554-4769

Special Tour

해변에서 즐기는 밤 Beach Nightlife

미케 해변에는 밤바다를 감상하며 한잔할 수 있는 바들이 몇 개 자리하고 있다.
이곳에서만큼은 휴대전화는 잠시 접어두고, 파도 소리를 들으며 달과 별을 친구 삼아
여행의 추억을 담아보도록 하자.

1 파라다이스 비치 Paradise beach Da Nang 추천

트로피컬 무드 가득한 곳. 발리 꾸따의 비치 바들과 닮았다. 조명이 켜진 밤바다를 감상할 수 있는 멋진 곳으로 해변 쪽에는 빈백 좌석도 마련되어 있다. 날씨가 좋을 때는 해변의 스크린에서 축구나 영화를 틀어주기도 한다.

주소 270 Võ Nguyên Giáp, Bắc Mỹ Phú, Ngũ Hành Sơn, Đà Nẵng
위치 미케 해변, 하이안 비치 호텔 건너편
운영 08:00~24:00
요금 칵테일 12만 동~, 생맥주 5만 동~

2 에스코비치 바 라운지 Esco Beach Bar Lounge & Restaurant

해변의 바 중에 가장 고급스러운 분위기다. 다양한 와인과 식사를 겸할 수 있고, 낮에는 수영장 이용도 가능하다.

주소 Lô 12 Võ Nguyên Giáp, Mân Thái, Sơn Trà, Đà Nẵng
위치 미케 해변 초입, Golden Sea 3 호텔 건너편
운영 08:00~24:00
요금 병맥주 7만 5천 동~, 스파클링 와인 16만 동(글라스)~

3 던 비치 바 The Dawn Beach bar

미케 해변 입구에 있는 야외 부스 바 중의 하나. 도로 쪽으로 좌석이 있어 해변 전망을 보기는 힘들지만, 접근성이 좋고 부담 없이 갈 수 있는 장점이 있다.

주소 368W+284, Phước Mỹ, Sơn Trà, Đà Nẵng

위치 미케 해변 초입, Golden Sea 3 호텔 건너 2시 방향
운영 16:00~익일 02:00
요금 맥주 4만 동~, 데킬라 5만 동

★ 다낭의 스파

베트남 마사지는 오일 마사지를 베이스로 건식마사지가 많지 않다. 대부분 개별룸에서 받게 되기 때문에 금액도 베트남 물가대비 저렴한 편이 아니다. 그럼에도 불구하고 어디를 가야 할지 고르기가 힘들 정도로 스파숍이 많고 그만큼 경쟁도 치열하다. 많은 정보 중에 옥석을 가리는 지혜가 필요하다.

흥짬 스파 Huong Tram Spa Da Nang

가성비뿐 아니라 가심비까지 만족스러운 곳! 제대로 된 베트남 스타일의 마사지를 경험할 수 있는 곳이다. 다낭 대부분의 스파가 오일 마사지인 데 반해 이곳은 소량의 밤을 이용한 건식마사지가 메인이다. 옷을 입고 마사지를 진행하기 때문에 (옷을 벗고 받아야 하는) 오일 마사지에 익숙하지 않은 어르신들에게도 적당한 곳이다. 직원들의 숙련도가 높고, 마사지 시간 내내 최선을 다하는 것이 그대로 전달된다. 마사지 후에는 상당히 개운해서 '우리 집 옆에 이런 곳이 하나 있었으면!' 하는 생각이 절로 들게 한다. 마사지 프로그램은 딱 두 가지로 전신 마사지와 발 마사지뿐이다.

가능하면 발 마사지보다는 전신 마사지를, 60분보다는 90분이나 120분짜리 마사지를 추천한다. 건물 전체를 스파숍으로 사용하고 있으며 내부도 매우 정갈하게 관리하고 있다. 여행사를 통해 예약하면 좀 더 저렴한 가격에 이용할 수 있다.

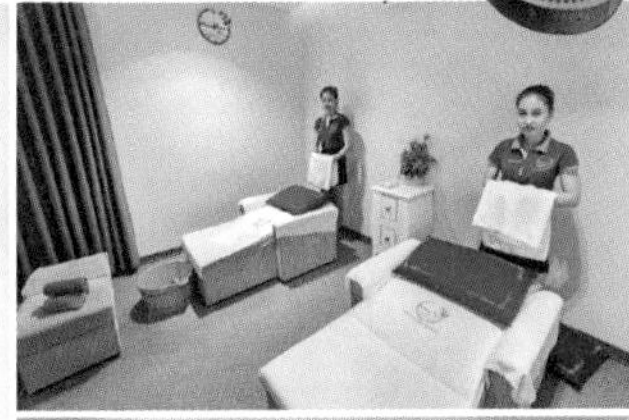

주소 186 Hồ Nghinh, Phước Mỹ, Sơn Trà, Đà Nẵng
위치 미케 해변, 알라카르트 호텔 뒤편
운영 10:00~22:00
요금 전신 마사지(90분) 42만 동, 전신 마사지(120분) 52만 동, 발 마사지(60분) 36만 동
전화 0236-222-8777 (**카톡** huongtram186 *영어만 가능)
메일 huongtramspa0168@gmail.com

퀸 스파 Queen Spa Danang

2010년 오픈한 다낭 스파숍 계의 터줏대감. 겉모습은 평범해 보이지만 그 내공이 상당하다. 우선은 테라피스트들의 실력이 뛰어나다. 정확한 지압 점을 알고 적절한 압력을 가해 부드러우면서도 강한, 전문적인 마사지 스킬을 선보인다. 테라피스트들의 교육에만 3~6개월 정도를 할애한다고 한다. 따뜻하게 데운 대나무와 돌로 전신의 긴장을 풀어주고 에너지를 전달하는 뱀부 마사지와 핫스톤 마사지가 인기다. 마사지룸도 호텔 스파 못지않게 고급스럽고 마사지 전후로 내어주는 차와 건강 간식, 생수 선물 등의 세심한 서비스도 받을 수 있다. 이런 노력에 힘입어 전 세계 스파들의 경합장인 International Spa & Beauty Awards에서 2021~2022년 연속 수상했다. 이메일이나 홈페이지를 통해 방문 전 예약은 필수.

주소 144 Phạm Cự Lượng, An Hải Đông, Sơn Trà, Đà Nẵng
위치 용교 동단에서 동쪽으로 1km, 히요리 아파트 뒤편
운영 10:00~21:30
요금 핫스톤 마사지(90분) 67만 동, 뱀부 마사지(90분) 75만 동
전화 0236-247-3994/ 093-242-9429
메일 queenspadn@gmail.com
홈피 www.queenspadanang.vn

다한 스파 다낭 DAHAN Spa Danang

'정성을 다한 스파'라는 캐치프레이즈가 딱 어울리는 곳이다. 한인 스파숍 중에서도 단연 고급스러운 시설과 정성스러운 마사지, 친절한 서비스를 모두 갖추었다. 기본적인 오일마사지 외로 드라이 마사지, 핫스톤, 뱀부마사지 등의 프로그램이 있고 임산부 마사지와 키즈마사지도 있어 가족 여행자들의 선호도도 높은 편이다. 마사지 강도는 한국인들에게 특화되어 있어 기본 압이 센 편이다. 스파 전후 샤워를 원한다면, 불편함 없이 할 수 있도록 충분한 어메니티도 갖추어 놓았다. 2인 이상은 왕복 픽업 서비스를 무료로 이용할 수 있고 공항센딩도 가능하다. 카톡으로 예약할 수 있고 호이안에도 2개의 지점이 있다.

주소 6 Võ Nguyên Giáp 498, Khuê Mỹ, Ngũ Hành Sơn, Đà Nẵng
위치 푸라마 리조트 건너편의 작은 골목인 Kiệt 498, 70m 안쪽
운영 10:00~22:00
요금 60분 69만동, 90분 89만동 (모든 스파프로그램 동일/ 매너팁 별도)
전화 094-118-5762 (**카톡** dahanspa)
홈피 www.dahanspa.com

아지트 스파 Azit Spa

한인 스파숍의 원조 격이다. 한 시장 바로 옆에 있어 뛰어난 접근성을 자랑한다. 팬데믹 이후 새로 지은 건물로 이전하여 인근에서도 단연 눈에 띈다. 스파 이용 고객들은 짐 보관, 샤워실 이용, 공항 센딩 등을 무료로 이용할 수 있으므로 여행의 마지막 날, 밤 비행기를 타야 하는 여행자들에게 인기 만점이다. 여러 장점에 비해 스파 가격도 합리적이다.

주소 16 Nguyễn Thái Học, Hải Châu 1, Hải Châu, Đà Nẵng
위치 한 시장 옆 **운영** 10:00~24:00
요금 아로마마사지(60분) 43만 동, (90분) 57만 동 (매너팁 별도)
전화 096-799-3943 (**카톡** 다낭아지트스파)

오드리 네일 앤 스파 Audrey Nail & Spa

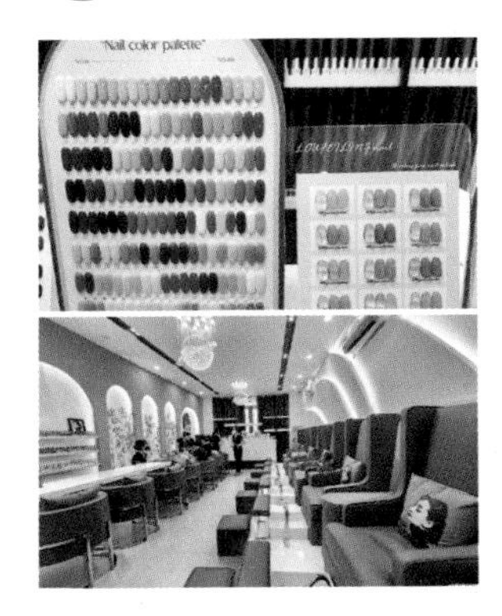

다낭 현지 교민들과 승무원들의 단골집으로 알려진 네일숍 겸 스파. 아티스트라고 불러도 좋을 만큼 네일에 관한 실력자들이 모여 있다. 네일 디자인도 굉장히 다양하고 사용하는 매니큐어의 퀄리티도 최상급이다. 스파숍 쪽 만족도도 높은 편으로 일반 오일 마사지 외로 포핸드 마사지와 타이 마사지 프로그램이 있다.

주소 49-51 Mỹ Khê 6, Phước Mỹ, Sơn Trà, Đà Nẵng
위치 용교 동단과 미케 해변 사이
운영 09:30~23:00
요금 젤 컬러 20$, 젤 연장 50~60$, 포핸드 마사지(60분) 50$
전화 036-428-8231 (**카톡** audreyspa)

엘 스파 L Spa

미케 해변 쪽의 여행자 거리인 안트엉 지역에서 가장 믿을 만한 곳. 다낭시의 성장과 함께 지금은 다낭에서 가장 유명한 마사지숍 중 하나가 되었다. 그만큼 체계적인 시설과 직원 관리를 하며 어느 정도 믿고 마사지를 받을 수 있다. 요금은 조금 비싼 편이다.

주소 05 An Thượng 4, Bắc Mỹ Phú, Ngũ Hành Sơn, Đà Nẵng
위치 미케 해변 안트엉 지역, 홀리데이 비치 다낭 호텔 뒤편 (도보로 5분)
운영 11:00~21:00
요금 엘스파 시그니처(90분) 74만 동, 타이 마사지(90분) 99만 동
전화 090-501-7047 (**카톡** lspadanang *영어만 가능)
홈피 www.lspadanang.com

★ 다낭의 쇼핑

다낭의 쇼핑은 특별한 것이 없다. 한 시장에서 여행 중 입을 옷을 사거나 롯데마트 등의 마트에서 먹을거리를 사는 것에 집중해야 한다. 마트의 물가는 한국과 비교하면 아직은 매우 저렴하다.

롯데마트 Lotte Mart Đà Nẵng

한국 롯데마트의 다낭 버전. 총 5층 규모로 마트는 3~4층에 걸쳐 있고 1층은 식당과 커피숍, 2층은 패션, 화장품 매장이 자리하고 있다. 5층은 극장과 키즈클럽이 있다.

매장 규모가 크고 상품이 다양해서 둘러보는 재미가 있고, 동선 낭비 없이 필요한 물품을 구매할 수 있는 것도 큰 장점이다. 미처 준비 못 한 여행 물품(슬리퍼, 물놀이용품 등)이나 한국식품(김치, 즉석밥, 라면, 소주, 고추장 등)도 이곳에서 구입하면 된다.

마트 입구에 '관광객 인기 상품' 혹은 '선물하기 좋은 상품' 등 안내 표시가 되어 있고 각 구역별로 한국어 안내가 있어 쇼핑에 도움을 준다. 일정 금액 이상 구매하면 24시간 이내에 숙소로 배달도 가능하며 '스피드 롯데마트' 앱에서도 주문할 수 있다.

주소 06 Nại Nam, P. Hòa Cường Bắc, Q. Hải Châu, Đà Nẵng
위치 다낭 시내 남쪽, 한 시장에서 약 4.5km (차로 10분)
운영 08:00~22:00
전화 090-105-7057
홈피 lottemart.com.vn

층별 안내

5층	볼링장, 롯데시네마, 키즈클럽, 푸드코트	
4층	신선식품, 가공식품, 과자, 커피, 주류, 보관함, 계산대, 자율포장대, 화장실	(3-4층 간) 내부 에스컬레이터
3층	가전, 주방용품, 패션, 사무용품, 계산대, 자율포장대	
2층	패션, 액세서리, 화장품, 서점, 완구점, 화장실	
1층	하이랜드 커피, KFC, 롯데리아, 샤부샤부 전문점, 한식당, ATM	

more & more 롯데마트 쇼핑 리스트

❶ 인스턴트커피 & 차

베트남 커피 중 가장 유명한 G7을 비롯해 다양한 인스턴트 커피를 저렴하게 살 수 있다. 3 IN 1은 커피, 설탕, 크림이 모두 들어간 것이고 2 IN 1은 커피와 설탕만, 아무런 표시가 없는 것은 블랙커피다. 코코넛 커피를 인스턴트로 즐길 수 있는 '아치 카페ARCH CAFE'도 인기 아이템. 바나나 맛과 두리안 맛도 있다.

❷ 라면

라면 제품들만 따로 모아 놓은 곳이 있다. 종류가 너무 많아 어떤 것을 사야 할지 모르겠다면, '하오하오 새우맛Hảo Hảo Mì Tôm Chua' 분홍색 라면과 소고기 쌀국수 맛인 '비폰 포 보Vifon Pho Bo'를 선택하면 실패가 없다.

❸ 술

베트남 대표 주류회사 '할리코Halico'에서 생산하는 '넵머이Nếp Mới'와 '보드카 하노이Vodka Hanoi' 등을 추천한다. 특히 넵머이는 찹쌀로 만들어 구수한 맛이 일품인 데다 가격도 저렴하다. 판매하는 병의 용량에 따라 알코올 도수가 다르다(700ml 기준 40%).

❹ 말린 과일과 견과류

달랏 특산물의 메카인 '랑팜Lang Farm' 제품들이 특화되어 있다. 금액은 조금 있는 편이지만 포장도 고급스럽고 믿을 만하다. 비나밋Vinamit 제품들도 인기 있다.

❺ 과자

코코넛이나 커피, 치즈를 이용한 과자들이 많다. 리치즈 아하Richeese Ahh, 칼치즈Cal Cheese, 커피 조이Coffee Joy를 비롯해 게리Gery 시리즈도 매우 인기 있다.

❻ 음식 재료(소스)

간장, 칠리소스, 피시 소스, 후추 등 요리에 사용하는 소스나 양념, 라이스페이퍼, 말린 새우 등도 놓칠 수 없는 아이템이다. 빨간 뚜껑의 친수Chin Su 간장은 여러 요리에 두루 쓰이고, 달걀 간장 밥에 사용하는 마기Maggi 간장도 머스트해브 아이템!

❼ 치즈

래핑카우 치즈가 놀랍도록 저렴하다. 다만 비행기에 갖고 타기는 어려운 항목이라 일정 중 술안주 등으로 활용하도록 해보자.

❽ 치약

달리, 콜게이트, 센소다인 등 질 좋은 치약을 저렴하게 구입할 수 있다. 개인적으로 추천하는 제품은 달리Darlie의 프레시클린Fresh Clean 제품. 강렬하고 개운한 사용감으로 치약 유목민을 정착시켜준 제품이기도 하다.

❾ 화장품

니베아, 뉴트로지나, 로레알, 폰즈 등 드러그스토어에서 판매하는 화장품들도 모두 구입할 수 있다. 특히 클렌징 워터와 대용량 선크림이 가격 메리트가 있는 편. 코코넛으로 만든 립밤, 크림 등은 정말 저렴하다.

빈컴 플라자 Vincom Plaza

우리나라 백화점과 비슷한 대형 쇼핑몰. 2015년에 문을 열었다. 총 4층 규모로 H&M, ALDO, 크록스, 스케쳐스, 샘소나이트, 보디숍 화장품 등 우리에게 익숙한 브랜드들도 꽤 있는 편이다. 여행자들이 많이 이용할 매장은 **1층의 스타벅스와 2층의 윈 마트**Win Mart다. 윈 마트는 롯데마트보다 규모는 작지만 좀 더 고급스러운 구성에 사람이 훨씬 적어 한가하게 둘러볼 수 있는 장점이 있다. **3층에는 게임장, 키즈클럽** 등이 있어 아이들과 함께 시간을 보내기에는 가장 좋은 곳이다. 4층은 식당가와 극장이다.

주소 910A Ngô Quyền, An Hải Bắc, Sơn Trà, Đà Nẵng
위치 한강교 동쪽 강변
운영 10:00~22:00
전화 093-472-1093
홈피 www.vincom.com.vn

고! (빅시) 슈퍼마켓 GO!(Big C) Supermarket Da Nang

태국계 대형 할인마트로 빈쭝 플라자Vĩnh Trung Plaza 쇼핑몰 내에 입점해 있다. 관광객 위주인 롯데마트에 비해 현지인들이나 다낭에 거주하는 외국인들이 주 고객이다. 신선한 과일과 채소, 육류, 베이커리 종류는 롯데마트보다 훨씬 가격 경쟁력이 있고 간식 같은 먹을거리도 다양하다. 디스플레이도 시원시원해서 쇼핑하는 데 편리하다. 할인마트는 2~3층에 자리하고 있고 꼰 시장이 대각선에 위치한다.

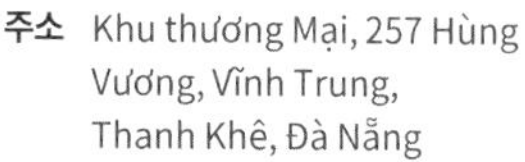

주소 Khu thương Mại, 257 Hùng Vương, Vĩnh Trung, Thanh Khê, Đà Nẵng
위치 꼰 시장에서 오른쪽 대각선
운영 08:00~22:00
전화 0236-366-6085

한 시장 Chợ Hàn

1940년부터 형성된 재래시장으로 1990년에 2층짜리 현대식 빌딩이 세워졌다. 일반 시장과 다르지 않게 각종 먹거리에서부터 공산품과 향신료, 의류까지 다양한 품목을 판매한다. 몇 년 사이에 여행자들이 몰리면서 기념품 가게와 라탄 가방을 판매하는 매장이 늘었고 2층의 아오자이 매장과 의류 매장들이 특화되어 있다. 가격은 여전히 저렴한 편이지만 흥정은 필수고 호객행위가 심해서 불편한 점도 있다.

주소 119 Đ. Trần Phú, Hải Châu Đà Nẵng
위치 한강교와 용교 중간
운영 06:00~19:00
전화 0236-382-1363

꼰 시장 Chợ Cồn

다낭 최대의 재래시장. 현지인들의 생생한 삶의 현장으로 들어가 보는 재미가 있는 곳이다. 기념품보다는 생활용품이나 채소, 과일, 해산물들이 주를 이룬다. 견과류나 말린 과일, 어포나 쥐포 등은 한 시장보다 훨씬 저렴하게 구매할 수 있다. 영어는 잘 통하지 않지만, 계산기로 소통하고 흥정하면 되니 미리 걱정은 말자. 먹을거리나 생과일주스 등을 파는 노점도 다양하다. 주변이 혼잡하니 택시를 이용할 때는 대각선에 있는 고! (빅시) 슈퍼마켓을 활용해 보자.

주소 290 Hùng Vương, Vĩnh Trung, Hải Châu, Đà Nẵng
위치 고! (빅시) 슈퍼마켓 대각선, 한 시장에서 서쪽으로 약 1.3km
운영 07:00~19:00
전화 0236-383-7426

★ 다낭의 숙소

숙소는 크게 다낭 시내와 해변으로 나누어진다. 시내 쪽의 숙소들은 부대시설이 빈약한 대신 가성비가 뛰어나서 관광을 하거나 식도락 투어를 할 때 유용하다. 휴양을 위해서는 해변 쪽 숙소를 선택하는 곳이 좋다. 해변 쪽 숙소들은 프라이빗 해변 유무에 따라 금액 차이가 많이 난다. 알라카르트 호텔 주변과 안트엉 지역에 가성비 좋은 숙소들이 꽤 있는 편이다.

해변

5성급

하얏트 리젠시 리조트 Hyatt Regency Danang Resort and Spa

세계적인 호텔 체인 하얏트 브랜드의 명성에 어울리는 다양한 부대시설과 모던한 객실로 인기를 끌고 있는 리조트. 총 400여 개의 객실은 호텔과 레지던스, 빌라 타입으로 나누어진다. 수영장만 5개가 있을 정도로 리조트 부지가 넓고, 보유한 전용 해변의 길이도 상당하다. 해변 분위기가 물씬 풍기는 키즈풀과 워터 슬라이드, 인공 암벽장이 있어서 가족 여행자의 선호도가 높다.

주소 5 Trường Sa, Hòa Hải, Ngũ Hành Sơn, Đà Nẵng
위치 논느억 해변, 오행산 인근
요금 게스트룸 220$~, 오션뷰 250$~,
2베드룸 레지던스 410$~
전화 0236-398-1234
홈피 danang.regency.hyatt.com

전용해변	○	키즈클럽	○	셔틀버스(유료)	○
수영장	○	레스토랑 & 바	○	스파	○

교통 정보	다낭 공항에서 약 11km, 차량으로 약 30분 소요
객실	호텔, 레지던스, 빌라로 나누어져 있다. 호텔 객실은 스위트룸을 제외하고 모두 같고 다만 층에 따라 1층 객실은 게스트룸, 2층 이상의 객실은 오션뷰로 구분한다. 1층 객실은 테라스를 통해 바로 수영장으로 갈 수 있어 가족 여행자들이 선호한다. 레지던스는 아파트와 같은 형태로 주방과 거실이 있고 객실 수에 따라 1~3베드로 나누어진다. 빌라는 3베드룸 풀빌라만 있다. 일반 객실이 상당히 크고 부대시설 등을 이용하기에도 위치가 좋아서 주방 시설이 꼭 필요한 여행자가 아니라면 호텔 객실을 이용하는 편이 더 낫다.
수영장	총 5개 (키즈풀 포함) / **이용시간** 06:00~18:00
F & B	총 5개의 레스토랑과 바가 있다. 메인 레스토랑은 그린 하우스Green House로 조식당을 겸하고 있다.
액티비티	연날리기, 암벽 타기, 명상, 복싱, 수영 강습, 요가, 태극권 등의 액티비티를 즐길 수 있다. 키즈클럽에도 다양한 체험 프로그램(유료)이 있으니 관심이 있다면 미리 둘러보고 예약을 하도록 하자.
숙소이용 Tip	· 클럽룸 이용 시에는 클럽 라운지에서 체크인 및 라운지 조식을 이용할 수 있다. · 06:30~21:00까지 베이비시팅 서비스가 있고 요금은 시간당 10$(객실과 키즈클럽에서만 가능)

5성급

인터콘티넨털 다낭 선 페닌슐라 Intercontinental Danang Sun Peninsula Resort

세계적인 건축가 빌 벤슬리의 아이디어와 디자인이 또 한 번 빛을 발한 숙소. 아름다운 건축물과 천혜의 자연환경이 만나 예술 작품이 된 리조트로 평가받고 있다. 리조트 앞으로 드넓은 해변이 펼쳐져 있고 뒤로는 병풍처럼 산이 둘러져 있다. 그 사이사이 언덕을 따라 베트남 전통미를 가진 객실 건물들과 부대시설들이 우아하게 자리 잡고 있다. 블랙톤의 객실 내부는 묵직하면서 고풍스럽고, 화려한 욕실과 널찍한 테라스를 보유하고 있다. 객실뿐 아니라 F & B에도 상당한 공을 들이고 있다. 미슐랭 3 스타 쉐프가 이끄는 프렌치 레스토랑 라 메종 1888La Maison 1888을 필두로 각자의 매력이 넘치는 레스토랑과 바를 운영 중이다. 다만 리조트 규모와 비교하면 수영장이 협소한 편이고 한 번 들어가면 나오기 힘든 위치는 단점이기도 하다.

주소 Bãi Bắc, Bán Đảo Sơn Trà, Đà Nẵng
위치 썬짜 반도
요금 클래식 550$~, 파노라믹 오션뷰 700$~, 테라스 스위트 900$~
전화 0236-393-8888
홈피 www.danang.intercontinental.com

전용해변	○	레스토랑 & 바	○
수영장	○	셔틀버스	○
키즈클럽	○	스파	○

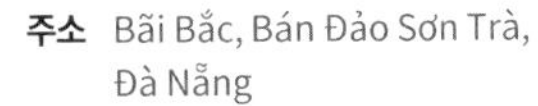

교통 정보	다낭 공항에서 약 21km, 차량으로 약 40~50분 소요
객실	객실 타입이 다소 복잡하다. 일반 객실과 스위트, 펜트하우스, 클럽룸, 풀빌라 등으로 나누어진다. 가장 낮은 카테고리인 클래식룸도 그 크기가 70㎡로 타 리조트 객실의 두 배 정도 되는 크기다. 손트라룸은 클래식룸과 대동소이하고 다만 층이 높아 좀 더 좋은 전망을 갖고 있다. 클럽룸에는 광대할 정도의 테라스가 있고, 펜트하우스에는 개인 풀이 있다. 객실 테라스에 원숭이들이 종종 나타나므로 문단속을 잘해야 하는 불편함도 있다.
수영장	총 2개 / **이용시간** 06:00~19:00
F & B	총 5개의 레스토랑과 바가 있다. 메인 레스토랑 겸 조식당은 시트론Citron이다. 베트남 전통 모자인 논라Non-la를 형상화한 야외 좌석은 이곳의 시그니처가 되었다. 조식 시간이면 이 좌석을 차지하기 위한 경쟁이 치열하다. 주중에는 애프터눈 티, 일요일에는 선데이 브런치가 있어 외부 손님들도 이곳을 경험해볼 수 있다. 저녁에만 운영하는 프렌치 레스토랑 라 메종 1888La Maison 1888도 유명하지만, 호불호가 갈리는 편이다. 해변에는 해산물 레스토랑인 베어풋Barefoot과 더 롱 바The Long Bar가 자리하고 있다. 어느 곳이라도 식음료 비용이 상당히 비싼 편이다.
액티비티	매일 08:00~17:00 사이에 요가, 배구, 스노클링, 낚시 등 다양한 실내외 액티비티를 대부분 무료로 이용할 수 있다. Gym은 24시간 운영.
숙소이용 Tip	그랩을 포함해 택시 이용이 쉽지 않다. 외출할 예정이라면 미리 차량을 예약해 두는 것이 좋다. 다낭 시내와 호이안으로 가는 무료 셔틀을 하루 2회 운행한다(10:00/15:00).

5성급

다낭 매리어트 리조트 Danang Marriott Resort & Spa

빈펄 럭셔리 다낭 리조트Vinpearl Luxury Da Nang Resort의 새로운 이름이다. 프랑스 식민지 시대에 유행했던 베트남 스타일을 갖고 있다. ㄷ자 형태로 리조트 건물이 들어서 있고 그 가운데 수영장이 있는 구조이다. 유난히 녹지가 많고 정성스레 키운 꽃과 나무도 많아 마치 공원을 연상케 한다. 리조트 앞 전용 해변도 상당히 넓고 여유롭다. 객실은 일반 객실과 풀빌라로 나누어진다. 리조트 건물 옆으로 풀빌라 단지가 들어서 있는데 버기 카를 이용하지 않으면 꽤 걸어야 할 만큼 부지가 크다. 전반적으로 가격 대비 훌륭한 시설이지만, 주변의 5성급 리조트들과 비교하면 욕실 어매니티나 레스토랑, 전문적인 서비스는 조금 아쉬운 편이다.

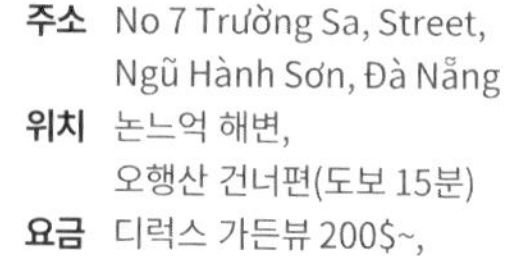

주소 No 7 Trường Sa, Street, Ngũ Hành Sơn, Đà Nẵng
위치 논느억 해변, 오행산 건너편(도보 15분)
요금 디럭스 가든뷰 200$~, 디럭스 오션뷰 220$~, 3베드룸 라군 풀빌라 680$~
전화 0236-396-8888
홈피 www.marriott.com

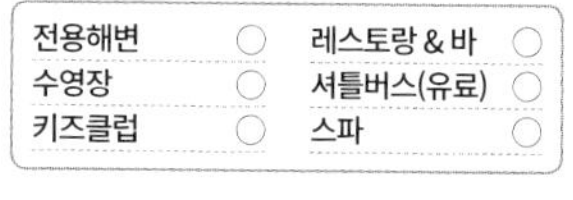

전용해변	○	레스토랑 & 바	○
수영장	○	셔틀버스(유료)	○
키즈클럽	○	스파	○

교통 정보	다낭 공항에서 약 12km, 차량으로 약 30분 소요
객실	리조트의 일반 객실과 풀빌라로 나누어져 있다. 리조트 동은 총 6층 건물로 1~3층까지는 디럭스, 4층 이상의 객실은 디럭스 오션뷰(부분)라고 한다. 파노라믹 객실은 로비 위층에 있는 객실로 바다를 정면으로 조망할 수 있다. 티크와 원목 사용이 많아 클래식한 멋은 있으나 전체적으로 세월의 흔적이 좀 있는 편. 40여 개의 풀빌라는 3베드 & 4베드로만 구성되어 있다. 모두 복층 구조이고 객실마다 욕실이 딸려 있다. 개인 풀도 매우 크다. 주방 시설은 있지만 조리는 할 수 없고 전자레인지만 사용할 수 있다.
수영장	총 4개 (키즈풀 2개 포함) / **이용시간** 06:00~19:00
F & B	총 2개의 레스토랑과 1개의 바가 있다. 리셉션 아래층에 있는 고멧 레스토랑Gourmet Restaurant이 조식당 겸 메인 레스토랑이다.
액티비티	매일 태극권, 수영 강습, 아쿠아로빅, 요리 강좌, 연날리기 등의 액티비티를 즐길 수 있다. 여름 시즌에는 해변에서 해양스포츠도 진행한다.
숙소이용 Tip	· 호이안행 셔틀을 하루 10회 정도 운행한다(유료). · 풀보드 패키지가 저렴한 편이다. 풀보드 식사는 모두 뷔페식으로 제공한다(고멧 레스토랑 이용).

5성급

티아 웰니스 리조트 TIA Wellness Resort

전 객실 모두 풀빌라로만 구성된 아시아 최초의 올 스파 인클루시브 리조트. 이름처럼 이용자의 건강과 행복에 포커스가 맞춰져 있는 곳이다. 이 숙소의 가장 큰 매력은 투숙객에게 무료 스파트리트먼트를 데일리로 제공한다는 점이다. 하루 총 80분, 다양한 스파 프로그램 중에 원하는 것을 골라 받을 수 있다. 조식 또한 리조트 내 어디라도 원하는 장소에서, 원하는 시간(오후에도 가능)에 요청해 즐길 수 있다.

해변과 마주 보고 있는 공용수영장은 이 숙소의 트레이드 마크. 인피니티 스타일로 바다 전망이 끝내주는 포인트다. 직원들의 서비스 또한 정중하면서 친절하다. 어린이들을 위한 시설은 부족한 편이라 연인들이나 허니무너들에게 추천한다.

주소 Võ Nguyên Giáp, Khuê Mỹ, Ngũ Hành Sơn, Đà Nẵng
위치 논느억 해변
요금 1베드룸 풀빌라 395$~, 2베드룸 풀빌라 880$~
전화 0236-396-7999
홈피 www.tiawellnessresort.com

전용해변	○	레스토랑 & 바	○
수영장	○	셔틀버스(유료)	○
키즈클럽	○	스파	○

교통 정보	다낭 공항에서 약 9km, 차량으로 약 15~20분 소요
객실	전 객실은 모두 풀빌라로, 1베드룸 80개, 2베드룸 4개, 3베드룸 2개로 구성되어 있다. 1베드룸은 담으로 둘러져 있어 전망은 없는 대신 프라이버시 보호가 된다. 2베드룸은 가든뷰이고 3베드룸은 오션뷰이다.
수영장	총 2개 (해변 & 스파) / **이용시간** 06:00~21:00 *스파 쪽에 있는 수영장은 만 16세 이상만 사용 가능
F & B	총 2개의 레스토랑과 1개의 바가 있다. 리셉션 옆에 자리한 다이닝 룸The Dining Room이 메인 레스토랑 겸 조식당. 해변 쪽에 가벼운 스낵과 간단한 식사를 할 수 있는 오션 비스트로The Ocean Bistro가 있다. 조식은 리조트 내 어디라도 원하는 장소에서, 원하는 시간에 즐길 수 있다. 식음료 가격은 합리적인 편이다.
액티비티	매일 태극권, 요가, 명상, 해변 산책 등의 액티비티를 운영한다.
숙소이용 Tip	· 투숙객에게 제공하는 스파는 1인당 총 80분으로, 하루 두 번에 나누어 받아도 되고, 한 번에 받아도 된다. 원하는 시간에 받으려면 투숙 전 예약을 해야 한다(**메일** wellness@tiawellnessresort.com). · 무료 스파는 체크인 후, 체크아웃 전까지만 가능하다(체크인 직전, 체크아웃 직후 이용 불가). · 객실 내 미니바는 무료. 건강 스낵과 디톡스를 위한 음료가 채워져 있다. · 호이안행 셔틀을 하루 4회 운행하고, 시간도 좋은 편이다.

5성급

프리미어 빌리지 다낭 리조트 Premier Village Danang Resort

고급 전원주택단지를 연상시키는 리조트로 인원이 많은 대가족에게 적합한 숙소다. 100개가 넘는 모든 객실은 2층 빌라로만 되어 있다. 각 빌라는 같은 구조로 4개의 룸과 각각의 욕실, 넓은 주방과 거실이 있다. 주방에서는 조리도 가능하다.

해변과 접한 공용수영장과 가족 여행자들을 위한 키즈풀, 키즈클럽 등의 시설도 충실하다. 숙소 바로 앞에는 식당이나 스파 등 인프라가 꽤 있는 편이고 다낭 시내와 롯데마트 등의 접근성도 좋다. 빌라 위치에 따라 가든뷰와 오션 억세스로 나누어지는데 금액 차이가 크게 나지 않는다면 오션억세스로 예약하는 것이 여러모로 만족도가 크다.

주소 99 Võ Nguyên Giáp, Ngũ Hành Sơn, Đà Nẵng
위치 미케 해변 초입
요금 3베드룸 가든뷰 빌라 440$~,
4베드룸 오션억세스 빌라 570$~
전화 0236-391-9999
홈피 www.accorhotels.com

전용해변	○	키즈클럽	○	셔틀버스(유료)	○
수영장	○	레스토랑 & 바	○	스파	○

교통 정보	다낭 공항에서 약 8km, 차량으로 약 15분 소요
객실	전 객실은 모두 4베드룸 풀빌라로, 예약 인원에 따라 룸을 개방해서 사용하게 된다. 예를 들면 성인 4명+어린이 2명은 2베드룸을 사용하는 식이다. 최대 성인 8명과 어린이 4명까지 숙박할 수 있다. 4번째 객실은 약간 반지하(?) 같은 곳에 자리하고 있으므로 만족도가 가장 높은 것은 객실 3개까지 사용할 때다.
수영장	총 2개 / **이용시간** 06:00~21:00
F & B	총 3개의 레스토랑이 있다. 해변 쪽에 자리한 레몬그라스Lemon Grass가 메인 레스토랑 겸 조식당. 메인 수영장과 연결된 노티카 비치 클럽Nautica Beach Club은 해변 전망을 보며 식사와 음료를 즐길 수 있는 곳이다.
액티비티	성인들을 위한 프로그램보다는 어린이들을 위한 프로그램이 많은 편이다. 키즈클럽에 다양한 체험 프로그램이 있으니 관심이 있다면 체크!
숙소이용 Tip	· 차량은 메인 게이트까지만 들어갈 수 있다. 메인 게이트에서는 숙소 버기 카를 타고 리셉션까지 이동하게 된다. · 리조트 부지가 넓어 버기 카나 자전거를 타고 다니는 것이 편리하다. · 호이안행 셔틀을 하루 4회 운행한다(유료).

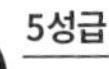

5성급

풀만 리조트 Pullman Danang Beach Resort

푸라마와 나란히 있는 리조트로 다낭 시내와 가까운 장점이 있다. 로비에서 보이는 수영장과 전경이 시원스럽고 전체적으로 세련된 디자인이 돋보인다. 숙소 앞 전용 해변의 컨디션도 상당히 좋은 편이다. 객실은 모던하면서도 깔끔해서 젊은 여성들에게 인기가 많지만, 크기는 다소 아담해서 아쉬움을 준다. 가족 여행자보다는 커플이나 동성 친구들의 여행에 적합하다. 숙소 바로 앞에는 여행자 편의시설들이 많이 들어서 있다.

주소 101 Võ Nguyên Giáp, Street, Ngũ Hành Sơn, Đà Nẵng
위치 논느억 해변 초입
요금 슈피리어 200$~, 디럭스 220$~, 주니어 스위트 358$~, 1베드룸 코티지 404$~
전화 0236-395-8888
홈피 www.accorhotels.com

전용해변	○	레스토랑 & 바	○
수영장	○	셔틀버스(유료)	○
키즈클럽	○	스파	○

5성급

푸라마 리조트 Furama Resort

1999년에 오픈한 다낭 최초의 5성급 리조트로 연륜이 느껴지는 숙소다. 옛 프랑스 식민지풍의 클래식한 멋은 로비와 부대시설, 객실까지 이어진다. 총 200여 개의 객실은 모두 6가지 타입으로 나누어지고 여행자들이 가장 많이 이용하는 객실은 슈피리어와 디럭스룸이다. 두 개의 룸타입은 전망에 따라 가든(도로 방면), 라군, 오션으로 나누어진다. 커넥팅 되는 객실이 많아 가족 여행자들의 비율이 높다. 오래된 만큼 직원들의 서비스는 굉장히 안정적이다.

주소 105 Võ Nguyên Giáp, Khuê Mỹ, Ngũ Hành Sơn, Đà Nẵng
위치 논느억 해변 초입
요금 라군 슈피리어 286$~, 오션 디럭스 332$~
전화 0236-384-7333
홈피 www.furamavietnam.com

전용해변	○	레스토랑 & 바	○
수영장	○	셔틀버스	○
키즈클럽	○	스파	○

5성급

나만 리트리트 리조트 Naman Retreat Resort

베트남 엠파이어Empire 그룹에서 운영하는 5성급 리조트. 대나무를 이용한 유니크한 디자인의 헤이헤이Hay Hay 레스토랑과 스파 동은 각종 화보에도 종종 등장할 정도로 인기다. 총 100여 개의 객실은 일반 객실인 바빌론룸(빌딩형)과 풀빌라, 아파트먼트로 나누어져 있다. 화이트&우드톤에 미니멀한 디자인으로 여성들에게 인기가 많다.

수영장은 총 2개로 해변 쪽과 바빌론룸 쪽에 각각 위치한다. 전체적으로 고즈넉한 분위기다.

주소 Trường Sa, Ngũ Hành Sơn, Đà Nẵng
위치 논느억 남쪽 해변, BRG다낭 골프 클럽 건너편
요금 바빌론(빌딩형) 250$~, 1베드룸 풀빌라 350$~, 2베드룸 풀빌라 600$~, 3베드룸 비치 프런트 풀빌라 1,300$~
전화 0236-396-6988
홈피 www.namanretreat.com

전용해변	○	키즈클럽	○	셔틀버스(유료)	○
수영장	○	레스토랑 & 바	○	스파	○

4성급

멜리아 다낭 비치 리조트 Melia Danang Beach Resort

2015년에 오픈한 4성급 리조트로 가성비가 좋은 곳이다. 충분한 부지 위에 펼쳐진 정원과 해변을 바라보고 자리한 2개의 메인 수영장은 5성급 숙소 부럽지 않다. 객실은 입구 쪽의 빌딩과 해변 쪽의 더 레벨(빌라동), 두 가지 형태로 나누어져 있다. 화려한 부대시설들에 비해 객실은 조금 촌스럽게 느껴진다. 멜리아의 시그니처라 할 수 있는 레벨룸은 객실 크기도 여유롭고 분위기나 어메니티도 한 수 위에 있다. 레벨룸 고객들은 별도의 수영장을 이용할 수 있고, 라운지, 사우나 이용 등의 베네핏이 주어진다.

주소 19 Trường Sa, Hoà Hải, Ngũ Hành Sơn, Đà Nẵng
위치 논느억 해변
요금 게스트룸 100$~, 디럭스룸 130$~, 더 레벨룸 180$~
전화 0236-392-9888
홈피 www.melia.com

전용해변	○	레스토랑 & 바	○
수영장	○	셔틀버스(유료)	○
키즈클럽	○	스파	○

5성급

쉐라톤 그랜드 다낭 리조트 Sheraton Grand Da Nang Resort

총 길이 250m의 길디긴 수영장은 이 숙소의 아이콘이다. 로비를 지나 시작하는 수영장은 해변까지 이어지고 해변과 닿은 공간은 반달처럼 펼쳐져 인피니티 풀의 역할을 한다. 이 수영장을 따라 객실들이 들어서 있고 수영장과 바다가 보이는 정도에 따라 베이뷰, 풀뷰, 시뷰 등으로 나누어진다. 객실이 상당히 크고 럭셔리하게 꾸며져 있고 모든 객실에는 테라스가 있다. '미니 워터파크'라고 부르는 키즈풀이 따로 있어 가족 여행자들에게는 희소식. 2018년에 오픈해서 비교적 새 숙소의 컨디션을 유지하고 있다.

주소 35 Trường Sa, Street, Ngũ Hành Sơn, Đà Nẵng
위치 논느억 남쪽 해변, BRG다낭 골프 클럽 건너편
요금 디럭스 베이뷰 180$~, 디럭스 풀뷰 200$~, 디럭스 시뷰 220$~
전화 0236-398-8999
홈피 www.marriott.com

전용해변	○	레스토랑 & 바	○
수영장	○	셔틀버스(유료)	○
키즈클럽	○	스파	○

5성급

디 오션 빌라스 The Ocean Villas

1베드~5베드 풀빌라로 이루어진 리조트로 대가족이 함께 이용하기에 알맞은 곳이다. 분양을 위해 지어진 빌라 중 일부를 호텔로 판매하는 형식이다. 지어진 지 얼마 되지 않아 전체적으로 깔끔한 편이며 특히 1층의 거실과 주방 등 공용 공간이 넓다. 서프보드, 카누를 대여할 수 있는 비치클럽이 있다. 주방 시설이나 세탁기, 다리미 등이 있어 집처럼 이용하기 좋은 대신에 레스토랑이나 메인 풀, 스파 등 공용시설은 부실한 편이다.

주소 Đường Trường Sa, Phường Hòa Hải, Quận Ngũ Hành Sơn, Đà Nẵng
위치 논느억 남쪽 해변, BRG다낭 골프 클럽 건너편
요금 1베드룸 풀빌라 250$~, 3베드룸 풀빌라 450$~
전화 0236-396-7094
홈피 www.theoceanvillas.com.vn

전용해변	○	키즈클럽	×	셔틀버스	×
수영장	○	레스토랑 & 바	○	스파	○

4성급

포포인츠 바이 쉐라톤 다낭 Four Points By Sheraton Danang

합리적인 가격대로 만나볼 수 있는 쉐라톤 계열의 4.5성급 숙소. 한국인 패키지여행 팀이 많이 이용하는 숙소이기도 하다. 체인 호텔답게 서비스가 안정적이고 금액대비 고급스러운 시설로 인기를 끌고 있다. 스위트룸을 제외한 모든 객실의 크기는 같고 욕조 유무에 따라 슈피리어와 디럭스로 나뉜다. 특이하게 트윈베드 객실은 전부 베이뷰나 시티뷰라서 오션뷰 쪽 객실은 더블베드만 가능하다. 26층 이상의 고층 객실은 파노라믹으로 분류하지만 역시 객실 크기나 구성은 같다. 수영장은 35층 옥상에 자리하고 있고, 아담하지만 키즈풀도 있다.

주소 120 Võ Nguyên Giáp, Street, Sơn Trà, Đà Nẵng
위치 팜반동 해변 맞은편
요금 슈피리어 90$~, 디럭스 100$~,
전화 0236-399-7979
홈피 www.marriott.com

시설	유무	시설	유무
전용해변	X	레스토랑 & 바	○
수영장	○	셔틀버스	X
키즈클럽	○	스파	○

4성급

알라카르트 호텔 A La Carte Hotel

해변과 가까운 대표적인 가성비 숙소. 모든 객실은 레지던스 형으로 간단한 주방 시설이 되어있다. 침실과 거실, 주방이 하나로 이어진 라이트 스튜디오The Light Studio가 가장 일반적인 객실이고, 공간 구분이 되어있고 좀 더 넓은 객실은 딜라이트Delight다. 취사를 위한 조리도구는 별도의 비용을 내고 빌려야 한다. 건물 옥상에 자리한 인피니티 풀과 루프톱 바의 전망이 압권이다. 해변은 길 하나만 건너면 되고 근처에 한인 업체들이 많이 몰려 있다.

주소 200 Võ Nguyên Giáp, Phước Mỹ, Sơn Trà, Đà Nẵng
위치 팜반동 해변 맞은편
요금 라이트 스튜디오 60$~, 딜라이트 80$~, 딜라이트 플러스(2베드룸) 90$~
전화 0236-395-9555
홈피 www.alacartedanangbeach.com

시설	유무	시설	유무	시설	유무
전용해변	X	키즈클럽	X	셔틀버스(유료)	○
수영장	○	레스토랑 & 바	○	스파	○

다낭 시내

4성급

뉴 오리엔트 호텔 다낭 New Orient Hotel Da Nang

다낭 시내 북단에 자리한 4성급 숙소. 갤러리처럼 꾸며진 리셉션, 비교적 고급 사양의 객실, 충분한 부대시설 등 일단 하드웨어가 합격점이다. 이 숙소는 실제로 묵어보면 그 진가가 더 나오는데 고객의 편의를 고려한 디테일들이 있기 때문이다. 총 100여 개 정도의 객실은 크게 슈피리어, 디럭스, 프리미어 디럭스로 나누어진다. 슈피리어 객실은 저층에, 뷰가 없거나 테라스 유무가 랜덤이므로 디럭스 이상의 객실을 선택하는 것이 좋다. 수영장은 밤 10시까지 야간 수영이 가능하고 숙소 주변으로 맛집들도 많이 포진해 있다.

주소 20 Đống Đa, Thuận Phước, Hải Châu, Đà Nẵng
위치 다낭 시내 북쪽, 한 시장에서 약 2km
요금 디럭스 70$~, 프리미어 디럭스 80$~
전화 0236-382-8828
홈피 www.neworienthoteldanang.com

전용해변	╳	키즈클럽	○	셔틀버스	╳
수영장	○	레스토랑 & 바	○	스파	○

4성급

브릴리언트 호텔 Brilliant Hotel

오랜 시간 다낭 시내의 랜드 마크 역할을 하고 숙소. 한 시장과 다낭 대성당, 참 박물관, 용교 등이 모두 도보로 5~10분 거리에 있다. 약간 노후화된 느낌은 있지만, 여전히 가격 대비 무난한 객실을 갖고 있다. 가장 추천하고 싶은 객실은 디럭스 리버뷰이고, 주니어 스위트를 선택할 경우 강 전망을 통으로 감상할 수 있다. 조식당에서도 강을 조망할 수 있으며 조식도 꽤 잘 나오는 편이다. 아담하지만 실내 수영장, 스파와 Gym이 있고 옥상의 루프톱 바도 운영한다. 루프톱 바 이용 시, 투숙객에게는 할인 혜택이 있다.

주소 162 Bạch Đằng, Hải Châu, Đà Nẵng
위치 한강교와 용교 중간, 박당 거리
요금 디럭스 리버뷰 60$~, 주니어스위트 70$~
전화 0236-322-2999
홈피 www.brilliantthotel.vn

전용해변	╳	레스토랑 & 바	○
수영장	○	셔틀버스	╳
키즈클럽	╳	스파	○

4성급

하이안 리버프론트 호텔 HAIAN Riverfront Hotel Da Nang

2020년 박당 거리에 새로 오픈한 중급 숙소. 다낭 시내에서 가장 번화하다고 할 수 있는 한강교와 용교 중간에 자리하고 있어 지리적인 장점이 크다. 직원들의 일 처리도 군더더기 없이 깔끔하다. 1층의 카페 분위기도 좋고 옥상의 루프톱 바는 현지 젊은이들의 핫플로 자리매김하고 있다. 하지만 객실의 욕실이 너무 협소하고, 테라스 공간이라고 해도 사람 하나 겨우 서 있을 정도밖에 되지 않는다. 새벽까지 들려오는 인근 술집의 커다란 음악 소리도 이 숙소가 풀어야 할 숙제 중 하나이다.

주소 182 Bạch Đằng, Hải Châu, Đà Nẵng
위치 한강교와 용교 중간, 박당 거리
요금 슈피리어 50$~, 디럭스 리버뷰 발코니 60$~
전화 0236-357-3888
홈피 www.haianriverfronthotel.com

전용해변	×	레스토랑 & 바	○
수영장	○	셔틀버스	×
키즈클럽	×	스파	○

3성급

사트야 다낭 호텔 Satya Da Nang Hotel

수영장과 뷰에 대한 욕심 없이 저렴한 가격에, 위치 좋고 깨끗한 객실만 있으면 되는 여행자를 위한 숙소이다. 다낭 대성당과 마주보고 있고, 위치가 좋아 다낭 시내 어디라도 쉽게 갈 수 있다. 객실 내부는 군더더기 없이 단순한데 욕실 문이 없는 오픈 구조로 되어 있어 불편함을 느낄 수도 있다. 객실마다 큰 테라스가 있고, 쉴 수 있는 의자와 테이블도 마련되어 있다. 수영장이 있긴 하지만 식당과 바로 연결되어 있고 크기가 너무 작아 이용하는 사람은 거의 없다. 객실에서는 약간의 층간 소음이 있는 편이다.

주소 155 Đ. Trần Phú, Hải Châu 1, Hải Châu, Đà Nẵng
위치 다낭 시내, 다낭 대성당 정문 건너편
요금 디럭스 40$~, 스위트 70$~
전화 0236-358-8999
홈피 www.satyadanang.com

전용해변	×	레스토랑 & 바	○
수영장	○	셔틀버스	×
키즈클럽	×	스파	×

5성급

노보텔 다낭 프리미어 한 리버 Novotel Danang Premier Han River

화려한 다낭 한강의 야경을 조망하기 좋은 곳에 위치한 5성급 호텔로, 세계적인 호텔 체인답게 객실이나 부대시설의 관리는 믿을 만한 수준이다. 다낭 시내의 맛집이나 볼거리가 인근에 있어서 편리하며, 스카이 36 바도 이곳에 있어 밤늦게까지 화려한 다낭의 밤을 즐기고 싶다면 적당하다. 슈피리어나 디럭스 등 모든 룸이 전체적으로 좁은 편이다.

주소 36 Bạch Đằng, Hải Châu 1, Đà Nẵng
위치 한강교 북쪽, 박당 거리
요금 슈피리어 150$~, 이그제큐티브 233$~, 스위트 285$~, 코너 스위트 319$~
전화 0236-392-9999
홈피 www.accorhotels.com

전용해변	✕	레스토랑 & 바	○
수영장	○	셔틀버스	✕
키즈클럽	○	스파	○

3성급

사누바 호텔 Sanouva Hotel

콜로니얼 스타일의 부티크 숙소. 리셉션과 루프톱 수영장은 뉴트로 스타일로 꾸며져 있어 자꾸만 셔터로 손이 가게 만든다. 직원들의 진심 어린 응대도 큰 장점이다. 객실과 욕실은 동급 대비 숙소들에 비해 널찍하지만, 세월의 흔적을 조금은 느낄 수 있고 수압이 약한 것이 결정적인 흠이다. 조식이 가짓수는 적으나 깔끔하고 정갈하게 나온다. 한 시장과 꼰 시장 중간 정도에 자리 잡고 있고 숙소 주변으로 현지인 맛집들도 산재해 있다.

주소 68 Phan Châu Trinh, Hải Châu 1, Đà Nẵng
위치 다낭 시내에서 서쪽 방면으로 약 500m
요금 디럭스 35$~, 시그니처 스위트 60$~
전화 0236-382-3468
홈피 www.sanouvadanang.com

전용해변	✕	레스토랑 & 바	○
수영장	○	셔틀버스	✕
키즈클럽	✕	스파	○

4성급

반다 호텔 Vanda Hotel

용교 바로 앞에 위치한 신축 호텔로, 특히 용교의 조명이 켜지는 야간의 전망이 좋다. 다낭 시내의 볼거리나 맛집, 혹은 공항에서 가까운 편리한 위치에 있다. 외관이나 리셉션에서부터 객실까지 전체적으로 깔끔한 완성도 있는 호텔로, 객실의 전면 유리로 인해 채광도 좋지만 전 객실에 테라스가 없고 창문도 열리지 않아서 답답할 수 있다.

주소 3 Nguyễn Văn Linh, Hải Châu, Đà Nẵng
위치 용교 서쪽, 참 박물관 인근
요금 슈피리어 35$~, 디럭스 시티뷰 40$~, 디럭스 리버뷰 50$~
전화 0236-352-5969
홈피 www.vandahotel.vn

전용해변	○	레스토랑 & 바	○
수영장	×	셔틀버스	×
키즈클럽	×	스파	○

4성급

민토안 갤럭시 호텔 Minh Toàn Galaxy Hotel

강변에 위치한 대형 호텔로, 2015년에 신축 오픈한 만큼 깨끗하면서도 널찍한 공용 공간 덕분에 전체적으로 여유로운 분위기다. 웅장한 로비에 비해 객실의 가구나 바닥 재질 등은 아쉽지만, 가격 대비 훌륭한 편이다. 슈피리어룸은 디럭스룸과 동일한 크기와 어메니티를 갖추고 있지만 작은 창이 호텔 내부로 나 있어 채광은 좋지 않은 편이다.

주소 306 2 Tháng 9, Hải Châu, Đà Nẵng
위치 쩐티리교 서단에서 남쪽(롯데마트 방면)으로 700m
요금 슈피리어 50$~, 디럭스 55$~, 스위트 75$~
전화 0236-366-2288
홈피 www.minhtoangalaxyhotel.vn

전용해변	×	레스토랑 & 바	○
수영장	○	셔틀버스	×
키즈클럽	×	스파	○

4성급

하다나 부티크 호텔 Hadana Boutique Hotel

2013년에 오픈한 중저가 호텔로, 화려하진 않지만 전체적으로 깔끔하고 단정한 인테리어 덕분에 쾌적하게 묵기 좋다. 다낭 시내와 해변 중간 지점에 위치해 있어서 어느 쪽으로도 접근이 쉬우며 특히 맞은편에 한국인이 운영하는 K마트가 있고 빈컴 플라자와도 가깝다. 슈피리어룸은 공간이 작은 편이며 모든 룸에 발코니가 없는 점이 아쉽다.

주소 Phạm Văn Đồng, An Hải Bắc, Sơn Trà, Đà Nẵng
위치 한강교 동쪽, 팜반동 거리
요금 슈피리어 30$~, 디럭스 33$~, 스위트 40$~
전화 0236-392-3666
홈피 www.hadanaboutiquedanang.com

전용해변	×	레스토랑 & 바	○
수영장	○	셔틀버스	×
키즈클럽	×	스파	×

3성급

아보라 호텔 Avora Hotel

브릴리언트 호텔 바로 옆에 자리한 3성급 숙소. 한강과 바로 마주 보고 있고 다낭 시내 한복판에 있어 지리적인 장점이 뛰어난 곳이다. 비싼 상위 객실을 제외하고 나머지 객실들은 딱 필요한 크기와 구성이라고 생각하면 된다. 가장 저렴한 슈피리어 객실은 뷰가 없어 매우 답답하게 느껴지기도 한다. 수영장 등의 부대시설은 없다. 공항과 가까워서 늦은 저녁 다낭에 도착하거나, 밤늦은 비행 출발 전에 몇 시간 쉬기 위한 용도로 제격이다.

주소 170 Bạch Đằng, Đà Nẵng
위치 한강변 꽁 카페 남쪽 300m
요금 슈피리어 35$~, 그랜드 스위트 45$~, 리버 스위트 75$~
전화 0236-397-7777
홈피 www.avorahotel.vn

전용해변	×	레스토랑 & 바	○
수영장	×	셔틀버스	×
키즈클럽	×	스파	×

호이안
Hoi An

호이안은 타임머신이다. 호이안에 발을 들여놓는 순간, 우리를 몇백 년 전 속으로 데려다 놓는다. 호이안은 투본강 하구에 있는 작은 마을이지만 15세기부터 19세기 초까지 동서양의 여러 나라 상인들과 상선이 드나들던 국제 무역항이었다. 그 시절 마을을 형성하며 살아가던 모습이 지금도 고스란히 간직되어 있다. 동양적인 색채가 짙은 고풍스러운 모습은 마치 동화 속 세상 같기도 하고, 영화 세트장처럼 느껴지기도 한다. 그런 가치를 인정받아 1999년 유네스코 세계문화유산에 등재되었다. 호이안을 한자로 표기하면 평화롭게 모이는 곳이라는 뜻을 가진 회안(會安)이고 다낭에서 남쪽으로 약 30km, 차로 30분 거리에 있다.

호이안에서 꼭 해야 할 일!

1. 수백 년 전 모습이 그대로 남아 있는 올드타운 산책하기
2. 여유로움이 묻어나는 안방 해변으로 소풍가기
3. 살 것 없어도 흥겨운 야시장 둘러보기
4. 소원배 타고 야경 감상하기
5. 농촌풍경과 함께하는 에코투어 경험하기

호이안의 기본 정보

행정구역 꽝남Quảng Nam 성
호이안시Thành Phố Hội An
면적 약 60㎢
인구 약 121,716명(2023년 기준)
지역 전화번호 0235
지역 차량번호 92로 시작

★ History

호이안은 베트남 중부에서 역사가 가장 오래된 항구 도시다. '람압포Lâm Ấp Phố'라는 이름으로 1세기경부터 무역항으로 발전하기 시작해 7~10세기 때는 향료를 싣고 중국에서 인도로 가는 모든 배가 정박하여 물자를 보충하는 중요한 항구로 성장하였다. 국제 무역 중심지로 가장 번성했던 시기는 16세기~17세기이다. '바다의 실크로드'라고 불릴 만큼 중국, 일본, 인도는 물론 포르투갈, 네덜란드 상인까지 이곳으로 모여들었다. 그들이 정착하면서 생겨난 마을은 지금의 호이안을 만들었고, 중국의 어느 마을을 연상케 하는 올드타운도 이때 형성된 것이다. 이 시기에 유럽인들은 호이안을 '파이포Faifo'라 불렀고, 이는 '바닷가 마을'을 뜻하는 하이포Hải phố에서 유래했다.
19세기 들어 투본강 하류에 퇴적물이 쌓여 배를 정박하기 힘들어지고, 응우옌 왕조가 다낭 항을 프랑스에 할양하면서 국제 무역의 중심지가 다낭으로 옮겨 갔다. 다낭 항이 성장하면서 국제무역항으로서의 명성은 잃었지만, 주목받지 못했던 덕분에 많은 전쟁의 포화 속에서도 예전의 모습을 간직할 수 있었다. 1999년 호이안 올드타운이 유네스코 세계문화유산에 등재되면서 베트남 대표 관광지로 발돋움했다.

★ 지형

베트남 중남부에 속하는 호이안은 다낭과 비슷하게 강과 산, 바다가 함께 있다. 안남 산맥(쯔엉썬 산맥)과는 조금 떨어져 있어 평야가 발달했고 동쪽은 남중국해와 맞닿아 있다. 길이가 200km가 넘는 투본강Sông Thu Bồn이 흐르고 있어 농업과 어업의 기반이 되어 주고 있다. 투본강의 하류에는 크고 작은 섬들이 있어 독특한 풍경을 만들어 낸다. 호이안에서 약 20km 떨어진 곳에 자리한 짬 섬Cù lao Chàm은 스노클링이나 수영을 할 수 있는 산호섬이다.

★ 날씨와 여행 시기

날씨의 패턴은 다낭과 비슷하다. 열대 몬순기후에 속하고 한국의 사계절 같진 않지만 나름의 계절을 느낄 수 있을 정도다.
강우량으로 본다면 호이안의 건기는 2월~7월, 우기는 8월~이듬해 1월까지다. 그중 9월~12월은 1년 치 강우량의 70~80%가 몰려 있는 기간이다.

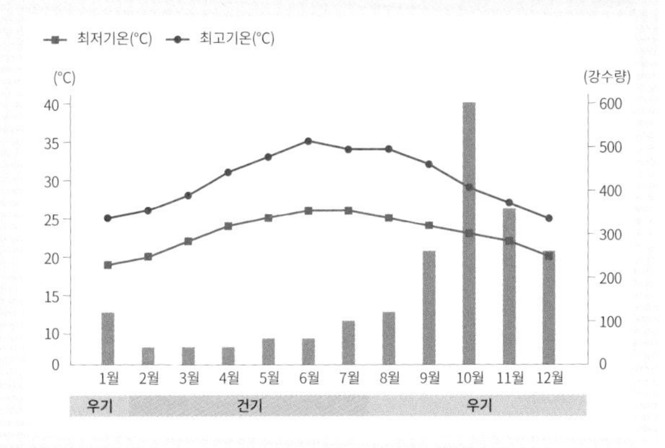

본격적인 우기철인 10월~12월은 호이안을 여행하기에 가장 안 좋은 시기이다. 일단 비가 많이 온다. 호이안 배수 시설은 매우 열악해서 비가 오면 침수가 잦고 도로도 자주 범람한다. 숙소에서 오도 가도 못하는 상황이 생길 수도 있다. 이 시기에 여행을 한다면, 호이안에 숙소를 잡기보다는 다낭 쪽에 숙소를 잡고 호이안은 잠시 둘러보는 정도로 일정을 잡는 것이 좋다. 바람막이나 긴팔 점퍼, 우비 등을 준비하는 것은 필수.
1월~2월은 강수량은 적어지지만 기온이 서늘하여 외부로 많이 돌아다니는 일정에 적합하다. 올드타운을 걸으면서 탐방하고 싶은 여행자, 미썬 유적지 관광을 계획하고 있는 여행자들에게 좋은 시기이다. 역시 긴팔 옷은 꼭 준비하도록 하자.
가장 추천하고 싶은 시기는 3월~4월이다. 강수량도 적고 낮에 수영을 해도 괜찮을 정도로 기온이 올라가지만 무덥지는 않다. 5월~8월에 비해 상대적으로 숙소 비용 부담도 적고, 베트남 현지인들의 휴가철도 피할 수 있는 시기이다. 이 시기에 방문한다면, 호이안에 숙소 잡는 것을 적극적으로 고려해 봐도 좋다.

호이안 드나들기

호이안은 작은 도시라 공항은 없고 다낭 공항을 이용해야 한다. 다낭 공항에서 차량으로 40~50분 정도 소요되고 택시 요금은 약 40만 동 정도 예상하면 된다. 호이안익스프레스 트래블 등의 여행사 셔틀버스를 이용할 수도 있다. 다낭 공항-호이안 간 셔틀버스는 하루 7회 운행하고 비용은 US $6이다. 짐에 대한 규정이 있다(자세한 사항은 p.89 참고).

★ 택시와 그랩

다낭에서 호이안까지 미터 택시나 그랩Grab 애플리케이션 차량을 이용하면 편하다. 편도 비용은 약 35만~40만 동 정도 예상하면 되고, 보통은 미터로 가지 않고 미리 협상해서 움직인다(자세한 사항은 p.87 참고).

★ 여행사 오픈 버스

나트랑, 호찌민 등의 남쪽 도시를 여행사 오픈 버스로 이동할 수 있다. 가장 대표적인 곳은 신투어리스트로 홈페이지(www.thesinhtourist.vn)나 사무실에서 티켓을 구입할 수 있다.

신투어리스트 호이안 사무소

주소 646 Đ. Hai Bà Trưng, Phường Minh An
운영 08:00~17:00
전화 0235-386-3948

★ 시외버스 (사설 버스)

다낭과 호이안을 오가는 시외버스가 있다. 호이안 올드타운 외곽에 자리한 '호이안 버스터미널Bến xe Hội An Nguyễn Tất Thành'에서 노란색 1번 버스를 타면 된다. 공식적인 요금은 1만 8천 동이지만 외국인에게는 바가지가 심하다. 큰 짐이 있으면 짐에 대한 비용도 따로 받는다. 30분 간격으로 05:45~17:00까지 운행한다(자세한 사항은 p.89 참고).

호이안 버스터미널

호이안 버스터미널

위치 내원교에서 북쪽으로 약 3km, 레홍퐁Lê Hồng Phong 거리
주소 Nguyễn Tất Thành, Phường Cẩm Phổ, Tp. Hội An

★ 리조트 셔틀버스

다낭 리조트들의 자체 셔틀버스를 이용해도 좋다. 숙소에 따라 왕복 여부와 스케줄, 요금 등이 상이할 수 있으므로 관심이 있다면 미리 체크하고 예약을 해두어야 한다. 규정상 큰 짐은 갖고 탈 수 없는 곳도 있으므로 짐을 들고 숙소를 옮기는 용도로는 이용할 수 없다.

시내에서 이동하기

★ 도보

호이안에서 걷는 것은 중요하다. 호이안의 핵심이라 할 수 있는 올드타운은 차량 출입이 매우 제한적이라 걷는 것이 가장 좋고, 시내 자체가 그리 크지 않아서 걸어서 충분히 둘러볼 수 있다. 거리 모습이 비슷하게 생겨 헷갈릴 것 같지만 도로가 단순해서 길을 헤맬 염려는 없다.

올드타운 차량 진입 제한 시간

09:00~11:00, 16:00~22:00 사이에는 택시 등의 차량과 오토바이는 올드타운 내에 진입할 수 없다. 이 시간에는 자전거와 시클로 통행만 가능한 보행자 전용 거리Walking & Cycling Town가 된다.

★ 자전거

호이안 대부분의 숙소에서 자전거를 대여해 주고 있다. 호이안 올드타운 내에서도 탈 수 있다. 하지만 사람들로 복잡한 올드타운에서는 자전거가 자칫 애물단지가 될 수 있어서 걷는 것을 더 추천한다. 호이안 외곽 등을 돌아볼 때 더 유용하다.

★ 택시와 그랩

호이안에서도 택시와 그랩 차량 이용은 쉽다. 다만 올드타운은 차량 진입이 안 되므로 올드타운에서 약간 걸어 나와 이용해야 한다. 택시를 쉽게 탈 수 있는 장소는 호이안 히스토릭 호텔 인근(쩐흥다오 거리)과 올드타운 서쪽 입구 근처다. 올드타운에서 안방 해변까지는 미터 요금으로 9만~10만 동 정도 예상하면 된다.

information

호이안 개념 잡기

호이안은 크게 올드타운이 있는 시내와 해변으로 나눌 수 있다. 여행자를 위한 편의 시설은 올드타운을 중심으로 구축되어 있고 해변 쪽에는 드문드문 리조트와 몇 개의 식당이 있을 뿐이다. 시내에서 해변으로 가는 길목은 전형적인 농촌 마을로 호이안의 많은 에코투어가 이곳에서 이루어진다.

① 올드타운 Hoi An Ancient Town

호이안의 구시가지. 호이안의 핵심 지역이라 할 수 있다. 올드타운 중 중심이 되는 거리는 박당Bạch Đằng 거리, 응우옌타이혹Nguyễn Thái Học 거리, 쩐푸Trần Phú 거리다. 각 거리는 걸어서 15분도 안 되는 거리이지만, 세 거리를 모두 둘러보면서 사진을 찍고, 중간에 고가나 회관을 보고 예쁜 카페도 들른다면 최소한 3시간은 할애하는 것이 좋다.

② 안호이 An Hoi

투본강을 사이에 두고 올드타운 건너편에 자리한 지역이다. 다리Cầu An Hội로 연결되어 있어 걸어갈 수 있다. 이곳에서 바라보는 올드타운의 야경이 아름답다. 저녁 시간에는 야시장이 열려 가장 붐비는 지역이기도 하다.

③ 미썬 유적지 Mỹ Sơn

고대 참파왕국의 유적지다. 호이안 올드타운과 함께 1999년 유네스코 세계문화유산에 이름을 올렸다. 호이안에서 차로 1시간 정도 떨어져 있고 대부분의 여행객들은 일일투어로 다녀온다.

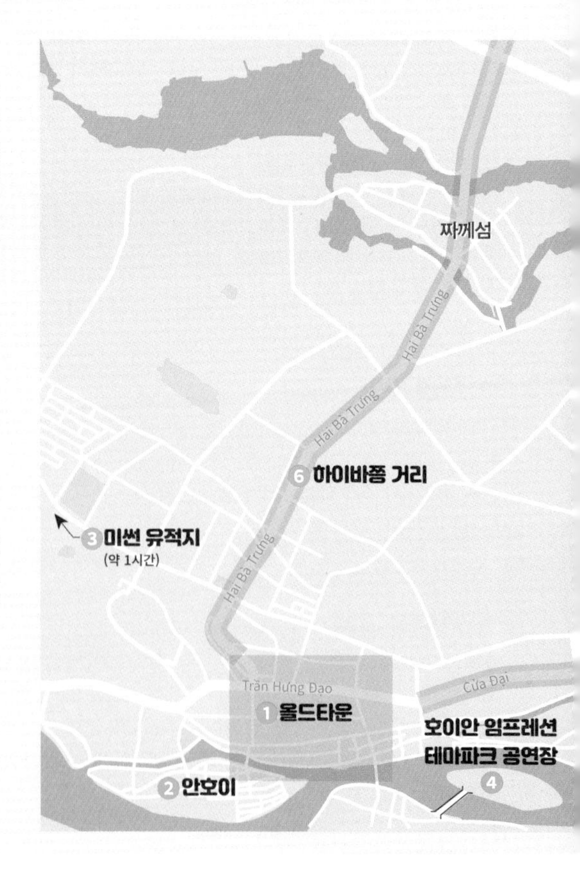

④ 호이안 임프레션 테마파크 공연장 Đảo Ký ức Hội An

투본강 하류의 섬 하나를 거대한 테마파크로 꾸며 놓은 곳이다. 내부에는 공연장과 호텔, 식당 등이 자리하고 있고 수준 높은 공연을 볼 수 있는 호이안 메모리즈 쇼Hoian Memories Show가 이곳에서 열린다. 호이안 올드타운에서 차로 약 10분 거리에 있다.

⑤ 안방 해변 Bãi Biển An Bàng

호이안의 대표 해변으로 호이안 올드타운에서 차로 15분 거리에 있다. 해변의 길이는 약 2km 정도로 해안선을 따라 레스토랑들과 숙소들이 자리하고 있다. 날씨가 좋은 건기 시즌에는 패러세일링, 제트스키 등의 해양스포츠도 즐길 수 있다.

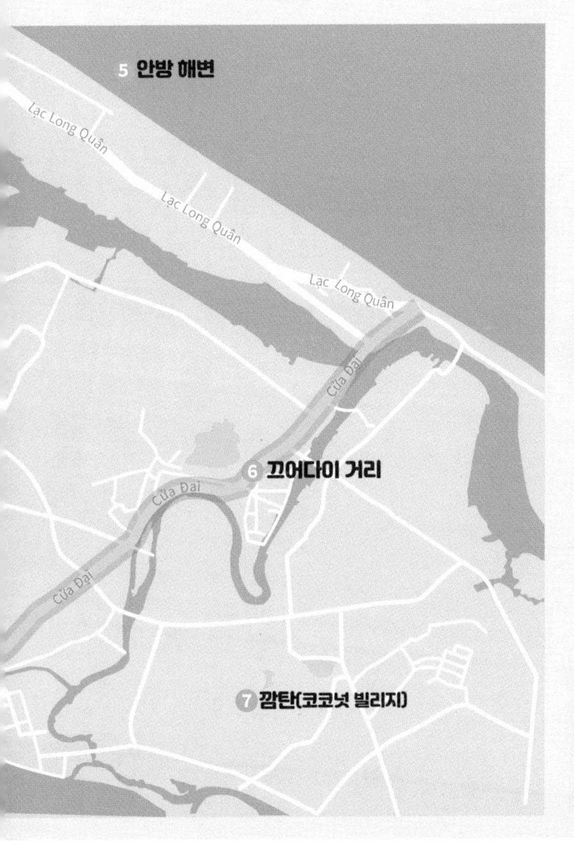

⑥ 하이바쯩Hai Bà Trưng 거리와 끄어다이Cửa Đại 거리

올드타운과 해변 지역을 연결하는 두 개의 도로다. 하이바쯩 거리는 안방 해변으로 이어지고 끄어다이 거리는 끄어다이 해변을 연결한다. 전형적인 농촌 풍경을 감상할 수 있고 저렴한 숙소들이 몰려 있어 배낭여행자들이 선호한다.

⑦ 깜탄 (코코넛 빌리지) Cẩm Thanh

투본강 하류에 자리한 지역으로 무성한 코코넛 숲이 있다. 베트남 특유의 둥근 바구니 배를 타고 코코넛 숲 사이의 수로를 한 바퀴 돌아보는, 일명 '바구니 배 투어'를 이곳에서 하게 된다.

호이안 주변

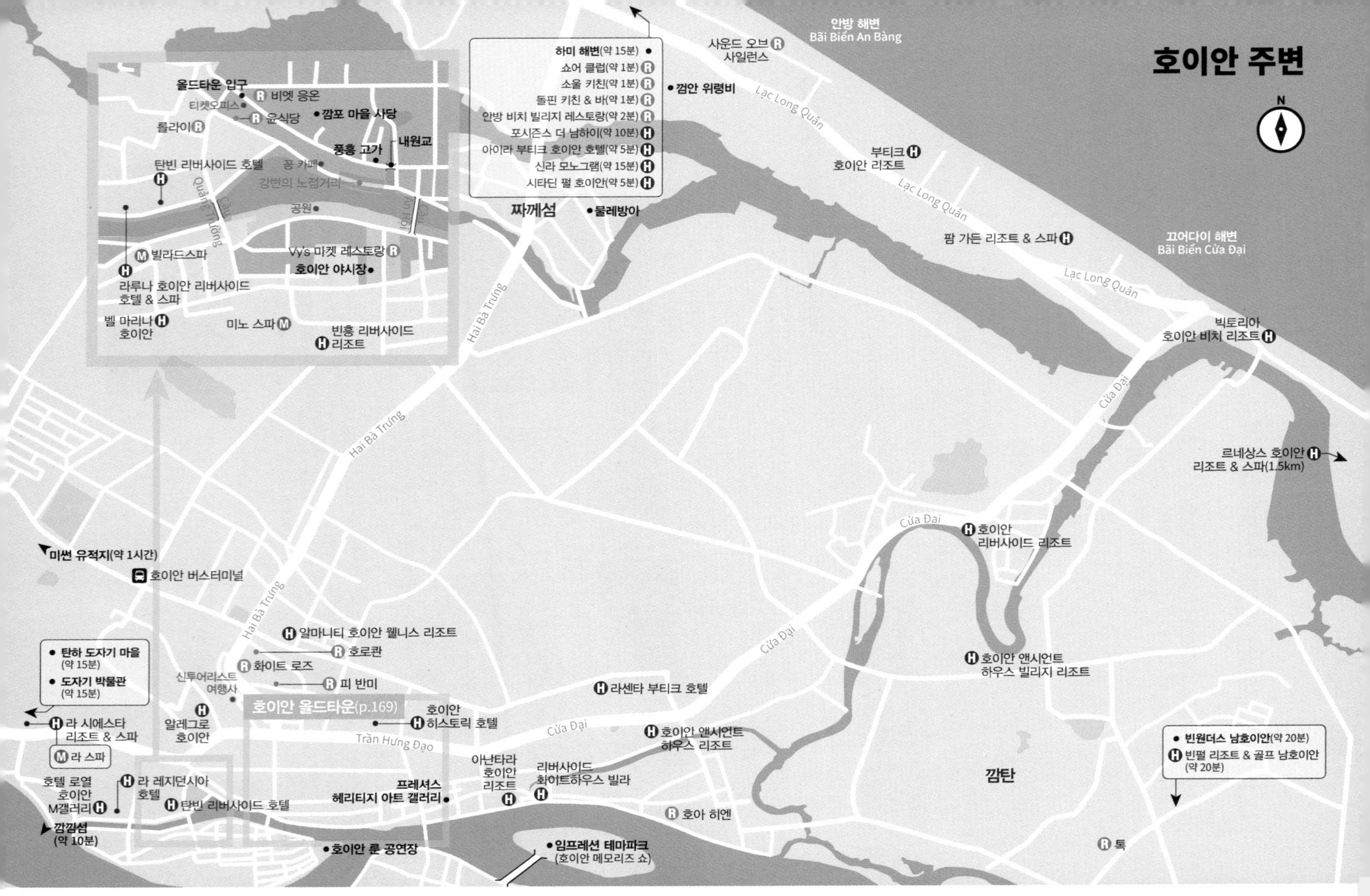

N
안방 해변
Bãi Biển An Bàng
사운드 오브 사일런스
껌안 위령비
Lạc Long Quân
부티크 호이안 리조트
팜 가든 리조트 & 스파
끄어다이 해변
Bãi Biển Cửa Đại
빅토리아 호이안 비치 리조트
르네상스 호이안 리조트 & 스파(1.5km)
하미 해변(약 15분)
쇼어 클럽(약 1분)
소울 키친(약 1분)
돌핀 키친 & 바(약 1분)
안방 비치 빌리지 레스토랑(약 2분)
포시즌스 더 남하이(약 10분)
아이라 부티크 호이안 호텔(약 5분)
신라 모노그램(약 15분)
시타딘 펄 호이안(약 5분)
짜께섬
물레방아
올드타운 입구
비엣 응온
티켓오피스
윤식당
깜포 마을 사당
룰라이
풍흥 고가
내원교
탄빈 리버사이드 호텔
콩 카페
강변의 노점거리
Cầu Quảng Trường
Cầu An Hội
공원
빌라드스파
Vy's 마켓 레스토랑
호이안 야시장
라루나 호이안 리버사이드 호텔 & 스파
벨 마리나 호이안
미노 스파
빈흥 리버사이드 리조트
Hai Bà Trưng
Cửa Đại
호이안 리버사이드 리조트
미썬 유적지(약 1시간)
호이안 버스터미널
알마니티 호이안 웰니스 리조트
호로관
화이트 로즈
피 반미
신투어리스트 여행사
호이안 앤시언트 하우스 빌리지 리조트
라센타 부티크 호텔
탄하 도자기 마을 (약 15분)
도자기 박물관 (약 15분)
호이안 올드타운(p.169)
호이안 히스토릭 호텔
라 시에스타 리조트 & 스파
알레그로 호이안
Trần Hưng Đạo
호이안 앤시언트 하우스 리조트
라 스파
호텔 로열 호이안 M갤러리
라 레지던시아 호텔
탄빈 리버사이드 호텔
아난타라 호이안 리조트
리버사이드 화이트하우스 빌라
프레셔스 헤리티지 아트 갤러리
호아 히엔
깜탄
빈원더스 남호이안(약 20분)
빈펄 리조트 & 골프 남호이안 (약 20분)
깜낌섬 (약 10분)
호이안 룬 공연장
임프레션 테마파크 (호이안 메모리즈 쇼)
톡

호이안 올드타운
N
다낭
신투어리스트 여행사
안방 해변
호이안 박물관
호이안 히스토릭 호텔
호이안 병원
우체국
Trần Hưng Đạo
Nguyễn Trường Tộ
Hai Bà Trưng
Lê Lợi
Nguyễn Huệ
Hoàng Diệu
Phan Chu Trinh
Trần Phú
Nguyễn Thái Học
Bạch Đằng
Cầu Cẩm Nam
가네쉬 (인도 식당)
끄어다이 해변
발레 우물
바레 웰
편 가족 사당
엔 주스
반미 프엉
리조트 · 호텔 셔틀 차량 주차장
알루비아 초콜릿
퍼 쓰어
미스 리 카페
타이 키친
얄리 Yaly Couture (리조트 셔틀 하차)
매표소
핀 커피
민흥 마을 사당
차오저우 회관
콴콩 사원
하이난 회관
더 힐 스테이션
응우옌 가족 사당
코펜하겐 딜라이트
쫑호아 회관
푹끼엔 회관
두두 카페
선데이
메티세코
릴렉시
우물터
풍흥 고가
광지에우 회관
파이포 커피
후라라
도자기 무역 박물관
내원교
아트북
득안 고가
징코 티셔츠
판탕 고가
사후인 문화 박물관
리칭아웃 티하우스
코코박스
리틀 파이포 레스토랑
호이안 중앙시장
프레셔스 헤리티지 아트 갤러리
아난타라 호이안 리조트
마켓 바
리칭 아웃 아트 & 크래프트
모닝글로리
떤끼 고가
민속 문화 박물관
인포메이션 센터 (무료 화장실)
누들 하우스
더 카고 클럽
호이안 야시장
투본강 소원배 타는 곳
투본강 Sông Thu Bồn
호이안 전통 공연장
보트 선착장
Vy's 마켓 레스토랑

★ 호이안의 어트랙션

호이안 관광의 핵심은 올드타운이다. 마치 영화 세트장 같은 거리를 걸으면서 찬찬히 둘러보고 투본강의 풍경도 감상해 보자. 올드타운에서 조금만 벗어나도 논과 밭이 펼쳐진 전형적인 농촌 마을과 해변이 있다. 좀 더 자연과 가까운 여행을 원한다면 선택의 폭은 넓어진다.

★★★

호이안 올드타운 Hoi An Ancient Town

호이안에서 오래된 건축물들이 모여 있는 옛 마을이다. 16세기부터 19세기까지 국제 무역항으로 번영했던 호이안은 당시 지어진 가옥과 회관, 사원들이 그대로 남아 있다. 중국, 일본, 포르투갈, 프랑스 등에서 몰려든 상인들이 거처와 상회를 짓고 마을을 형성하면서 지어진 건물들이다. 옛 건축물들이 잘 보전된 사례를 인정받아 1999년 유네스코 세계문화유산으로 지정되었다. 내원교에서 동쪽으로 뻗어 있는 쩐푸 거리, 응우옌타이혹 거리, 박당 거리가 핵심이다. 통합입장권을 구매한 후 올드타운 내 고가와 회관, 사당 등을 둘러볼 수 있다. 색색의 화려한 등이 거리를 밝히는 저녁 무렵이 아름답지만 수많은 관광객으로 가장 혼잡한 시간이기도 하다.

위치 투본강변
요금 **통합입장권** 12만 동

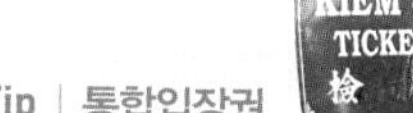

Tip | 통합입장권

올드타운 자체가 세계문화유산으로 등록되어 있으므로 각각의 건물에 입장료를 내는 것이 아니라 일괄적으로 입장료를 내는 것이라 이해하면 된다. 호이안 올드타운 구역에 들어서면 원칙적으로 입장권을 사야 한다. 이 통합입장권으로 올드타운 내의 20여 곳 볼거리 중 5곳을 관람할 수 있다.

★★☆

투본강 Sông Thu Bồn

베트남 꽝남 성(省)을 가로지르는 강으로, 그 길이가 약 200km가 넘는다. 투본강 지역은 700년 전후부터 1400년대 후반까지 참파 문화의 중심지 역할을 했다. 호이안에서 약 40km 정도 떨어진 미썬 유적지도 이 투본 강변에 자리하고 있다. 강의 한 줄기는 다낭의 한강으로 통하고, 또 한 줄기는 호이안과 끄어다이 해변 쪽으로 흘러간다. 호이안과 접하고 있는 강의 하류는 어종이 풍부해 예로부터 '어머니의 강'으로 불리기도 했다. 또한, 이곳의 크고 작은 섬들은 독특한 풍경을 자아내는 것과 동시에 관광자원의 터전이 되기도 한다. 호이안 올드타운 역시 이 투본강을 따라 발달했다.

위치 호이안 시내

★★☆

투본강 소원배 Thuyền ước nguyện sông thu bồn

해가 지고 어둠이 찾아올 때쯤 호이안에서 즐길 수 있는 낭만 중의 하나. 호이안 올드타운과 야시장을 잇는 안호이 다리 근처에는 일명 소원배Lantern boat라는 것이 있다. 작은 초가 켜진 등을 강에 띄워 보내며 소원을 빌기 위해 타는 배이다. 형형색색의 조명이 켜진 올드타운의 야경도 감상할 수 있어 큰 인기를 누리고 있다. 시간은 20분 정도 소요되고 5인까지만 한 배에 탑승할 수 있다. 예전에는 표준 가격이 없어 흥정이 필수였지만 팬데믹 이후 호이안 연합회에서 관리하며 정찰제로 바뀌었다. 너무 늦은 시간에는 사진이 잘 나오지 않으므로 해가 진 직후, 건물에 조명들이 막 켜지기 시작할 때가 배를 타기에 가장 좋은 시간이다.

위치 안호이 다리 근처
운영 16:00~21:00
요금 1~3인 15만 동, 4~5인 20만 동 (배 한 대당)
전화 093-493-9843

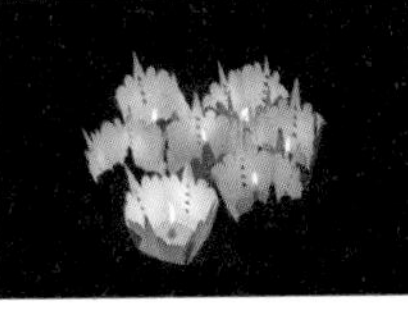

★★☆

내원교 Cầu Nhật Bản

베트남 화폐 2만 동짜리 뒷면에도 등장할 만큼 호이안을 상징하는 랜드마크의 역할을 하고 있다. 호이안에 이주한 일본인들이 1593년에 지은 다리로, 일본 다리Japanese Bridge라고도 부른다. 이 다리를 기준으로 동쪽으로는 중국인, 서쪽으로 일본인 거주지역이 있었고 두 지역을 연결하기 위해 지어졌다. 아담하지만 화려하면서 아름다운 모습을 하고 있어 기념사진을 찍으려는 사람들로 늘 북적인다. 다리 중간에 날씨를 관장하는 신을 모신 쭈아 꺼우Chùa Cầu 사원(사당)이 있다.

주소 Nguyễn Thị Minh Khai, Cẩm Phô, Hội An
위치 올드타운 중심부
요금 입장권 이용

쭈아 꺼우(Chùa Cầu) 사원

★★☆

호이안 중앙시장 Chợ Hội An

국제무역이 번창했던 호이안이지만 지금은 소박한 규모의 재래시장만이 옛 시장의 명맥을 이어가고 있다. 직접 재배한 채소나 과일을 팔거나 장을 보는 호이안 사람들로 북적이는 곳이다. 여행자들은 주로 과일이나 기념품을 사러 들르는 곳이기도 하다. 시장 안쪽에는 저렴한 노점들이 자리하고 있어 호이안에서 가장 저렴하게 식사를 할 수 있다. 푹끼엔 회관Hội Quán Phúc Kiến(푸젠 회관)과 가까운 입구 쪽에는 시장 건설과 함께 19세기에 판 우물이 지금도 남아 있다.

주소 Trần Quý Cáp, Hội An
운영 05:00~20:00

★★☆

고가(古家) Old House, Nhà Cổ

호이안의 고가옥들은 대부분 옛 중국 상인이 건설한 가옥으로, 중국, 베트남, 일본 양식이 혼합되어 호이안의 지역적 특색을 잘 나타내준다. 그중 잘 보존된 가옥 몇 채가 관광객들에게 공개되고 있는데 어떤 가옥은 지금도 후손들의 생활공간으로 쓰이고 있다. 가옥을 둘러볼 때 생활에 방해가 되지 않도록 하자.

위치 올드타운 내

▶▶ 떤끼 고가(進記古家) Nhà Cổ Tấn Ký

중국의 거상 '떤끼(진기進記)'의 고택. 1985년 호이안에서 처음 유네스코 문화유산으로 지정되었다. 원래는 비단, 차, 계피, 한약재 등을 판매하던 상점으로 쓰였다. 18세기 당시의 모습을 잘 보존하고 있고 베트남, 중국, 일본의 건축 요소를 잘 조화시켰다. 가옥에는 두 개의 문이 있는데, 하나는 도로로, 하나는 투본강으로 향해 있어 배에 물건을 싣고 내리기 편리한 구조이다. 큰 부를 축적한 거상의 가옥답게 부자가 되고 싶은 세계 각국의 관광객들이 벽면에 명함을 꽂아 놓았다. 현재도 후손들이 실제로 살고 있고 그들이 관광객들을 안내해주고 있다.

주소 101 Nguyễn Thái Học, Hội An　**요금** 입장권 이용
운영 08:00~11:30 / 13:30~17:30

▶▶ 득안 고가(德安古家) Nhà cổ Đức An

1850년에 지어진 중국 거상의 집. 한때 독립운동가들과 공산 혁명가들이 모였던 장소로도 쓰였다. 벽면에는 이와 관련된 사진들이 전시되어 있다. 특별히 볼거리는 없지만 구경하기에 좋은 위치에 있다.

주소 129 Trần Phú, Hội An　**요금** 입장권 이용
운영 08:00~20:00

▶▶ 풍흥 고가(馮興古家) Nhà cổ Phùng Hưng

올드타운 초입에 자리한 2층 목조 가옥. 1780년에 지어진 것으로 상점과 주택을 겸했다고 한다. 지금도 후손들이 생활하면서 자수 공예품을 만들어 판매한다. 2층에는 거리를 바라볼 수 있는 발코니가 있어 기념사진을 찍으려는 관광객들로 붐비는 곳이다.

주소 4 Nguyễn Thị Minh Khai, Hội An　**요금** 입장권 이용
운영 08:00~11:30 / 13:30~17:00

★★☆

중국인 회관(향우회관 鄉友會館) Assembly Hall, Hội Quán

호이안에 정착한 중국인들이 회합의 장소로 사용했던 곳들이다. 당시 호이안에 정착한 중국인들은 주로 광둥성, 푸젠성, 하이난성 출신이었다. 지역별로 지방색이 강하고 언어도 달랐기 때문에 같은 지역 출신끼리 친목을 도모하고자 하는 목적이 컸다. 각 회관은 안전한 항해를 기도하고 조상에게 제를 지내는 등의 역할도 겸했다. 주요 회관들은 쩐푸Trần Phú 거리에 몰려 있다. 대부분 중국 전통 양식에 따라 건축되었고 구성도 비슷하다. 가장 볼만한 한두 군데만 방문해도 무방하다.

위치 올드타운 내
운영 08:00~17:00

▶▶ 푹끼엔 회관(푸젠 회관 福建會館) Hội Quán Phúc Kiến

향우회관 중 가장 규모가 크고 볼거리가 많다. 푸젠성 출신들을 위해 17세기에 건설한 곳으로 붉은색 기둥과 초록색 지붕의 패방이 출입문 역할을 하고 있다. 현판에는 '복건회관(福建會館)'이라고 적혀 있다. 정원 중간에 2층으로 된 또 다른 패방이 상당히 화려하다. 본당에는 바다의 수호신인 티엔허우Thiên Hậu를 모셔 놓았다. 천장에는 소원을 비는 고깔 모양의 향과 종이가 가득 매달려 있다.

주소 46 Trần Phú, Hội An
요금 입장권 이용

▶▶ 꽝지에우 회관(관둥 회관 廣東會館) Hội Quán Quảng Đông-Quảng Triệu

1885년 중국 광둥성 출신 상인들이 지은 회관. 입구의 패방 현판에는 '광조회관(廣肇會館)'이라고 적혀 있다. 올드타운 중심에 있고 입구가 화려해서 많은 사람이 방문한다. 부와 복을 가져다주는 신으로 중국인들에게 추앙받는 관우 신을 모신다. 중앙제단에는 관우 동상과 관우가 타고 다녔다는 백마와 적토마가 있다. 관우, 유비, 장비가 형제의 의리를 맺는, 도원결의 벽화도 볼 수 있다. 안뜰의 커다란 용 조각이 정교하면서 특이하다.

주소 176 Trần Phú, Hội An
요금 입장권 이용

▶▶ 하이남 회관(해남 회관 海南會館) Hội Quán Hải Nam

하이난성 출신들을 위한 회관. 1851년 응우옌 왕조 시절, 하이난성 상인 108명이 베트남 해군(경비선)에게 공격받아 사망한 사건이 있었다. 당시 베트남 해군 장군이 상인들이 탄 배를 해적선으로 오해했다는 이야기가 있지만 귀한 물건이 실린 배를 약탈하려고 했다는 이야기도 있다. 사망한 사람들이 무고한 상인들이었다는 사실이 밝혀지자 당시 황제였던 뜨득 황제는 애도의 표시로 이 회관을 지을 수 있도록 자금을 하사했다고. 회관 한편에는 당시의 일을 한문으로 기록한 글이 보존되어 있다. 안쪽 '소응전'에는 추모를 위한 제단이 있고 당시 공격받았던 배(맹두호猛頭號)의 모형이 자리하고 있다. 입구 현판에는 해남 회관이 아닌 경부회관(瓊府會館)이라고 쓰여 있다.

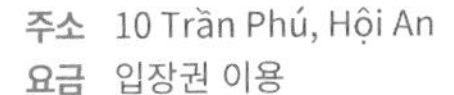

주소 10 Trần Phú, Hội An
요금 입장권 이용

▶▶ 차오저우 회관(조주 회관 潮州會館) Hội Quán Triều Châu

광둥성 차오저우(조주潮州) 출신들을 위해 1752년에 건설된 곳. 아담하지만 아늑한 분위기다. 기와지붕의 장식, 제단과 기둥, 문짝의 세밀한 부조가 정교하고 아름답다. 올드타운 외곽에 있어 조용히 둘러보기 좋다.

주소 157 Trần Phú, Hội An
요금 입장권 이용

▶▶ 쭝호아 회관(중화 회관) Hội Quán Trung Hoa

중국인 회관 중 가장 먼저(1741년) 세워진 곳. 다른 회관에 비해 소박하지만 호이안의 모든 중국인을 위해 지어졌다. 영어로 Chinese Assembly Hall of Hoi An이라 표기한다.

주소 64 Trần Phú, Hội An
요금 입장권 이용

★☆☆

사원·사당 Chùa · Đình · Nhà Thờ Tộc

호이안 인근 마을에서 운영하는 마을 사당은 평소에는 조상이나 수호신 등을 모시다가 마을 행사나 회의 장소로도 사용한다. 가옥 옆에 조상의 위패를 모시는 사당을 따로 지은 가족 사당도 볼 수 있다. 대체로 소박한 분위기가 특징이다. 그중에서도 아기자기한 관우 사원이 가장 볼만하다.

위치 올드타운 **운영** 07:30~17:00

▶▶ 꽌꽁 사원(관공묘 關公廟) Quan Cong Temple, Quan Công Miếu

1653년에 세워진 사원으로, 관우 장군을 모시고 있다. 규모는 작지만 중심의 작은 정원과 곳곳에 걸린 새장이 무척 아기자기한 느낌을 준다. 상대적으로 커다랗고 붉은 얼굴의 관우 장군과 소녀의 얼굴을 한 티엔허우 여신이 함께 모셔져 있는데, 두 모습이 대비되어 재미있다.

주소 24 Trần Phú, Hội An
요금 입장권 이용

▶▶ 마을 사당 Communal House, Đình

깜포 마을 사당Đình Cẩm Phô과 민흥 마을 사당Đình Minh Hương은 각 마을의 수호신과 조상을 모시고 있으며 세 개의 방이 통로와 연결된 중국 양식으로 지어져 있다. 현재는 각 마을 사람들의 회의 장소로도 쓰인다. 둘 다 특별할 것은 없지만 비교적 넓고 한적한 편이어서 여유롭게 둘러보기 좋다. 입구에서 소소하게 장기를 두는 마을 사람들도 볼 수 있다.

주소 **깜포 마을 사당** 52 Nguyễn Thị Minh Khai, Hội An
민흥 마을 사당 14 Trần Phú, Hội An
요금 입장권 이용

▶▶ 쩐 가족 사당 Tran Family Chapel, Nhà Thờ Tộc Trần

응우옌 왕조 시절 고위관리를 지낸 쩐 가족이 조상들을 위해 지은 사당으로, 베트남, 중국, 일본의 양식이 혼합된 가옥이 아늑한 분위기를 자아낸다. 나무가 우거진 정원을 들어서면 간단한 간식거리를 나눠주며 사당을 안내해준다. 마지막에 기념품 구입을 권하긴 하지만 부담 갖지 않아도 된다.

주소 21 Lê Lợi, Hội An
요금 입장권 이용

▶▶ 응우옌 가족 사당 Nguyen Tuong Family Chapel, Nhà Thờ Tộc Nguyễn Tường

광둥성 출신의 군인인 응우옌 뚜옹반이 지은 사당으로, 베트남과 중국, 일본 건축양식이 혼합된 형태를 하고 있다. 단순하게 생긴 사당 입구에는 조상들의 위패가 모셔져 있고, 뒤쪽에는 소설가인 후손들의 작품이 전시되고 있다.

주소 8 Nguyễn Thị Minh Khai, Hội An
요금 입장권 이용

Special Tour

호이안 올드타운 워킹 투어

호이안 올드타운이 초행길이라면 입구가 많고 건물들도 비슷해서 헷갈리기 쉽다.
또한 통합입장권으로 구경할 수 있는 20여 곳 중에 딱 5개만 고르기도 쉽지 않을 것이다.
다음은 효율적으로 올드타운을 둘러볼 수 있는 추천 워킹 투어 코스이다.
고가와 회관, 사당, 박물관 등은 오후 5~6시 정도에 문을 닫기 때문에
늦어도 오후 2~3시 정도에는 올드타운에 도착하는 것이 좋다.

① 풍흥 고가 p.173

내원교 직전에 자리한 풍흥고가를 시작으로 한다. 200년이 훨씬 넘은 목조 가옥으로 중국식으로 지어졌다. 계단을 통해 2층으로 올라갈 수 있고 홍수가 나면 1층의 물건을 옮기는 용도로 사용하는 격자 모양의 구멍이 있다. 올드타운을 내려다볼 수 있는 테라스도 구경해 보도록 하자.

② 내원교 p.172

호이안을 상징하는 랜드 마크의 역할을 하고 있는 곳이자 2만 동 지폐에도 등장하는 곳이다. 다리 중간에 날씨를 관장하는 신을 모신 쭈아 꺼우Chùa Cầu 사원(사당)이 있지만 특별할 것은 없다. 내원교를 배경으로 기념사진을 촬영하는 것도 잊지 말자.

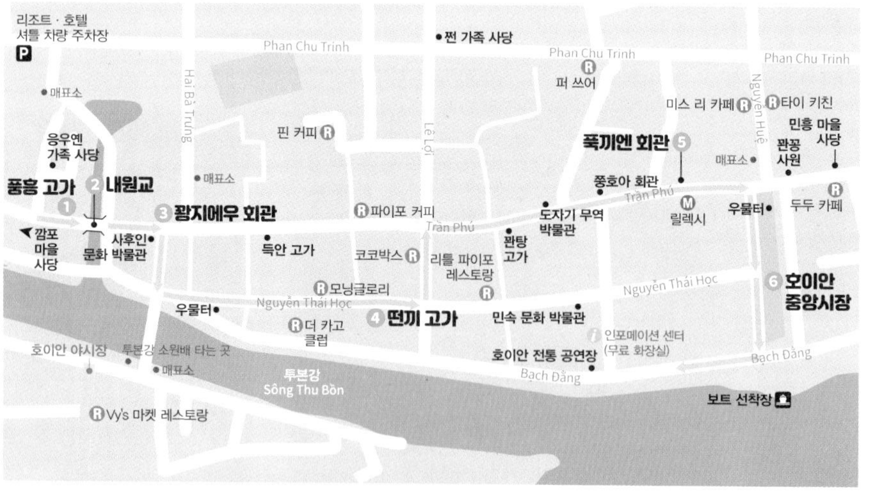

③ 광지에우 회관(관둥 회관) p.174

입구의 패방이 화려하고 아름답게 꾸며져 있어 금방 눈에 띈다. 패방 현판에는 '광조회관(廣肇會館)'이라고 적혀 있다. 광둥에서 비롯된 회관이라는 뜻이다.

이곳을 본 후 회관을 등지고 직진한다. 안호이 다리를 보면서 좌회전하면 큰 나무가 있는 양 갈래 길이 나오고, 여기서 왼쪽 길로 방향을 잡는다. '모닝글로리 레스토랑'을 지나자마자 오른쪽이 떤끼 고가. 입구가 작고, 간판도 작으니 주의!

④ 떤끼 고가 p.173

호이안의 고가(古家) 중 가장 대표적인 곳이다. 유네스코 문화유산으로 지정되기 전부터 '베트남의 1급 문화재'로 지정된 유서 깊은 곳이다. 마당에는 200년이 넘은 우물이 그대로 남아 있고 우물가에는 그 당시 사용하던 물건들도 전시해놓고 있다. 집 한쪽에는 홍수로 집에 물이 찰 때마다 표시해놓은 기록이 있어 찾아보는 재미도 있다. 짐을 싣고 나르기 편하도록 강변(박당Bạch Đằng 거리) 쪽으로도 문이 나 있다.

⑤ 푹끼엔 회관(푸젠 회관) p.174

워킹 투어의 하이라이트! 사진 찍을 곳이 많으니 충분한 시간을 들여서 돌아보도록 하자.

⑥ 호이안 중앙시장 p.172

호이안에서 가장 북적이는 곳 중의 하나로 19세기부터 이어져 온 전통 있는 재래시장이다. 시장의 역사와 함께한 우물이 시장 입구에 있다. 특별히 살 것은 없더라도 생동감 넘치는 삶의 현장을 들여다볼 수 있는 곳이다.

시장을 구경하면서 강변 쪽으로 나오면 워킹 투어 코스가 마무리된다. 강변을 바라보고 오른쪽으로 500m 정도 걸어가면 야시장으로 넘어가는 안호이 다리가 나온다. 야시장을 구경하거나 소원배를 타는 등 자유롭게 올드타운을 더 즐겨보자!

Tip 다낭 리조트들의 셔틀 하차 장소

다낭의 고급 리조트들은 대부분 호이안을 오가는 셔틀을 운행한다. 숙소에 따라 다르겠지만 셔틀 하차 장소로 가장 많이 사용하는 곳은 '얄리Yaly Couture'라는 맞춤옷 매장 앞이다. 이곳은 올드타운의 동쪽으로 호이안 중앙시장과 가깝다. 만약 이곳에서 하차했다면, 위에 안내한 워킹 투어 코스를 역순으로 구경하면 된다.

얄리Yaly Couture
주소 358 Nguyễn Duy Hiệu, Cẩm Châu, Hội An

★★★

호이안 야시장 Chợ đêm Hội An

호이안 올드타운에서 강 건너 자리하고 있는 안호이An Hội 섬쪽에 열리는 야시장이다. 안호이 다리 건너자마자 오른쪽 있는 응우옌 호앙Nguyễn Hoàng 거리 300m 정도가 모두 야시장 구역이다. 야시장 입구는 굉장히 혼잡하지만, 안으로 들어갈수록 한가해지는 편이다.

라탄조명, 라탄백, 의류, 신발과 모자, 각종 기념품을 판매하는 노점들이 줄지어 서 있고 그 사이사이 과일 주스와 바비큐, 아이스크림, 크레페 등을 판매하는 먹을거리 노점이 채우고 있다. 정가가 없고, 여행자를 대상으로 하는 야시장이라서 호객행위와 바가지가 심해 가끔은 눈살이 찌푸려지기도 한다. 가격은 30% 이상 흥정하는 것이 필수. 본격적인 쇼핑에 초점을 맞추기보다는 간식거리를 즐기며 구경하는 재미로 돌아보는 것이 좋다.

주소 Nguyễn Hoàng, Hội An
위치 투본강 건너편 안호이섬
운영 19:00~22:00

누구나 발길을 멈추는 입구의 조명 가게에서 사진 촬영을 하려면 1만 동을 내야 한다.

★★★

호이안 메모리즈 쇼 Hoi An Memories Show

베트남에서는 보기 드문 스케일과 전문성을 가진 야외공연. 3,000명 이상의 관객이 입장할 수 있는 공연장에 500여 명의 배우가 출연한다. 호이안의 역사와 문화를 주제로 약 1시간 정도 공연이 진행되는 데 공을 많이 들인 올림픽 개막 쇼를 보는 듯하다. 좌석은 공연장과 가까운 곳부터 Eco(가장 저렴), High, VIP석으로 나뉜다. 위로 올라갈수록 와이드하게 볼 수 있어 요금이 비싸진다. 호이안 올드타운에서 차로 약 10분 거리에 있는 호이안 임프레션 테마파크Hoi An Impression Theme Park 내에 공연장이 있다.

주소 Cồn Hến, rẽ trái, 200 Nguyễn Tri Phương, Cẩm Châu, Hội An
위치 호이안 임프레션 테마파크 내, 올드타운에서 차로 10분
운영 공연시간 20:00~ 21:00 (1일 1회/화요일 휴무)
요금 Eco 60만 동, VIP 120만 동
전화 090-463-6600
홈피 www.hoianmemoriesland.com

★★☆

호이안 룬 공연장 Hoi An Lune Center

베트남의 전통을 현대식으로 재해석한 다양한 공연이 이루어지는 공연장이다. 음악과 연극에 서커스, 춤까지 접목한 창의적인 공연을 선보이는 곳으로, 호이안뿐만 아니라 호찌민 시티와 하노이 등지에서 베트남의 공연 문화를 대표하고 있다. 특히 호이안에서는 올드타운 한쪽에 아름다운 돔 형태의 공연장이 설치되어 있으므로 올드타운을 둘러보는 김에 쉽게 찾아갈 수 있다. 홈페이지에 날짜마다 달라지는 공연 레퍼토리에 대한 설명이 있으므로 간략히 보고 취향과 일정에 맞는 공연을 골라보자.

주소 1A Nguyễn Phúc Chu, Phường Minh An, Hội An
위치 투본강 건너 안호이섬 동쪽 끝
운영 09:30~18:00(공연 18:00)
요금 70만~160만 동 (5세 이하 어린이 입장 불가)
전화 084-518-1188
홈피 www.luneproduction.com

★★☆

민속 문화 박물관

Museum of Folklore in Hoi An, Bảo Tàng Văn Hóa Dân Gian

호이안 통합입장권으로 볼 수 있는 곳 중 하나이다. 민속박물관은 이름 그대로 호이안 사람들의 전통적인 생활 모습을 엿볼 수 있는 물건들을 갖춰두었다. 실을 뽑는 물레나 옷감을 짜는 직조기, 방아, 옛 어구와 배 등 농경 생활과 어업 생활과 관련된 물건들이 시선을 끈다. 2층에 전시된 다양한 탈은 축제 때 주로 사용된다. 공연에 늘 빠지지 않는 전통 악기도 독특한 모양을 하고 있어 흥미롭다. 도자기 무역 박물관Museum of Trade Ceramics이 가까이에 있어 함께 둘러보아도 좋겠다.

주소 33 Nguyễn Thái Học, Hội An
위치 올드타운 투본강변
운영 07:00~21:30
요금 입장권 이용

★☆☆

사후인 문화 박물관

Museum of Sa Huynh Culture, Bảo Tàng Văn Hóa Sa Huỳnh

베트남 역사 연구에 중요한 자료들이 많아 학술적으로 중요시되는 박물관이다. 기원전 500년부터 기원후 100년 무렵까지 베트남 중부에 정착했던 철기 문명인 '사후인 문명Sa Huỳnh culture'의 유물을 보관하고 전시하고 있다. 비슷한 시기에 베트남 북쪽 지역은 중국의 영향을 받은 유물들이 발굴됐지만, 사후인 문명에서는 인도의 영향을 많이 받은 유물들이 발굴되었다. 거대한 빗살무늬 토기와 항아리, 철기, 장신구 등을 볼 수 있다.

주소 149 Trần Phú, Hội An
위치 올드타운 투본강변
운영 08:00~20:00
요금 입장권 이용

★★☆

도자기 무역 박물관

Museum of Trade Ceramics, Bảo Tàng Gốm Sứ Mậu Dịch Hội An

19세기 말경에 지어진 고가옥에 있는 박물관. 9세기에서 19세기까지 제작된 268개의 유물을 전시하고 있다. 호이안과 침몰선 등에서 발견된 아름다운 도자기들, 17세기 호이안을 묘사한 그림, 옛 무역선의 모형 등을 볼 수 있다. 호이안 전통 가옥의 특색이 살아 있는 건물 그 자체도 볼거리다.

주소 80 Trần Phú, Hội An
위치 올드타운 쩐푸 거리
운영 07:00~21:00
요금 입장권 이용

★☆☆

호이안 박물관

Museum of Hoi An, Bảo Tàng Lịch Sử Văn Hóa Hội An

외관상으로는 호이안의 박물관 중 가장 넓고 큰 규모이나, 4층 건물 중 2층에만 토기와 도자기 등을 전시해놓았다. 그 옆방에서는 미국과의 전쟁 과정에서 사용된 포탄이나 총기들을 볼 수 있지만, 전체적으로 볼거리가 아주 많지는 않다. 일부러 찾아갈 만한 곳은 아니고 호이안 히스토릭 호텔과 가까우니 이 호텔 투숙객들은 한 번쯤 들러볼 만하다. 호이안 해변 쪽에 자리한 리조트들의 셔틀을 타면 주로 이곳에서 내려준다.

주소 10B Trần Hưng Đạo, Hội An
위치 올드타운 북쪽, 호이안 히스토릭 호텔 옆
운영 07:00~17:00(주말 휴무)
요금 입장권 이용 **전화** 0235-386-2367

★☆☆

호이안 전통 공연장 Hoi An Traditional Art Performance House

호이안 통합입장권 구매 후 고가나 회관 등에 관심이 없다면, 공연을 선택할 수도 있다. 투본강변에 위치한 작은 공연장에서 전통 악기 공연을 기본으로 다양한 종류의 공연이 펼쳐진다. 공연은 다소 유치한 면도 있으니 큰 기대는 하지 말 것. 에어컨이 나오는 공간에서 더위를 피해 잠시 쉴 수 있다는 것은 장점이다. 공연은 약 20분 정도 소요되고 공연 막바지에는 빙고 게임을 통해 기념품도 나눠준다.

주소 66 Bạch Đằng, Hội An
위치 올드타운 투본강변, 박당 거리
운영 공연시간 10:15, 15:15(20분)
요금 입장권 이용
전화 0235-386-1159, 094-487-1279

★★☆

프레셔스 헤리티지 아트 갤러리 Precious Heritage Art Gallery Museum

프랑스인 사진작가 레한Rehahn이 베트남 전역을 구석구석 여행하면서 찍은 소수민족들의 사진과 각종 의상, 기록물이 전시되어 있는 박물관으로 짧은 여행에서는 쉽게 만나기 힘든 베트남 사람들의 다양한 면모를 엿볼 수 있는 곳이다. 사라져가는 다양한 소수민족의 문화를 기록에 남기기 위해 고군분투한 그의 작품에는 사진작가로서의 개인적인 재능도 곳곳에 남아 있다. 입장료는 없지만 기부금을 받고 있으므로, 레한의 노력에 작은 금액으로나마 동참해보자. 두꺼운 사진첩 외에도 부담 없는 가격의 엽서도 판매하고 있다.

주소 26 Phan Bội Châu, Cẩm Châu, Hội An
위치 올드타운 동쪽 끝, 아난타라 리조트 근처
운영 08:00~20:00
요금 무료
전화 094-982-0698
홈피 www.rehahnphotographer.com

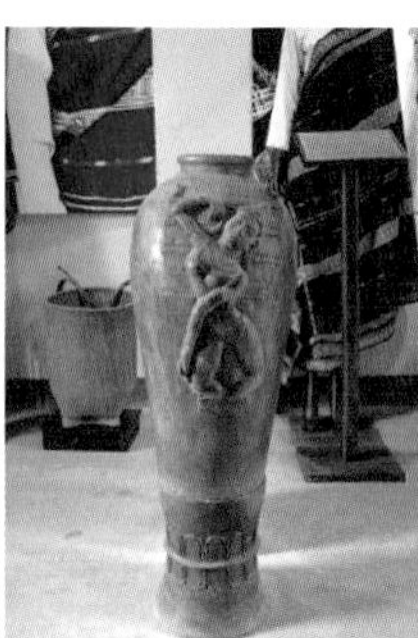

★★☆

안방 해변 Bãi Biển An Bàng

다낭에 미케 해변이 있다면 호이안에는 안방 해변이 있다. 호이안의 대표 해변으로 호이안 올드타운에서 차로 15분 거리에 있다. 해변의 길이는 약 2km 정도로 해안선을 따라 레스토랑들과 숙소들이 자리하고 있다. 안방 해변에서 시간을 보내고 싶다면, 방법은 두 가지 정도로 압축할 수 있다. 첫 번째는 선베드만 빌리는 것. 두 번째는 안방 해변의 레스토랑에서 식사하거나 음료를 마시면서 레스토랑 소속의 선베드를 사용하는 것이다. 선베드만 빌리는 데는 5만 동 수준이고 레스토랑에서 음료를 주문하는 데는 최소 10만 동 정도 한다. 날씨가 좋은 건기 시즌에는 패러세일링, 제트스키 등의 해양스포츠도 즐길 수 있다. 패러세일링은 인원에 따라 60~90만 동 수준이고 제트스키는 15분에 90만 동 수준(2인까지 탑승 가능).

위치 올드타운에서 동쪽으로 5km

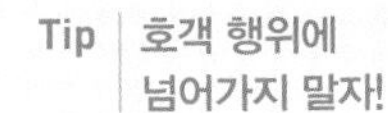

Tip | 호객 행위에 넘어가지 말자!

호이안의 많은 호텔이나 리조트에서 안방 해변을 오가는 무료 셔틀버스를 운행하니 숙소에 먼저 확인해 보자. 올드타운에서 택시나 그랩을 타면 요금은 9~10만 동 정도 예상하면 된다. 택시 혹은 리조트 셔틀 등을 타면 큰 도로에서 내려 레스토랑이나 해변까지 약 300~400m 정도 걸어가야 한다. 오토바이나 자전거가 이동 수단이고 안방 해변에서 특정 레스토랑을 이용할 예정이라면, 메인 도로에 주차하지 말고 바로 레스토랑까지 가는 것이 주차비를 아끼는 방법이다.

★☆☆
끄어다이 해변 Bãi Biển Cửa Đại

호이안 남쪽의 끄어다이 해변에는 빈펄 리조트, 빅토리아 리조트 등 유명 리조트들이 들어서 있다. 옛날부터 호이안에서 가장 아름다운 해변으로 손꼽혔으나, 몇 년 전 태풍으로 인해 모래가 유실되어 한동안 사람들이 찾지 않는 해변이 되었다. 그러나 최근 들어 복잡해진 안방 해변 대신 이곳을 찾는 사람들이 점점 늘어나는 추세다. 강과 바다가 만나는 특이한 입지 덕에 다양한 액티비티가 생겨나고 있고 부족하나마 선베드 등의 편의시설을 찾아볼 수 있다.

위치 안방 해변에서 남쪽으로 3km

★☆☆
하미 해변 Bãi Biển Hà My

안방 해변의 북쪽, 포시즌스 더 남하이 리조트와 시타딘 펄 리조트 사이의 아담한 해변이다. 아직 개발의 손길이 닿지 않아 원시적인 느낌이 든다. 해변 상태가 좋은 건 아니지만 사람 없는 조용한 해변에서 시간을 보내고 싶다면 이곳을 찾는 것도 방법이다. 한적한 진입로를 거쳐 해변으로 가면 몇 개의 레스토랑과 테이블, 선베드를 발견할 수 있다.

위치 안방 해변에서 북쪽으로 3km

★☆☆

탄하 도자기 마을 Thanh Ha Pottery Village, Hoi An

투본강변 한적한 시골에 자리한 아주 작은 규모의 도자기 마을이다. 아기자기한 도자기 공방에서 직접 도자기 만드는 과정을 보여주거나 작은 소품을 팔기도 한다. 도자기 마을 입구에는 수산시장도 있고 도자기 박물관도 있지만, 그 외에 마을 자체를 전부 둘러보는 데는 많은 시간이 걸리지 않는다. 하지만 올드타운에서 약간 벗어난 강변에 자리하고 있어 호이안 풍광을 즐기며 드라이브를 떠나거나 보트를 타고 바람 쐬러 나오기에 좋다.

주소 Phạm Phán, Thanh Hà, Hội An
위치 투본강변, 올드타운에서 서쪽으로 4km 지점
운영 08:00~16:00
요금 어른 3만 5천 동

★★☆

도자기 박물관 Thanh Ha Terracotta Park

도자기 유물에서부터 현대적인 작품까지 한곳에서 볼 수 있는 박물관으로 전체적인 규모는 크지 않지만, 수준 높은 도자기 작품들을 볼 수 있다. 도자기 박물관 야외에는 작은 미니어처 도자기로 만든 세계 유명 건물들을 전시해놓아 볼 만하다. 도자기 박물관의 아름다운 정원에 앉아 시원한 음료를 마시며 여유로운 시간을 보내는 것도 좋다. 아이들은 직접 작은 소품을 만드는 체험도 할 수 있다.

주소 Duy Tân, Thanh Hà, Hội An
위치 탄하 도자기마을 옆
운영 08:30~17:00
요금 어른 4만 동
전화 0235-396-3888
홈피 thanhhaterracotta.com

★ 호이안 올드타운 인근 지역

호이안에서는 전통 거리인 올드타운 외에도 강과 바다가 만나 형성된 지형 덕분에 베트남 농촌과 어촌의 전통적인 생활양식을 다양하게 엿볼 수 있다. 자전거를 타고 번잡한 올드타운을 떠나 시골 구석구석을 누비는 에코 투어는 호이안에서 반드시 경험해 보아야 할 최고의 여행상품으로 손꼽힌다. 시간적인 여유가 있다면 자전거나 스쿠터 등을 빌려 개인적으로 둘러봐도 좋고, 자신의 마음에 드는 투어 프로그램을 찾아 이용하는 것도 좋은 방법이다.

★★☆

깜탄 Cẩm Thanh

옛 가옥이 매력적인 올드타운과 아름다운 끄어다이 해변 사이에는 각종 농작물을 경작하기 좋은 넓은 평원과 투본강 지류를 감싼 무성한 코코넛 숲이 있는 투본강 하구 지역이 자리하고 있다. 대체로 투어프로그램 도중에 이곳에 들러 코코넛 숲 사이를 베트남 전통 배인 대나무 배를 타고 둘러보게 된다. 개인적으로 방문했을 경우에도 대나무 배를 체험할 수 있는 작은 여행사 역시 곳곳에 자리하고 있다.

위치 올드타운과 끄어다이 해변 사이

★★☆

짜께 채소마을 Làng rau Trả Quế

올드타운과 안방 해변을 잇는 도로는 유기농 채소밭으로 특화된 짜께섬을 지난다. 작고 반듯한 밭에는 각종 허브가 경작되고 있는데, 무척 정돈되고 싱싱해 보이는 허브가 인상적이다. 공식적으로는 입장료(3만 동)를 지불하고 방문하게 되어 있으나 대부분 여행사 투어 프로그램을 진행하는 도중에 들르게 되어 있어 입장료를 개별적으로 지불할 일은 없다. 개별적으로 방문할 경우에도 입장료를 내는 곳을 찾는 것 자체가 쉽지 않다.

위치 올드타운과 안방 해변 사이

대나무로 만든 물레방아

★★☆

깜낌섬 Cẩm Kim

올드타운 선착장에서 배(1인당 편도 1만 동)를 타고 투본강을 건너면 깜낌섬으로 갈 수 있다. 시골 풍경은 특별할 것 없지만 여행자들이 많이 찾지 않은 곳인 덕분에 다른 곳보다 현지 주민들의 환대를 받을 수 있는 곳이기도 하다. 자전거를 타고 지나다 보면 곳곳에서 손을 흔들며 인사를 하는 아이들을 만날 수 있다. 깜낌섬에는 각종 목공예로 유명한 낌봉 마을이 있지만 개별적으로 찾아가기는 쉽지 않으므로 원한다면 여행사의 투어 프로그램을 이용하는 것이 좋다.

위치 올드타운 남쪽

Special Tour

호이안의 특별한 에코 투어

강과 바다, 넓은 들판이 어우러진 호이안의 전통적인 생활방식을 체험해보는 에코 투어는 단연 호이안에서 할 수 있는 최고의 경험으로 손꼽힌다. 전통 대나무배 체험이나 농사 체험 등 다양한 프로그램은 이 모든 것을 한 번에 연이어 체험할 수도, 따로따로 하나씩 진행할 수도 있다.

1 코코넛 배 체험 투어

호이안 특유의 둥근 바구니 배를 타고 코코넛 야자수가 무성한 수로를 한바퀴 둘러보는 체험이다. 주로 호이안 중심가의 동쪽에 위치한 깜탄 마을에서 배를 타게 되는데, 수풀을 헤치고 들어가 작은 코코넛 게를 낚아 보여주기도 하고, 코코넛나무 잎으로 장난감을 접어주기도 한다. 사공이 일부러 코코넛 배를 갸우뚱하며 빙빙 돌리기도 하는데, 이보다 스릴 넘칠 수는 없다. 코코넛 배로 우리나라의 트로트에 맞춰 춤을 춘 뒤 팁을 요구하기도 하는데, 시끌벅적한 분위기이므로 여행자들의 호불호가 갈리는 편이다. 보통 여행사에서는 쿠킹 클래스와 함께 하나의 투어로 진행한다. 깜탄 마을까지 직접 가서 바구니 배 투어를 신청할 경우, 비교적 저렴하게 이용할 수 있다.

그린코코넛
'Cam Kim Island Discovery'

운영 08:00~18:30(1시간 소요)
요금 5$(11만 동, 물 & 과일 포함, 픽업 비용 불포함, 마을 입장료 10만 동 별도)
전화 096-260-2551 (**카톡** coconutgreen)
홈피 www.facebook.com/greencoconuthoian

코코넛나무 잎으로 만든 리본 반지로 프러포즈?!

2 자전거 투어

호이안의 여행자 구역을 떠나 자연을 체험하기에는 이만한 투어가 없다. 자전거를 타고 호이안 인근의 마을을 돌면서 대나무자리 짜기, 국수 만들기, 수제와인 맛보기 등의 체험을 즐기게 된다. 전통가옥에서 마을 현지인들의 생활 모습을 둘러보는 시간도 즐겁다. 호이안에서도 가장 깊숙한 곳까지 둘러보기를 원한다면 이 투어가 제격이다.

일정

호텔에서 픽업 ⋯› 보트로 깜낌섬 이동 ⋯› 자전거로 깜낌섬 돌기(대나무자리 짜기, 국수 만들기, 수제와인 맛보기) ⋯› 깜낌섬의 가정집에서 점심 식사 ⋯› 보트로 올드타운 이동 ⋯› 올드타운에서 해산

호이안 사이클링
'Cam Kim Island Discovery'

운영 08:00 출발(5시간 소요)
요금 35$(65만 동, 호이안 내 호텔 픽업 무료)
전화 091-988-2783
메일 info@hoiancycling.com
홈피 hoiancycling.com

3 짜께 채소마을 투어

베트남 쌀국수에 빠지지 않는, 신선한 유기농 허브를 재배하는 짜께 채소마을을 방문해보자. 쿠킹 클래스나 자전거 투어와 연계된 상품이 많다. 짜께 채소마을에서는 직접 흙을 만지고 물을 뿌리는 농사 체험을 할 수 있으며, 쿠킹 클래스에서는 그날 제공되는 식사에 곁들일 채소를 이곳에서 직접 구입하기도 한다.

일정

호텔에서 픽업 ⋯› 짜께 채소마을 투어(허브 재배 체험) ⋯› 깜탄 마을로 이동(사진 촬영, 물소 체험) ⋯› 바구니 배 체험 ⋯› 보트로 투본강 이동 ⋯› 호텔로 귀가

호이안 코코넛투어
'Countryside Tours'

운영 08:30, 13:00 출발 (5시간 소요)
요금 37$ (보험, 가이드, 물 & 식사 포함)
전화 093-517-4425 (**카톡** Khuong123)
메일 hoiancoconutt@gmail.com
홈피 www.hoianecococonuttour.vn/en

4 쿠킹 클래스

우리 입맛에 딱 맞는 음식은 베트남 여행의 또 다른 즐거움이다. 간단한 베트남 요리를 만들어보는 쿠킹 클래스가 성행하는 것도 다 이런 이유가 아닐까? 요리하기 전에는 시장을 둘러보며 여러 가지 식재료에 대한 설명을 듣게 된다. 요리를 하러 가는 길에 배로 코코넛나무 사이를 간단히 둘러보는 것도, 쿠킹 클래스 장소에 도착해서 맷돌에 쌀을 갈거나 방아를 찧는 것도 즐거운 경험이다. 요리에 서툴더라도 걱정할 필요는 없다. 난이도가 높지 않으므로 오히려 요리에 능숙한 사람들보다 훨씬 재미있게 강습을 즐길 수 있다. 아이들이나 연인과 함께라면 꼭 참여해보자.

일정

호이안 시장에서 집결 ···› 시장 둘러보기 ···› 보트로 이동 ···› 맷돌 돌리기 체험 ···› 요리 강습(반쎄오, 분보, 고이꾸온, 퍼보 등) ···› 올드타운에서 해산

투언틴섬 쿠킹 투어 'Half-day Culinary tour'

운영 08:45, 11:45 출발(5시간 소요)
요금 39$(보험, 가이드, 물 & 식사 포함)
전화 090-647-7770
메일 cookingtour@icloud.com
홈피 cooking-tour.com

5 잭짠 투어 Jack Tran Tours

호이안에서 처음 에코 투어를 시작한 것으로 알려진 잭짠 투어는 여전히 높은 퀄리티와 다양한 프로그램으로 인기 만점이다. 짧은 시간 동안 다양하고 알찬 체험을 원한다면 선택해도 후회 없다. 2인 이상~11인 이하로 투어가 진행되기 때문에 비교적 여유롭게 투어를 즐길 수 있는 것도 장점이다. 자전거를 타기가 부담스럽다면 운전기사가 딸린 스쿠터인 쎄옴Xeom을 이용해 넓은 들판을 마음껏 누벼보자.

일정

호텔에서 픽업 ···› 자전거나 스쿠터(운전기사 동반, 14만 동 별도)로 논밭과 시골마을 둘러보기 ···› 채소밭에서 농부체험 ···› 보트로 이동, 낚시 체험 ···› 전통 바구니 배 체험 ···› 코코넛나무 정글 탐험 ···› 보트에서 식사 ···› 올드타운에서 해산

잭짠 투어 'Evening Walking Food Tour'

운영 09:00 출발(6시간 소요)
요금 170만 동
(4~11세 어린이 85만 동)
전화 083-433-1111
메일 jacktran@jacktrantours.com
홈피 jacktrantours.com

6 길거리 음식 투어

베트남에서도 맛으로 유명한 중부 지방, 그중에서도 넓은 들과 강, 바다가 모두 있는 호이안은 각종 식재료 덕분에 먹거리로 넘쳐난다. 다양한 길거리 음식에 호기심이 동하지만 왠지 시도하기 어렵다면 잘 짜인 길거리 음식 투어도 괜찮은 선택이다. 맛있고 다양한 먹거리를 즐기는 것 외에도 여행자들은 몰라서 들르지 못하는 로컬시장과 작은 가게들을 찾아가는 재미가 있다. 이 투어는 꼭 일정 초반에 집어넣자. 투어를 하며 맛집을 기억해두었다가 일정 중 한 번 더 찾아가기 위한 꿀팁!

호이안 푸드 투어
'Evening Walking Food Tour'
운영 17:00 출발(4시간 소요)
요금 35$
(보험, 가이드, 물 & 식사 포함)
전화 097-958-7744
메일 hoianfoodtour@gmail.com
홈피 hoianfoodtour.com

일정

투어 사무실 집결 ⋯→ 길거리 음식 즐기기(화이트 로즈, 까오러우, 반미, 커피, 스프링롤, 코코넛 팬케이크, 디저트 등) ⋯→ 사무실에서 해산

각종 튀김

검은깨 죽

껨 아이스크림

★★☆

빈원더스 남호이안 VinWonders Nam Hoi An

베트남에서 가장 유명한 복합 테마파크 빈원더스가 호이안에도 오픈했다. 호이안 올드타운에서 20km 정도 남쪽의 해변에 자리한 빈원더스는 그동안 갈고 닦은 노하우를 모두 쏟아내기로 작정한 것처럼 보인다. 입구에는 12개의 거대한 선박 모형이 놓여 입장객들을 설레게 하고, 스릴 넘치는 **놀이기구**와 95종의 게임기가 있는 **실내게임장**, 10종의 최신 놀이기구가 있는 **워터파크**, 강 위를 둥둥 떠다니며 아마존의 야생을 느낄 수 있는 **리버 사파리** 등 즐길 거리와 볼거리가 매우 다양하다. 그 외에도 다른 지역의 빈원더스에서는 볼 수 없었던, 베트남 전통 가옥을 재현한 **민속촌**에서는 고산족의 전통 민속공연과 수상인형극이 공연된다. 랜드 뒤쪽의 **빈에코**VinEco에서는 유기농 딸기와 허브 농장을 체험할 수 있다.
통합입장권을 구입하면 워터파크와 사파리 등 거의 모든 시설을 추가비용 없이 이용할 수 있다. 특별한 순서 없이 자유롭게 돌아다녀도 좋지만, 입구의 게시판에 공지되는 공연 시간을 미리 체크해 놓아야 보고 싶은 공연을 빠짐없이 관람할 수 있다. 또한 워터파크 입구 안쪽에 짐 보관소가 있으므로 짐을 맡겨놓고 편하게 다니면 좋다.
빈원더스는 호이안에서 20분가량 남쪽에 위치한 만큼 이동 비용이 만만치 않으므로, 무료 셔틀버스를 이용해 보자. 버스 스케줄이 자주 변경되므로 이용 시 정류장과 셔틀버스 시간을 빈원더스 홈페이지나 티켓 구입처, 혹은 호텔을 통해 다시 한 번 확인해야 한다.

주소 Bình Minh, Thăng Bình, Quảng Nam
위치 올드타운에서 남쪽으로 20km 거리의 해변에 위치
운영 09:00~19:00
요금 어른 60만 동, 키 1m~1.4m 어린이 45만 동, 60세 이상 노인 45만 동, 키 1m 이하 어린이 무료, 올드타운행 무료 셔틀 운행
전화 1900-6677
홈피 vinwonders.com

매표소
레스토랑
상점
기념품 숍
화장실
1 중앙 광장

스파
짐 보관소
P 주차장
분실물 센터
버스정류장
응급처치실

2 ~ 12 워터파크
13 ~ 18 리버사파리
19 ~ 29 민속촌
30 ~ 33 항구 코너
34 ~ 54 놀이동산

주요 시설

13 선착장
21 수상인형극장
23 수공예 마을
32 실내 게임장
33 4D 시네마
34 음악분수대

Special Tour

숨겨진 고대의 왕국, 미썬 유적지

우리에게는 낯설기만 한 힌두왕조. 신비한 고대인들의 손길을 느낄 수 있는 유네스코 세계문화유산으로 떠나보자.

★ 미썬 Mỹ Sơn 유적이란?

미썬은 고대 힌두 왕국인 참파 왕국에 존재하던 두 곳의 종교 도시 중 한 곳이다. 스리사납하드레스바라Srisanabhadresvara라는 힌두교 신화 속의 왕을 숭배하는 곳으로 울창한 정글과 높은 산으로 둘러싸인 아늑한 곳에 자리하고 있어 베트남전쟁 당시 야전사령관이 주둔한 곳이기도 하다. 4~14세기에 지어진 사원들은 미군의 폭격으로 대부분 파괴되고 거의 흔적만이 남아 있는 수준이지만, 사암으로 지어진 사원의 벽면에 조각된 아름다운 부조와 각종 힌두석상이 눈길을 끈다. 1999년에 호이안과 함께 유네스코 세계문화유산으로 지정되었으며 정기적으로 꽝남 유적지 축제Quang Nam Heritage Festival등 다양한 행사가 열린다.

주소 Mỹ Sơn, Duy Phú, Duy Xuyên District, Quang Nam
위치 올드타운에서 서남쪽 35km 지점(차량으로 1시간)
운영 06:00~17:00
민속 공연 09:15, 10:45, 14:00, 15:30(월요일 휴무)
요금 15만 동
전화 0235-373-1757
0235-373-1309
메일 mysonstr@gmail.com
홈피 disanvanhoamyson.vn

Tip | 시간이 부족하다면 참 박물관으로~

미썬 유적지는 호이안에서 차로 1시간이나 떨어져 있고, 제대로 둘러보려면 반나절 이상 소요된다. 또한 베트남전쟁 당시 미군의 집중 폭격을 받았고, 일부 불상은 머리가 잘려 프랑스 루브르 박물관으로 약탈당하기도 했다. 비교적 복원이 된 B~D 구역을 제외하면 대부분은 그 터만 남아 있는 상태. 따라서 미썬 유적이 궁금하지만 시간이 없다면 다낭의 참 박물관(p.102)으로 가보자. 미썬 지역의 유적 중 온전한 모양새거나 가치가 큰 조각들이 이곳에 모여 있다.

★ 미썬 유적지 방문하기

올드타운에서 차량으로 1시간 거리에 있으므로 보통 차를 대절하거나 투어를 이용하여 방문한다. 차량의 상태나 인원, 투본강 보트 투어 포함 여부에 따라 가격이 달라지며 가장 저렴하게는 10만 동부터 시작한다. 투어에 입장료나 식사가 포함되어 있는지 여부를 확인하자. 4인용 차량의 경우 왕복 100만 동 정도에서 협상할 수 있다.

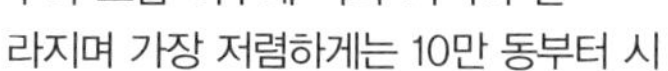

유적은 비교적 넓은 지역에 흩어져 있고 나무 그늘이 부족하므로 양산이나 모자는 필수다. 저가의 투어는 보통 오전 11시~오후 1시 사이에 유적을 둘러보게 되어 있지만 개별적으로 찾아간다면 더위를 피해서 아침 일찍 방문하는 것이 좋다. 유적지 한쪽의 공연장에서는 매일 참족 민속 공연(09:30, 10:30, 14:30)이 펼쳐지므로 시간이 맞으면 무료로 관람할 수 있다.

★ 참파 왕국의 역사

서기 192년 베트남 중부 해안에 거주하던 참족이 중국의 지배로부터 벗어나 독립 국가를 형성한 것이 참파 왕국의 기원이다. 좁은 띠 모양의 작은 국가는 인도와의 교역 과정에서 힌두교의 영향을 받았으며, 당시에 세워진 몇몇 힌두 사원 유적이 아직까지도 남아 있다. 4세기 무렵에는 대승불교가 유입되었으며 875년에는 인드라바르만 2세가 인드라푸라(현재의 다낭 근교)에 수도를 건설하고 대승불교를 채택한다. 9세기에서 10세기 사이 가장 왕성한 발전을 이룬 참파 왕국은 중국과 인도, 인도네시아 간의 중개무역으로 화려하게 꽃피웠으나 이후 크메르 제국과의 경쟁으로 인해 점차 그 세력이 약화되고, 결국 1471년 베트남 북부에 자리 잡은 다이 비엣Dai Viet(1054~1400년) 왕국의 공격으로 수도가 함락되었다. 남쪽으로 이주한 참족은 판두랑가(나트랑 남부 판랑 시)를 중심으로 참 왕국을 세우고 그 명맥을 유지했으나 1832년 응우옌 왕조의 민망 황제가 판두랑가를 점령하면서 응우옌 왕조에 편입되었다.

★ 미썬 유적지 관람 순서

미썬 유적지에는 발굴 순서에 따라 알파벳이 붙어 있다. 방문객은 입구에서 입장권을 구입한 후 미썬 박물관을 잠시 둘러보고 셔틀버스를 타고 이동한다. 버스에서 내린 후에는 길을 따라 전체 유적을 시계방향으로 둘러보게 된다. 공연장은 셔틀버스 정류장의 반대편에 위치하니 무료 공연을 볼 예정이라면 시간을 넉넉하게 계산하자. 유적지에는 나무 그늘이 부족하므로 양산이나 모자와 물을 꼭 챙겨가자.

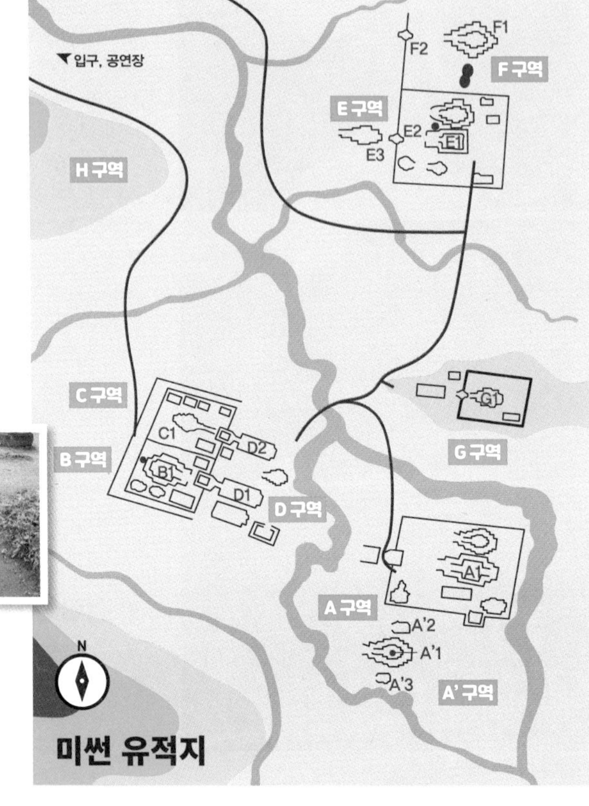

A 구역

10세기에 건설된 사원으로 출입문인 고푸라Gopura, 통로인 만다파Mandapa, 중앙 성소인 칼란Kalan으로 이루어져 있다. 동쪽에만 출입구를 내는 여타 사원들과 달리 서쪽에도 출입구가 만들어졌다. 꽃봉오리 모양의 아름다운 사원이었다고 하나 1969년 미 전투기의 폭격으로 현재는 그 잔해만이 있다.

B·C·D 구역

가장 많은 건물들이 남아 있는 곳이다. B 사원은 비교적 온전한 형태로 남아 있다. 팔각형의 기둥이나 힌두신인 시바를 상징하는 링가, 시바의 부인 샥티를 상징하는 요니, 혹은 두 개의 결합형인 링가요니를 볼 수 있다. 벽에는 기둥이 정교하게 조각되어 있다. C 사원은 8~12세기에 만들어진 것으로, 제단과 시바신의 부조가 일부 남아 있다. 주변에는 비석, 주춧돌, 석상, 석상좌대가 놓여 있다. D 사원은 8개의 팔을 가진 시바상이나 압사라, 도깨비, 동식물 모양의 부조 등 수십 종의 유물을 보관하는 전시관의 역할을 한다.

E·F 구역

계속 복원 중으로, 요니와 링가, 목이 날아간 형상, 소 형상 등을 볼 수 있다. 조각은 12~13세기 때 만들어진 것으로 추정된다.

링가 조각상

G 구역

복원 후 2015년 5월에 개방하였다. 2개의 공간으로 이루어진 건물 옆으로 좌대가 보이고, 뒤쪽 벽에는 도깨비 형상이 있다. 앞쪽에는 산스크리트어 비석이 있다.

H 구역

시바 신전으로, 중심 사원 칼란, 강당 만다파, 문 고푸라, 탑 카사그라Kosagraha 네 구조물로 이루어져 있었으나 베트남전쟁으로 대부분 파괴되고 현재는 칼란의 서쪽 벽만 남아 있다. 여덟 개의 팔을 가진 시바신의 무용이 묘사되었다고 하나 지금은 소실되었다.

★ 호이안의 레스토랑 & 카페

베트남 대표 관광지인 만큼 전체적으로 음식 가격이 높고 어딜 가도 메뉴가 비슷하다. 하지만 영어 메뉴판을 쉽게 접할 수 있어 편리한 점은 있다. 몇백 년 된 건물을 식당이나 카페로 활용하는 곳들이 많아 에어컨이 있는 곳이 드문 형편이다.

화이트 로즈 White Rose

호이안의 거의 모든 식당에서 판매하는 반바오반박과 호안탄찌엔의 원조집. 메뉴도 딱 두 가지뿐이다. 화이트 로즈라는 별명이 붙은 반바오반박은 한 접시에 두 종류가 나온다. 하나는 새우가 들어 있고, 다른 하나는 숙주와 채소가 들어 있다. 어떤 것이라도 재료 본연의 맛을 잘 살렸고 식감도 상당히 쫄깃하다. 호이안의 많은 식당이 이 집의 반바오반박을 사다가 재가공해서 판매한다고 한다.

주소 533 Hai Bà Trưng, Hội An
위치 올드타운에서 하이바쯩Hai Bà Trưng 거리를 따라 북쪽으로 도보 약 10분
운영 07:30~20:30
요금 반바오반박 7만 동, 호안탄찌엔 10만 동, 음료 1만 5천 동
전화 090-301-0986

비엣 응온 Viet Ngon

음식 맛과 위치, 직원들의 친절함까지 삼박자를 고루 갖춘 레스토랑. 호이안 3대 메뉴도 모두 취급하고, 그 3가지가 한 접시에 담겨 나오는 '테이스팅 플래터(Tasting platter)' 메뉴가 있다. 짜조Chả Giò, 파파야 샐러드Gỏi đu đủ 등이 굉장히 맛있으니 꼭 경험해보자. 다양한 덮밥류도 한국인 입맛에 꼭 맞는다. 올드타운에서 가깝지만 비교적 여유롭게 식사할 수 있는 것도 장점이다. 식당 내부도 상당히 깔끔하고 2층에는 에어컨 좌석이 있다.

주소 143 Phan Châu Trinh, Phường Minh An, Hội An
위치 올드타운 서쪽
운영 09:30~21:30
요금 짜조 7만 5천 동, 테이스팅 플래터 10만 5천 동
전화 093-240-4075

호로콴 Hồ Lô Quán

올드타운과는 다소 거리가 있지만, 한국 여행자들의 열렬한 지지를 받는 베트남 식당이다. 식당 전체가 에어컨 좌석에, 재료를 아끼지 않은 맛있는 음식을 제공하는 데다 직원들까지 상냥하니 그 이유가 수긍이 간다. 실내도 잘 정돈된 편이다. 베지테리언 메뉴는 메뉴판 뒤쪽에 따로 정리해놓았고 쿠킹 클래스도 진행한다. 와이파이를 무료로 사용할 수 있고 현금 결제만 가능하다.

주소 20 Trần Cao Vân, Phường Cẩm Phổ, Hội An
위치 올드타운에서 북쪽으로 도보 15분
운영 07:30~22:00
요금 스프링롤 9만 동, 샐러드 9만 동~
전화 090-113-2369

윤식당 Youn's Kitchen

호이안에서 만나게 되는 반가운 한글 간판, 바로 윤식당이다. 대부분의 한식당이 고기와 술이 메인인 데 반해 이곳은 기본적인 찌개나 쌈밥, 생선구이 등의 메뉴들이 많아 더 반갑다. 1~2층으로 된 식당은 에어컨으로 무장하였고 식당 내부도 정갈하다. 기본적으로 시원한 생수와 물티슈를 제공하고 어린이 의자와 식기도 따로 준비되어 있다. 밑반찬들이 정성껏 나오는데 직접 만드신다는 수준급의 김치도 맛볼 수 있다. 12시에 문을 열어 브레이크타임 없이 영업하고 일요일을 포함한 주말에도 영업한다.

주소 73 Nguyễn Thị Minh Khai, Phường Minh An, Hội An
위치 올드타운 서쪽 입구 직전
운영 12:00~22:00 (라스트오더 21:30)
요금 된장찌개 15만 동, 생삼겹살(220g) 24만 동, 소주 13만 동
전화 093-517-4356

미스 리 카페 Miss Ly Cafe

올드타운의 터줏대감, 오래된 맛집이다. 대표 메뉴는 까오러우와 화이트 로즈, 프라이드 완탄이다. 메뉴판 맨 위에 3개 메뉴가 정리되어 있다. 포크온누들(분팃느엉)과 공심채 볶음도 추천 메뉴. 다른 집들과 확연히 다른 맛을 자랑한다. 식자재는 모두 인근 농장에서 직접 공수해 사용한다고 한다. 레스토랑 내부는 상당히 고풍스럽고 우아하다. 다만 테이블 간격이 좁아 조금 불편할 수는 있다.

주소 22 Nguyễn Huệ, Hội An
위치 올드타운, 호이안 중앙시장에서 북쪽으로 도보 2분
운영 11:00~21:00
요금 호안탄찌엔 11만 동, 까오러우 6만 동
전화 090-523-4864

Vy's 마켓 레스토랑 Vy's Market Restaurant & Cooking School

호이안 야시장과 접한 레스토랑. 모닝글로리 레스토랑과 자매 레스토랑이다. 마치 푸드코트처럼 음식들을 만드는 코너가 따로 구획되어 있다. 국수, 샐러드, 육류와 해산물, 딤섬 등 매우 다양한 코너들이 있어서 구경하듯 둘러보고 주문할 수 있다. 주문은 좌석에 앉아서 메뉴판을 보고 하면 된다. 바로 옆에 델리도 같이 운영하고 웨스턴 음식도 취급하지만, 베트남 음식에 관심을 두는 것이 낫다. 음식 가격은 베트남 물가대비 상당히 비싼 편이지만 위치가 좋아 늘 관광객들로 넘쳐난다.

주소 3 Nguyễn Hoàng, Phường Minh An, Hội An
위치 호이안 야시장 초입 (안호이 다리를 뒤에 두고 왼쪽)
운영 11:00~22:00
요금 퍼보 5만 5천 동, 반베오 5만 5천 동, 팃느엉 7만 5천 동
전화 0235-392-6926

타이 키친 Thai Kitchen Hoi An, Bếp Thái

호이안의 대표 태국식당이다. 시그니처 메뉴는 파파야 샐러드인 쏨땀과 팟타이, 망고 밥이다. 똠얌꿍도 맛있는 편이고 마사만 커리, 파냉 등도 있어 메뉴 선택의 폭이 넓다. 주문 시, 매운 정도는 조절할 수 있다. 입구가 작고 눈에 잘 띄지 않아 지나치기 쉽다. 나무로 된 간판에는 Bếp Thái라고 베트남어로 크게 쓰여 있고 영어 표기는 그 밑에 작게 되어 있다. 미스 리 카페 맞은편에 자리한다. 규모는 아담한 편으로 에어컨이 있는 실내 좌석과 정원이 있는 야외 좌석으로 나누어진다.

주소 11 Nguyễn Huệ, Cẩm Châu, Hội An
위치 미스 리 카페 맞은편
운영 10:00~22:00
요금 똠얌꿍 12만 동, 쏨땀 7만 5천 동
전화 086-289-9146

누들 하우스 The Noodle House

베트남 전 지역의 국수를 한자리에서 맛볼 수 있는 국수 전문점. 누들 마니아들에게는 소중한 식당이다. 가장 기본인 퍼보, 퍼가를 시작으로 볶음국수인 미싸오, 후에 스타일의 매콤한 분보후에, 시원한 국물이 일품인 후띠에우 남방까지 준비되어 있다. 음식 맛에는 상당한 내공이 깃들어 있어 어떤 것을 주문해도 맛있게 먹을 수 있다. 추천 메뉴 표기가 있으니 주문 시, 참고로 하자. 올드타운 내 비싼 식당들에 비하면 가격도 합리적이고 양도 많다. 강변 쪽으로도 좌석이 나 있어 저녁 시간이 더 정취가 있다.

주소 13 Bạch Đằng, Cẩm Châu, Hội An
위치 호이안 중앙시장 바로 옆 강변 (아난타라 리조트 방면)
운영 10:00~22:00
요금 퍼보 7만 5천 동, 후띠에우 남방 7만 9천 동
전화 0235-393-9345

리칭 아웃 티하우스 Reaching Out Tea House

분주한 올드타운 한복판이라 믿을 수 없을 만큼 고요하고 아름다운 찻집이다. 장애인들이 기술을 배워 사회적 독립을 할 수 있도록 돕는 사회적 기업인 호아녑Hòa Nhập에서 운영한다. 이곳의 직원들은 모두 청각장애인들로 주문은 종이에 표시하고, 소통은 단어 블록으로 하면 된다. 베트남 티 테이스팅 세트가 있어 다양한 차를 음미해볼 수 있으며 로컬 커피도 판매한다. 뒤쪽 공간에는 같은 소속인 리칭 아웃 아트 앤 크래프트Reaching Out Art & Craft(p.216)에서 만든 수공예 액세서리, 소품이나 다기 등을 판매한다.

주소 131 Trần Phú, Hội An
위치 올드타운 쩐푸 거리, 득안 고가 옆
운영 08:00~20:00
요금 베트남 티 테이스팅 세트 14만 7천 5백 동, 로컬 커피 6만 2천 5백 동
전화 090-521-6553
홈피 www.reachingoutvietnam.com

소통은 이 단어 블록으로

호아 히엔 Hoa Hiên Restaurant

올드타운과는 거리가 있지만, 강추하고 싶은 곳. 올드타운 내 인기 식당인 퍼 쓰어와 같은 주인장이 운영한다. 가정집을 개조해 레스토랑으로 만들었는데, 넓고 아름다운 정원을 갖고 있다. 직원들도 굉장히 친절하다. 기본적인 호이안 음식에 반쎄오, 넴루이 등도 있고 다른 곳에서는 찾아보기 힘든 베트남식 비빔밥, 껌엄푸Cơm âm phủ도 있다. 호이안 칠리소스(tương ớt)를 요청해서 비벼 먹으면 달아났던 입맛도 다시 돌아올 것이다. 강변 쪽 좌석은 호이안 메모리즈 쇼(p.181) 공연장과 맞닿아 있다. 쇼를 보러 가기 전, 이곳에 들러 식사를 하고 가는 일정으로 구성한다면, Best Fit!

주소 33 Trần Quang Khải, Cẩm Châu, Hội An
위치 호이안 중앙시장에서 강변도로를 따라 동쪽으로 1.3km
운영 09:00~20:30
요금 반쎄오 7만 동, 껌안푸 13만 동
전화 090-311-2237

반미 프엉 Bánh Mì Phượng

호이안 바게트 샌드위치 계의 1인자. 가게는 허름하지만 맛은 이곳을 따라잡을 가게가 별로 없다. 여행자나 현지인 모두에게 인기 있는 곳인 만큼 긴 줄을 서서 기다리는 수고로움이 필요하다. 메뉴를 고르기 힘들다면 모든 속재료를 다 넣어 만드는 반미텁껌Bánh Mì Thập Cẩm을 맛보자. 2024년 1월 현재 휴업 중이다.

주소 2B Phan Châu Trinh, Hội An
위치 올드타운 북동쪽 외곽
운영 06:30~21:30
요금 반미(바게트 샌드위치) 2만 5천 동~
전화 090-574-3773

Tip | 반미텁껌

반미 프엉의 반미텁껌은 3번 메뉴! 돼지고기와 여러 채소가 빵 가득히 들어 있어 무난하게 먹기 좋다. 금액은 3만 5천 동.

피 반미 Phi Bánh Mì

호이안에는 반미 맛집이 여럿 있는데 이곳은 특히 담백하고 건강한 맛으로 인기를 끌고 있다. 자극적이지 않은 소스 덕분에 다양한 채소와 치즈, 고기와 빵의 조화로운 맛을 느낄 수 있다. 주문 시 매운맛 정도를 선택할 수 있으며, 저녁 늦은 시간에는 재료가 떨어져 주문할 수 없는 경우가 있으므로 부지런히 방문하기를 추천한다.

주소 88 Thái Phiên, Phường Minh An, Hội An
위치 올드타운 북쪽
운영 08:00~20:00
요금 반미 2만 동~
전화 090-575-5283

바레 웰 Bale Well restaurant

노점 스타일의 반쎄오, 넴루이 집. 배낭여행자들이 맥주와 함께 즐기던 저렴한 식당이었지만 지금은 한국인들 사이에 더 유명하다. 세트메뉴밖에 없어 편하지만, 먹고 싶은 것만 골라 먹을 수 없다는 불편함도 동반된다. 식당 내부는 널찍하고 손 씻는 곳도 따로 있다. 직원들은 매우 적극적이고 식당 인근에 있는 천 년이 넘은 우물Bale Well을 안내해 주기도 한다.

주소 45 Ngõ 51 Trần Hưng Đạo, Phường Minh An, Hội An
위치 올드타운 북동쪽, 퍼 쓰어 맞은편 골목으로 진입해 오른쪽 첫 번째 골목의 왼쪽
운영 10:00~22:30
요금 반쎄오+넴루이+람꾸온(짜조) 세트 12만 동(1인), 라루 맥주 1만 5천 동
전화 090-513-1911

퍼 쓰어 Phố Xưa

올드타운 북쪽에 자리한 캐주얼한 베트남 식당. 앞서 소개한 호아 히엔Hoa Hiên Restaurant과 함께 운영하는 곳이다. 주메뉴는 퍼보, 반쎄오, 분짜 등이 있다. 음식들은 다소 평범하고 메뉴가 다양하지는 않다. 다만 가성비가 좋고 올드타운을 크게 벗어나지 않은 위치라 오다가다 동선에 맞으면 한 번 들러 볼 만한 집이다. 입구에 한글로 '포슈아' 라고 써놓았다.

주소 35 Phan Chu Trinh, Phường Minh An, Hội An
위치 올드타운 북동쪽, 호이안 박물관에서 남쪽으로 도보 3분
운영 09:00~20:45 **요금** 퍼보 6만 5천 동, 분짜 6만 동, 반쎄오 6만 동
전화 098-380-3889

가네쉬 Ganesh Indian Food

베트남 전역의 분점 모두가 맛있다는 평을 듣는 유명한 인도 음식 체인점이다. 호이안 지점 역시 작지만 늘 자리가 모자랄 정도로 인기 있는 곳이므로, 인도 음식 마니아라면 꼭 한번 들러보자.

주소 99 Trần Hưng Đạo, Phường Minh An, Hội An
위치 올드타운 북쪽, 호이안 박물관을 등지고 오른쪽으로 300m
운영 11:00~15:00, 17:00~22:00
요금 탄두리 치킨(Half) 14만 9천 동, 램 커리 19만 동, 사이공 맥주 3만 동
전화 078-278-1672 **홈피** www.ganesh.vn

리틀 파이포 레스토랑 Little Faifo Restaurant

리틀 호이안 그룹에서 운영하는 고급 레스토랑이다. 건물 자체가 문화유산으로 지정되어 있어 고풍스러운 모습이 그대로 남아 있다. 고이꾸온, 미꽝과 까오러우, 반쎄오 등을 맛볼 수 있다. 플레이팅에도 신경 써서 보는 즐거움도 선사한다. 음식 가격은 일반 로컬식당보다 약간 높은 편이지만 분위기와 정중한 서비스 등을 고려하면 불만을 갖기 어렵다.

주소 66 Nguyễn Thái Học, Old Town, Hội An
위치 올드타운 중간 **운영** 09:00~22:00
요금 고이꾸온 7만 9천 동, 까오러우 8만 9천 동, 라루 맥주 4만 동
전화 0235-391-7444 **홈피** www.littlefaifo.com

모닝글로리 레스토랑 Morning Glory Restaurant

지금은 유명 셰프가 된 비Vy가 운영하는 대형 식당으로 여행자들 사이에서 가장 많이 알려진 식당이기도 하다. 올드타운 초입에 있고, 식당 외부가 화려해서 눈길이 더 간다. 유명세와 비교하면 음식들은 평범한 편이라 큰 기대는 하지 않는 것이 좋다. 직원들의 서비스 태도도 조금 아쉬운 편. 투어리스트 식당답게 내부는 깔끔하고 음식들도 예쁘게 나온다.

주소 106 Nguyễn Thái Học, Hội An
위치 올드타운 중심 **운영** 11:00~22:00
요금 반바오반박 9만 5천 동, 스프링롤 8만 5천 동, 과일요거트 3만 동
전화 0235-224-1555

더 카고 클럽 The Cargo Club

모닝글로리에서 운영하는 레스토랑 겸 카페. 베트남 음식도 있지만, 파스타나 피자, 스테이크 등의 서양 음식에 더 포커스가 맞춰져 있다. 2층의 테라스 좌석이 멋진 강 전망을 갖고 있다. 저녁 시간에는 이 자리에 앉기 위한 경쟁이 치열하다. 개인적으로 식사보다는 1층의 베이커리에서 판매하는 디저트와 케이크를 더 추천하고 싶다.

주소 109 Nguyễn Thái Học, Hội An
위치 모닝글로리 레스토랑 맞은편
운영 11:00~22:00 (6월 3일~12일까지 13:00~21:00)
요금 식사류 6만 동~16만 동, 케이크 6만 5천 동~
전화 0235-391-1227

호이안 중앙시장의 푸드코트 Food court of Chợ Hội An

호이안 중앙시장 안에 자리한 노점 식당 밀집 구역. 올드타운 내에서 가장 저렴하게 식사할 수 있는 곳이다. 까오러우, 반바오반박, 호안탄찌엔 등 호이안 음식들은 물론 미꽝, 퍼보, 퍼가, 고이꾸온을 전문으로 하는 식당들도 있다. 식사 금액은 보통 2~3만 동 내외. 식당 구역은 강변 반대쪽 입구와 가깝다.

주소 Trần Quý Cáp, Hội An
위치 호이안 중앙시장 내 **운영** 10:00~19:00
요금 국수 2~3만 동, 껌지아 3만 동~

강변의 노점 거리 Hoi An Street Food

꽁 카페에서 올드타운 방면으로 가는 강변에 몇 개의 노점들이 모여 있다. 쾌적한 환경은 아니고 좌석도 불편해 보이지만, 강 너머 보이는 야경만으로도 끌리는 곳이다. 주메뉴는 고기구이인 팃느엉Thịt nướng. 형형색색으로 물든 야시장을 바라보며 구운 고기에 시원한 맥주를 곁들이면 고급 식당 부럽지 않다. 모기는 좀 있을 수 있으니 미리 대비하고 물티슈 등을 준비하면 더 좋다.

주소 7 Nguyễn Thị Minh Khai, Phường Minh An, Hội An(POISON CAFÉ)
위치 꽁 카페와 포이즌 카페 사이의 강변
운영 17:00~22:00
요금 팃느엉 12만 동(10꼬치)~

엔 주스 N Juice

호이안의 명물인 반미 맛집 '반미 프엉' 근처에 자리한 생과일 전문점으로 테이블은 없고 테이크아웃만 가능하다. 올드타운에서 가까운 위치도 좋지만 주문하면 직접 눈앞에서 과일과 얼음을 함께 갈아주므로 믿을 수 있다. 특별히 첨가물을 넣지 않아 생과일의 진정한 새콤달콤함이 살아 있다. 올드타운에 머무는 날이 길어지면 길어질수록 더 자주 방문하게 되는 곳이다.

주소 2A Phan Chu Trinh, Cẩm Châu, Hội An
위치 반미 프엉 인근 **운영** 07:30~21:00
요금 과일 스무디 4만 5천~7만 5천 동
전화 097-748-2403

더 힐 스테이션 The Hill Station Deli & Boutique

카메라 셔터에 자꾸만 손이 가게 되는 곳. 베트남과 사랑에 빠진 노르웨이 출신의 주인장이 운영하는 델리 겸 레스토랑이다. 콜로니얼 스타일의 빛바랜 건물은 주변에서도 단연코 눈에 띈다. 공간이 주는 힘이란 이런 것인가 할 만큼 압도적이다. 본격적인 식사보다는 수제 맥주나 생맥주, 와인 등의 마실 것(Beverage)에 집중하고 있고 그것에 어울리는 메뉴들이 주력이다. 스낵 플레이트나 콜드 컷 플레이트 등의 구성이 꽤 좋은 편. 수제 맥주나 와인을 50% 할인받을 수 있는 해피아워(14~18시)를 노려보자.

주소 321 Nguyễn Duy Hiệu, Sơn Phong, Tp. Hội An
위치 올드타운의 동쪽 외곽, 차오저우 회관에서 도보 1분
운영 08:00~21:00
요금 스낵 플레이트 19만 5천 동, 베트남 커피 3만 동, 로컬 생맥주 3만 동~
전화 091-513-1066

파이포 커피 Faifo Coffee

루프톱 카페. 호이안 어디라도 비슷하지만, 이곳의 건물도 역시 세월의 흔적을 고스란히 간직하고 있다. 1~2층 모두 카페로 사용하고 한 층 더 올라가면 아담한 루프톱 공간이 나온다. 올드타운 거리를 조망할 수 있는 뷰 포인트 겸 사진 촬영 포인트다. 소문 듣고 찾아오는 사람이 많은 곳이므로 사진을 여유롭게 찍고 싶다면 아침 일찍 방문하는 것도 방법이다. 입구에서 먼저 주문하고 좌석에 앉으면 음료는 직원이 갖다 주는 방식이다. 들어가자마자 루프톱으로 직행하는 일은 하지 않도록 하자.

주소 130 Trần Phú, Old Town, Hội An
위치 올드타운 중간, 쩐푸 거리 **운영** 07:00~21:30
요금 파이포 스페셜 커피 5만 5천 동, 콜드브루 5만 5천 동
전화 091-349-5378

핀 커피 Phin Coffee

여기에 대체 뭐가 있으려나 싶게 좁은 골목을 따라 들어가면 비밀 아지트처럼 만나게 되는 카페. 직접 로스팅한 원두로 내린 커피는 까다로운 커피 마니아도 만족시킬 만큼 평판이 높다. 아메리카노나 라떼 등을 만들 때는 아라비카 종을, 베트남 커피를 만들 때는 로부스타 종을 사용한다. 커피와 알코올을 조합한 커피 칵테일도 특이한 메뉴. 골목 안에 자리해 매우 조용하고, 정원도 아기자기하다. 간단한 디저트도 있다.

주소 132/7 Trần Phú, Phường Minh An, Hội An
위치 올드타운 중간, 쩐푸 거리. 파이포 커피를 바라보고 바로 왼쪽의 아주 좁은 골목 안, 시크릿 레스토랑에서 왼쪽으로 10m
운영 08:00~21:00
요금 핀 커피 4만 5천 동, 라테 5만 동
전화 091-988-2783

두두 카페 Dudu Cafe Hoi An

중국 회관들이 몰려 있는 곳에 자리한 예쁜 카페. 고가나 회관 등을 모두 둘러보고 지친 발걸음을 쉬어가기에도 좋은 곳이다. 건물은 오래되었지만, 내부를 어느 정도 정리해 단정한 모습을 하고 있다. 입구에는 예쁜 문양의 홍등들이 반겨주고, 2층으로 올라가면 거리를 내다볼 수 있는 좌석이 있다. 기본적인 커피 외로 코코넛 커피, 에그 커피, 치즈 크림 커피 등이 있다. 판매하는 소품들을 구경하는 재미는 덤!

주소 11 Trần Phú, Cẩm Châu, Hội An
위치 올드타운의 쩐푸 거리 동쪽, 꽌꽁 사원에서 도보 1분
운영 07:00~22:00
요금 베트남 커피 3만 5천 동, 코코넛 커피 5만 9천 동
전화 039-279-6890

롤라이 Lolali Coffee

올드타운의 사람 많고 비싼 카페에 지쳤다면 이곳으로 가보자. 현지인들이 주로 이용하는 곳으로 좌석도 넓고 가격도 착하다. '길멍' 하기도 그만이라 한가롭게 앉아 바쁘게 돌아가는 올드타운을 바라보는 것도 재밌는 경험이 될 것이다. 에어컨은 없지만, 팬이 많아 그렇게 덥지 않다. 와이파이도 무료로 쓸 수 있다.

주소 10 Đường Cao Hồng Lãnh, Phường Minh An, Hội An
위치 올드타운 서쪽 입구 직전, 윤식당에서 도보 1분
운영 06:00~22:00
요금 베트남 커피 1만 8천 동~, 망고 주스 3만 5천 동
전화 089-854-5545

톡 tok. Bar and Restaurant

논 한가운데 둥지를 튼 캐주얼 파인다이닝 레스토랑 겸 바이다. 기존의 호이안 식당들과는 확연히 다른 콘셉트로 이미 입소문을 타고 있다. 음식들은 아시안 & 웨스턴 퓨전 스타일로 선택과 집중을 한 메뉴들을 선보인다. 한낮에도 좋지만, 오후 6시를 전후해서 분위기가 좋으니 가벼운 음식에 칵테일 등의 조합을 즐기는 것도 나쁘지 않다. 올드타운에서는 택시비는 9~10만 동 정도 예상하면 되고, 돌아갈 때는 직원에게 콜택시를 요청하면 된다. 바 이름인 톡tok.은 take over kitchen의 약자다.

주소 Trần Nhân Tông, Cẩm Thanh, Hội An
위치 올드타운과 끄어다이 해변 사이의 깜탄 지역, ĐX18 바로 옆길
운영 화~일 11:00~22:00 (월요일 휴무)
요금 샌드위치 20만 동(런치), 라비올리 29만 동(디너), 칵테일 18만 동~
전화 093-190-0565

마켓 바 Market Bar

와인 마니아들을 위한 바. 시장 한쪽에 자리한 건물 2층을 루프톱 형태로 꾸며 나름의 운치가 있다. 칵테일과 맥주가 있긴 하지만 주 메뉴는 와인. 호이안에 로제, 스파클링 와인 등을 글라스로 주문할 수 있는 곳이 드물어서 와인을 좋아하는 여행자라면 방문할 가치가 있다. 소파 좌석은 2개밖에 되지 않고 강가나 거리를 향해 있는 바 의자가 몇 개 있는 아담한 곳이다. 번화가와 떨어져 있어 조용하긴 하지만 어두운 강변의 전망은 볼 것이 없기도 하다. 오후 4시~6시 사이에 해피아워가 있고 바깥쪽으로 나 있는 계단을 통해 올라가면 된다.

주소 02 Bạch Đằng, Cẩm Châu, Hội An
위치 껌남교 북단과 박당 거리가 만나는 사거리
운영 16:00~23:00
요금 와인(글라스) 9만 5천~12만 5천 동, 와인(보틀) 65만 동~, 플래터 12만 동~
전화 098-580-7783

more & more 안방 해변의 레스토랑들과 카페

안방 해변에 자리한 레스토랑들이다. 일부 레스토랑은 식사를 하면 선베드를 무료로 이용할 수 있기도 하다. 차가 다니는 큰 도로에서 내려 어느 정도 걸어서 안쪽으로 들어가야 한다.

안방 해변 표지석

❶ 안방 비치 빌리지 레스토랑 An Bang Beach Village Restaurant

찾아가기는 좀 힘들지만, 안방 해변에서 가장 추천할 만한 레스토랑이다. 해변을 접하고 있지도 않고 골목 안쪽으로 200m 이상 걸어 들어가야 한다. 그런 점을 잘 알고 있는 주인장은 더 정성껏 음식을 만들고 마음으로 손님들을 대한다. 신선한 가리비나 오징어, 새우 등의 해산물 바비큐가 메인이고 스프링롤, 샐러드, 볶음밥 등도 판매한다. 땅콩 소스를 얹은 가리비구이가 특히 인기 있다. 볶음밥을 같이 주문해 소스에 비벼 먹으면 환상의 궁합! 레스토랑 내부는 소박하지만 에스닉한 분위기가 가득하다.

주소 To 6B, An Bang, Cẩm An, Hội An
위치 안방 해변 표지석에서 북쪽으로 약 550m
운영 11:00~22:00
요금 가리비구이 9만 동, 파파야 샐러드 7만 동, 맥주 2만 5천 동
전화 090-354-2613
홈피 www.anbangbeachvillage.com

❷ 돌핀 키친 & 바 Dolphin Kitchen & Bar

안방 해변의 레스토랑 중에서 한국인들에게 가장 인기가 좋은 곳이다. 음식이 인근 레스토랑에 비해 맛있고 금액도 합리적인 편. 직원들이 친절해서 아이와 동반하기에도 마음 편한 곳이다. 식사하면 해변의 선베드를 이용할 수 있고 샤워실도 깨끗하다.

위치 안방 해변 표지석에서 남쪽으로 약 150m
운영 08:00~22:00
요금 스프링롤 5만 5천 동, 가리비구이 9만 5천 동, 치즈버거 9만 동, 맥주 2만 동~
전화 077-249-4117

❸ 쇼어 클럽 Shore Club

블루 & 화이트 컬러가 지중해를 떠올리게 하는 레스토랑 겸 라운지. 안방 해변의 레스토랑 중 고급스러운 분위기다. 활용도는 크지 않지만, 수영장이 있는 덱 하우스The Deck House도 같이 운영한다. 해변이 잘 보이는 라운지는 최소 주문 비용이 있다.

위치 안방 해변 표지석에서 북쪽으로 약 300m
운영 09:00~22:00
요금 치킨윙 16만 동, 피자 15만 동~,
시푸드플래터(2인용) 65만 동, 맥주 5만 동~
전화 090-975-7116

❹ 소울 키친 Soul Kitchen

쇼어 클럽에 비해 좀 더 자유스럽고 히피스러운 분위기다. 안방 해변 중심에 있고 비교적 깨끗한 샤워실을 갖추고 있다. 서양 음식보다는 베트남 음식을 비롯한 아시안 퓨전 음식들이 더 강세.

위치 안방 해변 표지석에서 북쪽으로 약 100m
운영 07:00~23:00
요금 반미 8만 동,
해산물 볶음밥 13만 동,
새우 팟타이 17만 5천 동,
맥주 3만 5천 동~
전화 090-644-0320

❺ 사운드 오브 사일런스 Sound Of Silence Coffee Shop

식사나 해수욕은 원하지 않는데, 바다를 바라보며 커피를 한잔하고 싶다면 이곳을 방문해보자. 안방 해변 남쪽에 자리한 카페로, 조용하면서 여유롭게 바다를 감상할 수 있다. 안방 해변 표지석 기준으로 1.5km 정도 떨어져 있어 걸어가긴 힘든 거리다.

주소 40 Nguyễn Phan Vinh, Cẩm An, Hội An
위치 안방 해변 표지석에서 남쪽으로 약 1.5km
운영 07:00~19:00
요금 베트남 커피 6만 5천 동~,
핸드드립 커피 8만 5천 동~,
콜드브루 5만 동
전화 079-431-0286

★ 호이안의 스파

거리를 지나다 보면 스파숍 간판을 수없이 만나지만 제대로 된 곳을 만나게 되기는 쉽지 않다. 규모가 어느 정도 있고 시설도 깨끗한 스파숍들은 올드타운 중심보다는 약간 외곽에 자리한다.

빌라드스파 Villadespa Hoi an

한국인이 운영하는 대형+고급 스파숍으로 호이안에서 가장 쾌적하고 럭셔리한 시설을 갖고 있다. 오일 마사지와 핫스톤 마사지 등에는 태국의 탄Thann 제품(라벤더 향)을 기본적으로 사용한다. 방콕의 탄 스파숍보다 훨씬 합리적인 가격으로 경험해볼 수 있다. 약간의 추가 요금을 내면 탄의 프리미엄 라인인 아로마틱 우드 등으로 변경도 가능하다. 호이안 숙소에 머물면서 2인 이상 예약할 경우, 픽업을 받을 수 있고 짐 보관과 샤워도 무료로 이용할 수 있다. 스파숍 건물도 예쁘니 인증사진은 필수!

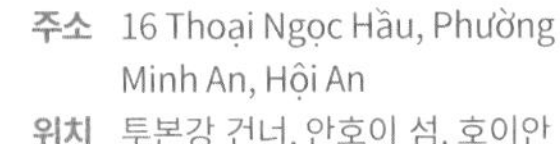

주소 16 Thoại Ngọc Hầu, Phường Minh An, Hội An
위치 투본강 건너, 안호이 섬. 호이안 야시장에서 서쪽으로 550m
운영 10:30~22:30
요금 아로마 마사지(60분) 43만 동, 딥티슈 마사지(60분) 47만 동 (매너팁 별도)
전화 090-132-3682 (**카톡** 빌라드스파)
홈피 www.villadespa.com

라 스파 La Spa

다낭과 호이안의 여러 호텔 스파 중에서 가장 잘 알려진 곳이다. 라 시에스타 리조트 & 스파로 이름을 바꾸기 전인 에센스 호텔 시절부터 유명했던 곳으로, 많은 이용객들의 검증이 있어 안심하고 이용할 수 있다. 합리적인 가격에 고급스러운 호텔 마사지를 즐길 수 있어 무척 인기 있는 곳이므로 이곳에서 마사지를 받고 싶다면, 최소한 3일 전에 미리 홈페이지를 통해 예약하는 것이 좋다. 라 시에스타 호텔 숙박객은 일반적으로 할인 혹은 추가 마사지 서비스를 받을 수 있다.

주소 132 Hùng Vương, Thanh Hà, Hội An
위치 올드타운에서 서쪽 1km, 라 시에스타 호텔 내
운영 08:30~21:00
요금 핫스톤 마사지(60분) 89만 동, 포핸드 마사지(60분) 149만 동
전화 0235-391-5915
홈피 laspas.vn/hoi-an

미노 스파 MyNo Spa

투본강 건너, 안호이 섬 안쪽에 자리한 로컬 마사지숍. 일부러 찾아가야 하는 위치임에도 불구하고 저렴한 가격과 뛰어난 마사지 실력으로 한국인들 사이에 입소문이 자자하다. 이곳의 시그니처 마사지는 타이 마사지와 오일 마사지를 결합한 프로그램으로 최소 90분부터 시작한다. 오일 마사지 외로 베트남에서 보기 힘든 건식 마사지(타이 마사지) 프로그램도 보유하고 있다. 한글로 '미노 스파'라고 적혀 있고 카톡(간단한 영어 사용)으로 예약할 수 있어 편리하다.

주소 115 Ngô Quyền, Phường Minh An, Hội An
위치 투본강 건너, 안호이 섬 안쪽. 빈흥 리버사이드 리조트 입구
운영 09:00~22:30
요금 미노 시그니처(90분) 57만 동, 타이 마사지(90분) 60만 동, 발 마사지(60분) 28만 동
전화 090-551-7867 (**카톡** mynospa)
홈피 mynospahoian.com

릴렉시 RELAXY-Foot and Body care

올드타운 내에 자리한 마사지 숍. 스파나 마사지숍들이 올드타운 내에 자리한 경우가 드물어서 아주 반가운 곳이다. 올드타운을 산책 끝에 리프레시 하기에도 그만이다. 많이 걷는 것을 힘들어하는 일행이 있을 때도 유용하게 활용해보자. 시설도 깔끔하고 발 마사지 의자도 안락하니 금상첨화. 발 마사지는 30분, 45분, 60분 단위로 나누어져 있어 바쁜 여행자들도 이용하기 좋다.

주소 31 Trần Phú, Phường Minh An, Hội An
위치 올드타운 쩐푸 거리, 푹끼엔 회관 맞은편
운영 09:00~22:00
요금 발 마사지(45분) 29만 9천 동, 등 & 어깨(60분) 44만 9천 동
전화 090-588-4681

★ 호이안의 쇼핑

호이안에서는 쇼핑을 하게 될 확률이 높다. 트렁크는 비워두고 지갑은 채워두는 것이 좋다. 올드타운 중 쩐푸Trần Phú 거리에 쇼핑을 위한 스폿이 밀집되어 있고 호이안 중앙시장 인근에도 많은 기념품 가게들이 몰려 있다.

리칭 아웃 아트 & 크래프트 Reaching Out Art & Craft

장애인들의 자립을 돕는 사회적 단체에서 운영하는 핸드메이드 숍. 함께 운영하는 리칭아웃 티하우스Reaching Out Tea House(p.204) 뒤편에 자리하고 있다. 주로 수공예 액세서리나 도자기, 다기 세트, 기념품 등과 한 땀 한 땀 수놓아 만든 패브릭 제품들을 판매한다. 매장 한쪽에는 제품들을 제작하는 공방이 있어 만드는 과정을 볼 수도 있다. 구매 욕구가 드는 제품들이 상당히 있다.

주소 131 Trần Phú, Hội An
위치 올드타운 쩐푸 거리, 리칭 아웃 티하우스 내
운영 08:00~18:30(일요일 휴무)
전화 0235-391-0168
홈피 www.reachingoutvietnam.com

메티세코 Metiseko

천연 실크와 유기농 면을 소재로 한 고급스러운 제품을 판매한다. 2011년 프랑스 디자이너가 설립한 로컬 브랜드로 멋스러운 실크 원피스와 블라우스, 스카프, 파우치, 인테리어 소품들이 주를 이룬다. 금액은 어느 정도 지불하더라도 품질 좋은 제품들을 찾고 있었다면 가장 먼저 방문해야 하는 곳. 천연 실크와 유기농 면을 판매하는 매장이 올드타운 쩐푸Trần Phú 거리에 나란히 있다.

주소 140 Trần Phú, Phường Minh An, Hội An
위치 올드타운 쩐푸 거리
운영 08:30~21:30
전화 0235-392-9278 **홈피** metiseko.com

선데이 Sunday in Hoi An

감성 넘치는 라이프스타일 숍. 미니멀하면서 단정한 그릇, 독특한 문양의 해초 왕골 바구니, 우드 카빙 제품들, 귀여운 라탄백 등을 판매하고 있다. 2층에는 패브릭 제품들이 모여 있다. 한 가지 한 가지 오브제가 될 만한 제품들이라 구경하다 보면 시간 가는 줄 모른다. 과감하지만 귀여운 디자인의 액세서리와 엽서, 헤어핀 등도 있으니 간단한 기념품이나 선물을 사기에도 부담 없다. 내원교 바로 옆에 자리해 찾기도 쉽다.

주소 184 Trần Phú, Old Town, Hội An

위치 내원교에서 쩐푸 거리로 진입 하자마자 왼쪽
운영 09:00~21:00
전화 079-767-6592
홈피 www.sundayinhoian.com

징코 티셔츠 Ginkgo T-shirts

베트남에서 태어난 의류 브랜드로 오가닉 면을 사용한 티셔츠를 주로 판매한다. 면 자체가 얇고, 하늘하늘해서 더운 날씨에도 착용하기 좋다. 의류의 패턴은 베트남 지도, 베트남 생활 속에서 발견할 수 있는 풍경, 오토바이 등이라서 기념으로 사기에도 적당하다. 의류 외로 에코백, 네임태그, 모자, 파우치 등도 판매한다. 패브릭의 선정부터, 패턴, 디자인, 마무리까지 모든 공정이 베트남에서 이루어지며, 이 부분에 큰 자부심을 갖고 있다.

주소 115 Trần Phú, Phường Minh An, Hội An
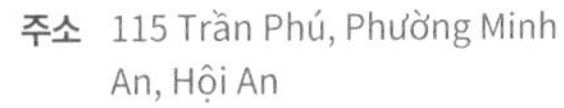
위치 올드타운 쩐푸 거리
운영 09:00~21:00
전화 0235-392-1379

아트북 Artbook Souvenirs

오래된 책들과 빈티지 소품들을 구입할 수 있는 곳. 주된 품목은 영화의 모티브가 된 옛날 소설책, 오래된 영화 포스터들과 그림, 엽서, 코스터, 마그넷, 스티커 등이다.
금액도 저렴하고 부피도 크지 않은 제품들이 대부분이라 여행 기념품으로도 적당하다. 보면 볼수록 재미있는 제품들이 숨어 있는 곳이니 찬찬히 둘러보면서 마음에 드는 물건을 찾아보자.

주소 114 Trần Phú, Phường Minh An, Hội An
위치 올드타운 쩐푸 거리
운영 09:30~21:30
전화 0235-380-0225

알루비아 초콜릿 Alluvia Chocolate Hội An

베트남 메콩강 삼각주 지역의 초콜릿을 판매하는 곳. 직접 운영하는 농장에서 유기농 농법으로 생산한다고 한다. 20여 가지 초콜릿 중에 맛을 보고 고를 수 있으며 고급스럽게 포장되어 있어 선물용으로도 좋다. 다양한 커피 원두와 커피 용품들도 구입할 수 있고 아라비카와 로부스타를 혼합한 원두가 인기 있다. 대나무로 만든 소품이나 베트남 느낌이 물씬 나는 수채화 등의 그림도 합리적인 가격으로 구매할 수 있다.

주소 117 Phan Chu Trinh, Phường Minh An, Hội An
위치 내원교에서 북쪽으로 200m
운영 09:00~21:00
전화 079-767-6592
홈피 www.alluviachocolate.com

후라라 Huulala Hội An

휴양지에서 입으면 딱 좋을 아이템들이 많아 여성들이라면 발걸음을 멈출 수밖에 없는 곳이다. 후라라Huulala는 베트남 디자이너가 만든 브랜드로 주 제품은 화려한 자수가 놓인 리넨 셔츠와 원피스, 에코백, 파우치, 에이프런 등이다. 가격은 베트남 물가대비 비싼 편(자수 리넨 셔츠 240~260만 동, 원피스 340~350만 동)이지만 핸드메이드 제품들임을 참작하면 수긍이 가는 면이 있다.

주소 79 Trần Phú, Phường Minh An, Hội An
위치 올드타운 쩐푸 거리
운영 09:00~21:00
전화 079-767-6592

코펜하겐 딜라이트 Copenhagen Delights Hoi An

호이안 유일의 아동복 전문 매장이다. 코펜하겐 딜라이트는 덴마크 출신 디자이너인 피아 노르만Pia Normann이 만든 대니쉬 스타일의 유아 & 아동 의류 브랜드이다. 하노이에 본사가 있고 호찌민에도 지점이 있다. 편안하면서 내구성이 강한 원단을 사용한 아동용 의류와 수영복, 엄마들을 위한 옷들이 주류를 이룬다. 엄마와 아이가 함께 입을 수 있는 커플 아이템들도 있고 가방, 액세서리, 장난감 등 다양한 소품들도 판매하고 있다.

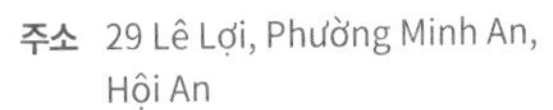

주소 29 Lê Lợi, Phường Minh An, Hội An
위치 올드타운 레러이 거리
운영 09:30~21:30
전화 0235-391-6333
홈피 www.copenhagendelights.com

more & more 호이안 필수 쇼핑 목록!

한국에서 구입하기 힘든 독특한 디자인의 라탄 가방이나 가격 대비 질 좋은 실크 스카프는 수공예로 유명한 호이안에서 꼭 사야 할 기념품이다. 친구들에게 부담 없이 선물할 수 있는 소품이나 액세서리도 왠지 호이안의 물건이 더 예뻐 보인다. 올드타운의 골목골목을 둘러보다 보면 의외의 장소에서 내게 딱 맞는 물건을 발견하게 된다. 정가제가 아닌 가게에서는 흥정이 필수!

❶ 라탄 가방

한국인에게 가장 인기 있는 쇼핑품목인 만큼 호이안 곳곳에서 쉽게 찾아볼 수 있다. 수제품이므로 마감이 제대로 되어 있는지 등을 꼼꼼하게 확인해야 한다.

쇼핑 장소 호이안 중앙시장, 호이안 야시장

❷ 실크 스카프

세계적으로 명성이 자자한 베트남 실크. 그중에서도 호이안은 특히나 유명했던 곳이니 실크 제품은 필수 쇼핑 품목에서 빠질 수 없다. 시장이나 기념품 숍에서도 가성비 좋은 실크 스카프를 판매하지만, 좀 더 고급스러운 제품을 원한다면 메티세코 Metiseko 등 전문 매장을 방문해보자.

쇼핑 장소 메티세코

❸ 맞춤옷

호이안에서는 전문 숍이나 옷 시장에서 각자의 몸에 딱 맞는 맞춤옷을 제작할 수 있다. 호이안의 맞춤옷은 특히 가성비가 좋아 서양인의 경우, 여행 와서 반드시 양복을 맞춘다고 한다. 옷감과 디자인을 미리 정하고 가면 훨씬 수월하다. 단, 매장마다 보유 원단이나 가격이 다르니 반드시 여러 곳을 둘러보고 결정해야 한다.

쇼핑 장소 올드타운 맞춤옷 매장, 호이안 옷 시장

❹ 가죽 가방

호이안의 수많은 가죽제품은 시장에서 떼어오는 물건과 숍에서 직접 제작하는 물건으로 나뉜다. 호이안의 가죽제품이 저렴하긴 하지만 디자인과 마감을 제대로 체크하지 않으면 나중에 오히려 실망할 수 있다. 비싼 제품인 만큼 그 가치가 있는지 꼼꼼하게 확인하자.

쇼핑 장소 올드타운 가죽 전문매장

❺ 여름 모자

굳이 찾지 않아도 호이안 어디서나 쉽게 볼 수 있는 베트남 전통 모자는 여행 초반에 제대로 골라 구입하는 것이 좋다. 베트남 전통복장은 물론 가벼운 원피스에도 어울리는 모자는 호이안 여행의 필수품이다.

쇼핑 장소 호이안 야시장

❻ 원피스 & 냉장고바지

한국에서 가져온 옷이 아무리 많아도, 호이안에 왔다면 베트남 전통의상이나 무늬가 화려한 원피스, 혹은 통풍이 잘되는 냉장고바지 하나쯤은 사 입어야 할 것 같다. 최대한 화려하고, 보기만 해도 즐거워지는 무늬에 도전해보자. 가게마다 개성 넘치는 옷이 있으니 고르는 재미가 쏠쏠하다.

쇼핑 장소 올드타운 옷 매장

❼ 담수진주

후에와 다낭 인근의 민물호수에서 양식하는 담수진주. 고급스러운 해수진주에 비할 바는 아니지만, 천연진주인만큼 자연스러운 빛깔이 아름답다. 모양도 크기도 들쑥날쑥하지만 짝을 맞춰 잘 골라보자.

쇼핑 장소 호이안 시장, 야시장 노점

❽ 전통 등

호이안의 곳곳을 아름답게 밝히는 전통 등은 호이안 여행을 기억하고자 하는 여행자에게는 최고의 기념품! 야시장이 열리는 거리 입구에 대부분의 전통 등 판매점이 위치하고 있다. 크기와 무늬에 따라 비슷한 가격이 형성되어 있으므로 여러 곳에서 가격을 확인하는 것이 좋다.

쇼핑 장소 호이안 야시장 인근 상점

❾ 디자인 소품

올드타운에서는 가게마다 독특한 디자인의 소품을 판매한다. 열쇠고리나 동전지갑, 알록달록 수를 놓은 가방까지 다양한 소품을 고르는 재미가 있다. 다낭이나 후에에서도 소품을 구입할 수 있지만 독특한 디자인의 소품을 고르기에는 호이안이 제격이다.

쇼핑 장소 올드타운의 소품 숍, 호이안 야시장

★ 호이안의 숙소

숙소는 크게 올드타운과 해변, 두 군데로 나뉜다. 올드타운 근처의 숙소들은 기동력이 좋고 주변 인프라가 풍부한 대신 오래된 숙소들이 많다. 해변의 숙소들은 그 반대인 경우가 대부분이다. 휴양과 관광 중 어디에 더 무게 중심을 둘 것인지에 따라 숙소를 정하는 것이 좋다.

5성급

신라 모노그램 Shilla Monogram Quangnam Da Nang

한국의 호텔 브랜드인 더 신라 호텔 & 리조트에서 런칭한 리조트. 충분한 부대시설과 전용 해변, 깔끔한 객실 등 5성급 숙소가 갖추어야 하는 조건은 모두 갖추었다. 총 객실은 300여 개로 상당히 규모가 있는 편이며 객실에 따라 오션뷰가 나오는 곳도 있다. 수영장은 모두 4개로 유아 수영장, 아동 수영장, 성인 수영장, 가족 수영장으로 나누어진다. 부대시설 중 수영장 외로 한국식 사우나가 굉장히 잘 되어 있고 여러 종류의 야외 자쿠지도 함께 운영 중이다. Gym은 24시간 운영한다. 2020년 소프트 오프닝을 했으나 팬데믹과 맞물려 2022년이 돼서야 본격 영업 중이다.

주소 Lạc Long Quân, Điện Ngọc, Điện Bàn
위치 호이안 초입 해변, 몽고메리 골프장 맞은편
요금 슈피리어 200$~, 프리미어 디럭스 250$~, 코너스위트 340$~
전화 0235-625-0088
홈피 www.shillamonogram.com

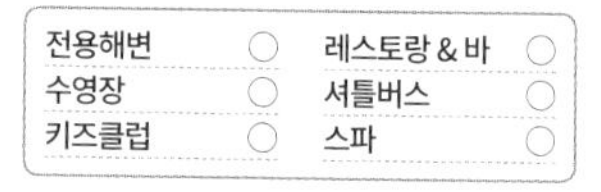

교통 정보	호이안 올드타운까지 약 14km 정도 거리, 차량으로 20분 소요 ※다낭과 호이안의 중간에 자리 잡고 있어 다낭 시내 혹은 호이안 올드타운으로 이동 시에 택시 비용을 어느 정도 감수해야 한다. 행정 구역상으로는 호이안이 속한 꽝남 성에 속한다.
객실	여행자들이 가장 많이 이용하는 객실은 슈피리어, 디럭스, 프리미어 디럭스이다. 객실 크기는 모두 같고 뷰에 따라 차이가 있다. 오션뷰가 보장되는 객실은 프리미어 디럭스. 코너 스위트는 각 층의 맨 끝에 자리한 객실로 더블사이즈 침대 2개가 있다. 커넥팅이 되는 객실이 제한적인 호텔이라 성인 2인+어린이 2인이나 성인 4인 등의 가족 여행자들에게 좋은 선택이 될 수 있다. 호텔 객실 외로 레지던스와 빌라가 있다.
수영장	총 4개(유아용, 아동용, 성인용, 가족용) / **이용시간** 07:00~22:00(야간 수영 가능, 단 유아용 & 아동용은 07:00~19:00)
F & B	총 4개의 레스토랑과 바가 있다. 메인 레스토랑 겸 조식당은 리셉션 아래층에 자리한 다이닝 M이다.
액티비티	리틀모노그램이라 부르는 키즈클럽이 있고 프로그램이 상당히 잘 되어 있다. 대부분 무료 프로그램이고, 해변에서 진행하는 카약, 패들, 서핑 등의 체험은 유료지만 저렴하다.
숙소이용 Tip	· 다낭 공항에서 호텔까지 무료 셔틀을 하루 4회 운행한다. (09:00/11:00/14:00/17:00) · 사우나는 만 13세 이상만 이용할 수 있다.

4성급

알레그로 호이안 Allegro Hoi An. A Little Luxury Hotel & Spa

호이안에서 좋은 평을 받고 있는 리틀 호이안 그룹Little Hoi An Group에서 2018년 오픈한 호텔. 올드타운 인근에서 가장 추천할 만한 숙소다. 올드타운의 숙소들은 사진으로만 보면 대부분 예뻐 보인다. 하지만 실제로 가보면 너무 낡았거나 관리가 안 돼서 실망하는 경우도 적지 않다. 하지만 이곳에서라면 그런 걱정은 하지 않아도 좋다. 비교적 최근에 지어져 아직까지는 새 숙소의 컨디션을 유지하고 있고 올드타운까지 도보로 7~8분 거리에 있어 접근성도 매우 좋다. 세련된 콜로니얼 스타일의 호텔 분위기는 호이안의 정취와도 딱 어울린다. 수영장과 부티크 숍, 스파 등의 부대시설도 충실하고 직원들의 친절함도 돋보인다. 기본 객실인 주니어 스위트의 객실 크기도 여유롭고 객실 비품들도 정갈하게 준비되어 있다.

주소 86/2 Trần Hưng Đạo, Phường Minh An, Hội An
위치 올드타운 북쪽
요금 주니어 스위트 100$~, 커넥팅 스위트 190$~
전화 0235-352-9999
홈피 www.allegrohoian.com

전용해변	×	레스토랑 & 바	○
수영장	○	셔틀버스	○
키즈클럽	×	스파	○

교통 정보	호이안 올드타운까지 약 700m
객실	5층 건물에 총 94개의 객실이 있다. 가장 기본 객실인 주니어 스위트(1~2층)도 47㎡로 상당히 큰 편이다. 그 다음 카테고리인 리틀 스위트(3~5층)도 크기는 비슷하고 다만 층이 높아 뷰에 유리하다. 패밀리 스위트는 더블베드1개 + 싱글베드1개로 구성되어 있어 가족 여행자들이나 성인 3인이 묵기에 적합하다. 침실 2개가 연결된 커넥팅 스위트도 있다.
수영장	1개 / **이용시간** 06:00~22:00
F & B	총 2개의 레스토랑과 바가 있다. 메인 레스토랑 겸 조식당은 리셉션과 가까운 곳에 자리한 멜로디 Melody이다. 뷔페로 조식을 제공한다.
숙소이용 Tip	호텔에서 안방비치(Deck House Restaurant)까지 하루 3회 무료 셔틀을 왕복으로 운영한다. 셔틀은 올드타운 근처 리틀 호이안 그룹의 숙소들과 공유해서 사용한다.

해변

5성급

포시즌스 더 남하이 Four Seasons Resort The Nam Hai

다낭과 호이안을 통틀어 가장 럭셔리한 숙소다. 최고급 호텔 체인인 포시즌스의 리조트로 일반 빌라와 1~5베드룸 풀빌라로 구성되어 있다. 약 10만 평이나 되는 넓은 부지에 W자로 빌라들을 배치해서 정도의 차이는 있지만 모두 바다를 향해 있다. 그 중심에는 3단 수영장이 자리하고 있는데 겨울에도 수영할 수 있도록 수온 조절을 한다. 객실은 중후하면서 기품이 느껴진다. 풀빌라들의 개인 풀의 크기도 넉넉해서 웬만한 작은 숙소의 공용수영장만 하다. 스파와 키즈클럽, 데일리 액티비티, 조식 등도 최상급 수준이고 세심한 직원들의 케어도 빠질 수 없는 장점이다.

주소 Block Ha My Dong B, Điện Dương, Điện Bàn
위치 하미 해변
요금 1베드룸 빌라 780$~, 1베드룸 풀빌라 1,240$~, 2베드룸 풀빌라 2,100$~
전화 0235-395-9879
홈피 www.fourseasons.com/hoian

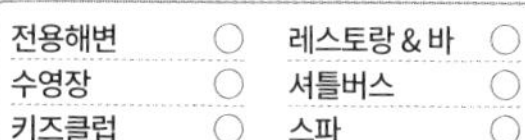

전용해변	○	레스토랑 & 바	○
수영장	○	셔틀버스	○
키즈클럽	○	스파	○

4성급

시타딘 펄 호이안 Citadines Pearl Hoi An

호이안의 오래된 숙소들이 부담스러웠거나 모던한 숙소를 선호하는 여행자라면 이곳을 눈여겨봐두자. 안방 해변 북단에 자리한 복합 리조트로 호텔 형식의 숙소와 주방이 딸린 아파트먼트 형식의 숙소가 함께 있다. 리조트 내부에 수영장은 물론 식당 등이 있는 상가와 극장까지 입점해 있다. 수영장의 크기도 1,600㎡로 상당히 크다. 리조트 쪽 객실은 슈피리어와 디럭스로 나누어지고, 오션뷰 유무에 따라 가격이 조금씩 달라진다. 아파트먼트 객실은 1베드룸인 스튜디오부터 시작해 3베드룸까지 있다. 호이안 올드타운까지 하루 5회 무료 셔틀을 운행한다.

주소 An Bang Beach, Điện Dương, Điện Bàn
위치 안방 해변 북단 (호이안 초입)
요금 슈피리어(오션뷰/호텔동) 70$~, 1베드룸(아파트) 80$~, 3베드룸(아파트) 190$~
전화 0235-220-8888
홈피 www.discoverasr.com

전용해변	○	레스토랑 & 바	○
수영장	○	셔틀버스	○
키즈클럽	×	스파	○

5성급

빈펄 리조트 & 골프 남호이안 Vinpearl Resort & Golf Nam Hoi An

장단점이 극명한 곳이다. 유아나 어린이가 있어 관광보다는 물놀이가 목표인 가족 여행자들에게는 최적의 숙소다. 아주 잘 지은 한국의 콘도미니엄 같은 리조트로 일반 객실과 2~3베드룸 풀빌라로 되어있다. 이 숙소의 부대시설과도 같은 빈펄 골프장 남호이안과 워터파크 겸 테마파크인 빈원더스가 지척에 있다. 리조트에서 빈원더스까지 30분마다 셔틀이 다닌다. 어른들은 골프를 즐기고, 아이들은 온종일 수영장에서 노는 일정을 고려해볼 수 있다. 하지만 숙소 주변에 인프라가 전혀 없고 시내와 거리가 멀어 관광할 때는 불편함을 감수해야 한다.

주소 Bình Minh, Thăng Bình
위치 호이안 올드타운에서 남쪽으로 20km(차량으로 30분 거리)
요금 디럭스 160$~, 디럭스+빈원더스 포함 190$~,
2베드룸 풀빌라 300$~
전화 0235-367-6888 **홈피** www.vinpearl.com

전용해변	○	키즈클럽	○	셔틀버스	○
수영장	○	레스토랑&바	○	스파	○

5성급

르네상스 호이안 리조트 & 스파 Renaissance Hoi An Resort & Spa

끄어다이 해변의 남쪽 끝에 자리하고 있는 리조트로 2017년 5월에 오픈했다. 크지 않은 규모지만 일반 객실과 풀빌라를 모두 갖고 있다. 이 숙소에서 주목해야 할 것은 풀빌라로, 성인 8~10인까지 투숙 가능한 4베드룸과 5베드룸이 있기 때문이다. 워크숍을 위한 여행이나 대가족 여행자들에게 유용한 객실이라 할 수 있다. 바다와 이어진 것 같은 대형 수영장과 스파, Gym, 키즈클럽 등 부대시설들은 충분하지만 아쉽게도 프라이빗 해변은 없다. 리조트에서 호이안 올드타운과 안방 해변을 다니는 셔틀이 있지만, 무료가 아니다.

주소 Tổ 6, Khối Phước Hải, Phường Cửa Đại, Hội An
위치 끄어다이 해변 남쪽 끝
요금 디럭스 150$~,
4베드룸 풀빌라 750$~
5베드룸 풀빌라 850$~
전화 0235-375-3333
홈피 www.vinpearl.com

전용해변	╳	레스토랑 & 바	○
수영장	○	셔틀버스(유료)	○
키즈클럽	╳	스파	○

4성급

빅토리아 호이안 비치 리조트 Victoria Hoi An Beach Resort

베트남과 라오스 등에 브랜치를 가진 빅토리아 그룹의 4번째 숙소. 콜로니얼 스타일의 고풍스러움을 간직하고 있다. 해변 전망이 시원한 수영장과 푸르른 정원은 휴양지 느낌이 물씬 난다. 강과 바다 사이에 자리하고 있어 다양한 자연의 모습을 볼 수 있기도 하다. 가장 저렴한 스탠더드룸도 높은 천장과 넉넉한 공간, 전통 문양의 장식으로 예쁘게 꾸며져 있다. 베트남식과 일본식이 혼합된 빌라(스위트룸)는 바다를 내 앞마당처럼 볼 수 있어 인기다. 호이안 올드타운까지 하루 3회 무료 셔틀을 운행한다.

주소 Beach, Âu Cơ, Street, Hội An
위치 끄어다이 해변
요금 스탠더드 리버뷰 95$~, 슈피리어 가든뷰 105$~, 주니어 스위트 205$~
전화 0235-392-7040
홈피 www.victoriahotels.asia

전용해변	○	레스토랑 & 바	○
수영장	○	셔틀버스	○
키즈클럽	○	스파	○

4성급

팜 가든 리조트 & 스파 Palm Garden Resort & Spa

각종 럭셔리 호텔 수상 경력이 있는 유서 깊은 리조트로 드넓은 정원과 아름다운 조경이 타 리조트를 압도한다. 호이안에서는 드물게 해수욕을 하기 좋은 해변이 리조트 앞으로 길게 펼쳐져 있다. 객실들은 소박하면서 정감 있게 꾸며져 있고 테라스에서 보이는 전망은 평화로움을 자아낸다. 조식에도 상당히 신경을 쓰고 있고 직원들의 서비스도 스마트하다.

주소 Lạc Long Quân, Cửa Đại, Hội An
위치 끄어다이 해변
요금 슈피리어 가든뷰 130$~, 디럭스 가든뷰 140$~, 1베드룸 방갈로 비치 프런트 250$~
전화 0235-392-7927
홈피 www.palmgardenresort.com.vn

전용해변	○	키즈클럽	○	셔틀버스	○
수영장	○	레스토랑 & 바	○	스파	○

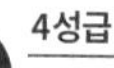

4성급

부티크 호이안 리조트 Boutique Hoi An Resort

안방 해변 남단을 차지하고 있는 소규모 숙소로 호이안 일대에서는 꽤 고급 숙소에 속한다. 직사각형의 리조트 부지에 객실 건물들이 마주 보고 서 있고 그 가운데 공간을 전부 녹지와 나무로 채워놓았다. 콜로니얼 스타일로 지어진 호텔 건물과 어우러져 근사한 풍경을 제공한다. 다만 객실이 작고 식음료 가격이 좀 비싼 것이 아쉽다.

주소 34 Lạc Long Quân, Cẩm An, Hội An
위치 안방 해변과 끄어다이 해변 중간 지점
요금 슈피리어 152$~, 디럭스 188$~, 2베드룸 비치 빌라 426$~
전화 0235-393-9111
홈피 www.boutiquehoianresort.com

전용해변	○	키즈클럽	×	셔틀버스(유료)	○
수영장	○	레스토랑 & 바	○	스파	○

3성급

아이라 부티크 호이안 호텔 Aira Boutique Hoi An Hotel & Villa

총 객실 20여 개의 아담한 부티크형 숙소. 고급 호텔보다는 가성비 있는 호텔을 찾는다면 고려해보자. 안방 해변의 유명 레스토랑과 가까워 도보로 이동할 수 있는 장점이 가장 크다. 해변에 준비된 호텔 전용 선베드를 이용할 수 있다. 직원들은 친절하고 수영장과 방은 좀 작은 편이다. 2017년에 리모델링을 했지만 룸 상태가 들쑥날쑥하다.

주소 An Bang Beach, Cam An Ward, Cẩm An, Hội An
위치 안방 해변 안쪽
요금 디럭스 75$~, 스위트 발코니 105$~
전화 0235-392-6969
홈피 www.airaboutiquehoian.com

전용해변	○	레스토랑 & 바	○
수영장	○	셔틀버스	×
키즈클럽	×	스파	○

올드타운

5성급

아난타라 호이안 리조트 Anantara Hoi An Resort

올드타운 인근에서 가장 고급스러운 숙소. 태국, 몰디브, 발리 등에 고급 리조트를 소유한 마이너 그룹에서 관리한다. 콜로니얼 스타일의 아름다운 건물과 꽃이 많은 정원, 아담한 수영장이 어울려 이국적인 분위기다. 다만 객실 문이 나무문이라 소음에 취약하고 일부 객실들은 테라스가 복도 쪽으로 나 있어 프라이버시 보호는 힘들다. 호이안 올드타운, 중앙시장까지 도보로 10분 거리라 위치는 좋은 편이다.

주소 1 Đường Phạm Hồng Thái, Cẩm Châu, Hội An
위치 호이안 중앙시장에서 동쪽으로 700m, 투본강변
요금 디럭스 발코니 260$~, 디럭스 리버 스위트 370$~
전화 0235-391-4555
홈피 www.anantara.com/en/hoi-an

전용해변	X	레스토랑 & 바	O
수영장	O	셔틀버스	O
키즈클럽	X	스파	O

4성급

라 시에스타 리조트 & 스파 La Siesta Resort & Spa

올드타운과 도보권에 있으면서 논뷰가 있는 숙소를 원했다면, 이곳을 선택하면 된다. 부티크형 숙소로, 클래식 윙(구관)과 클럽 윙(신관)으로 나누어져 있다. 수영장과 클럽 윙 일부 객실에서 논뷰를 감상할 수 있다. 키즈풀을 포함해 총 4개의 수영장이 있고 스파숍(p.214) 평이 상당히 좋다. 어느 윙에 묵더라도 부대시설은 공동으로 사용한다.

주소 132 Hùng Vương, Phường Cẩm Phổ, Hội An
위치 올드타운에서 서쪽으로 도보 15분(1km)
요금 디럭스 발코니 90$~, 패밀리룸 130$~, 주니어 스위트 발코니(클럽 윙) 160$~
전화 097-533-5090
홈피 www.lasiestaresorts.com

전용해변	X	레스토랑 & 바	O
수영장	O	셔틀버스	O
키즈클럽	X	스파	O

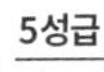

5성급

호텔 로열 호이안 M갤러리 Hotel Royal Hoi An – M Gallery by Sofitel

세계적인 호텔 체인 아코르에서 관리하는 곳으로, 소피텔 특유의 고급스러움과 로맨틱함이 녹아 있다. 수영장은 메인 수영장 외로 루프톱 수영장이 있고 이곳에서는 호이안의 전경이 한눈에 들어온다. 객실은 디럭스룸(시티뷰)와 그랜드 디럭스(리버뷰)로 나뉘며 크기는 같다. 올드타운과 도보 10분 거리의 투본 강변에 자리하고 있다. 정원 같은 것은 따로 없어 전체적으로 약간 답답한 감이 있다.

주소 39 Đào Duy Từ, Hội An
위치 올드타운 서쪽, 내원교에서 750m
요금 디럭스 170$~, 그랜드 디럭스 190$~
전화 0235-395-0777
홈피 www.mgallery.com

전용해변	╳	레스토랑 & 바	○
수영장	○	셔틀버스	○
키즈클럽	╳	스파	○

4성급

알마니티 호이안 웰니스 리조트 Almanity Hoi An Wellness Resort

폭포수가 쏟아지는 아름다운 수영장이 트레이드 마크인 곳. 정원은 없어도 나무와 여유 공간이 많아 답답하지는 않다. 단정하면서 미니멀한 객실들을 갖고 있다. 객실 이름에 로프트Loft가 들어가면 복층 구조로 1층에 아담한 거실, 2층에 침실이 있는 구조다. 이 객실은 안전 문제로 어린이 투숙이 되지 않는다. 그 외의 객실은 단층 구조로 풀뷰 혹은 시티뷰를 갖고 있다. 스파 포함 예약이 인기 있다.

주소 326 Lý Thường Kiệt, Hội An
위치 올드타운, 내원교에서 북쪽으로 1km
요금 로프트 슈피리어 110$~, 슈피리어 풀 140$~, 루프톱 자쿠지 스위트 220$~
전화 0235-366-6888
홈피 www.almanityhoian.com

전용해변	╳	키즈클럽	○	셔틀버스	○
수영장	○	레스토랑 & 바	○	스파	○

4성급

벨 마리나 호이안 Bel Marina Hoi An Resort

한국 여행자들에게 인기가 많은 숙소다. 전체적으로 디테일은 조금 부족한 편이지만 호이안 야시장과 가깝고 여유로운 수영장을 갖고 있다. 특히 객실이 다른 숙소들에 비해 크고 트윈베드를 붙일 수 있어서 가족 여행자들의 사랑을 받고 있다.

주소 127 Nguyễn Phúc Tần, Phường Minh An, Hội An
위치 투본강 건너편 안호이섬, 호이안 야시장에서 400m
요금 디럭스 시티뷰 80$~, 디럭스 리버뷰 95$~, 패밀리룸 170$~, 빌라 200$~
전화 0235-393-8888
홈피 www.belmarinahoian.com

전용해변	×	레스토랑 & 바	○
수영장	○	셔틀버스	○
키즈클럽	○	스파	○

4성급

호이안 히스토릭 호텔 Hoi An Historic Hotel

1991년 오픈한 숙소로 2014년 리노베이션을 거쳐 현재의 모습을 하고 있다. 마치 공원 속에 있는 것 같은 넓은 정원은 이 숙소가 가진 큰 장점이다. 하지만 객실에서는 오래된 연식을 숨길 수 없는 점도 있으니 선택 시 참고로 하자. 덕분에 프로모션 등이 많아 가성비는 굉장히 좋은 편이다. 끄어다이 해변에 있는 호이안 비치 리조트와 함께 운영되고 있고 양쪽 숙소 간 무료 셔틀이 있다.

주소 10 Trần Hưng Đạo, Hội An
위치 호이안 중앙시장에서 북쪽으로 300m, 호이안 박물관 옆
요금 슈피리어 60$~, 프리미엄 70$~, 주니어 스위트 80$~, 그랜드 스위트 180$~
전화 0235-386-1445
홈피 www.hoianhotel.com.vn

전용해변	×	레스토랑 & 바	○
수영장	○	셔틀버스	○
키즈클럽	×	스파	○

4성급

라 레지던시아 호텔 La Residencia Hotel

리틀 호이안 그룹Little Hoi An Group에서 운영하는 부티크 형 호텔. 호텔 로열 호이안 M 갤러리 바로 옆에 자리하고 있다. 총 객실 48개의 작은 규모지만 각 객실은 최소 넓이 40㎡로 상당히 큰 편. 수영장은 매우 아담하지만, 겨울철에도 수영할 수 있도록 온수 풀을 제공한다.

주소 35 Đào Duy Từ, Hội An
위치 올드타운 서쪽, 내원교에서 700m
요금 주니어스위트 타운뷰 60$~,
주니어스위트 리버뷰 70$~,
레지던시아 스위트 리버뷰 100$~
전화 0235-392-9222
홈피 www.littlehoiangroup.com/la-residencia

전용해변	×	레스토랑 & 바	○
수영장	○	셔틀버스	○
키즈클럽	×	스파	○

4성급

라루나 호이안 리버사이드 호텔 & 스파 Laluna Hoi An Riverside Hotel & Spa

숙소에서 쉬는 시간보다는 외부 활동이 많은 여행자에게 적당하다. 올드타운 옆이지만 숙소 바로 앞까지 차량 진입이 가능해서 편리하다. 2018년도에 오픈해 비교적 새 숙소의 컨디션을 유지하고 있다. 동양적인 인테리어는 호이안의 다른 숙소와 비슷하다. 객실 크기와 수영장에 조금만 더 공간을 할애했으면 어땠을까 하는 아쉬움이 있다. 지리적인 장점 때문에 여타 다른 숙소들에 비해 가성비가 좋게 느껴지지는 않는다.

주소 12 Nguyễn Du, Phường Minh An, Hội An
위치 올드타운 서쪽, 내원교에서 550m
요금 슈피리어 70$~,
슈퍼 디럭스 85$~,
리버 스위트 110$~
전화 0235-366-6678
홈피 www.lalunahoian.com

전용해변	×	레스토랑 & 바	○
수영장	○	셔틀버스	○
키즈클럽	×	스파	○

3성급

탄빈 리버사이드 호텔 Thanh Binh Riverside Hotel

올드타운과 가까운 곳에 있는 여러 미니 호텔 중에서는 꽤 큼직한 방과 넓은 테라스를 갖고 있다. 숙소 규모에 비해 큰 수영장을 갖고 있고 올드타운도 바로 지척에 있다. 위치에 비해 가성비가 매우 좋으므로 2~3성급 정도의 시설을 갖고 있다고 생각하고 묵으면 큰 실망은 없을 것이다.

주소 Hamlet 5 Nguyễn Du, Hội An
위치 올드타운 서쪽, 내원교에서 500m
요금 디럭스 가든뷰 60$~, 디럭스 리버뷰 70$~, 킹 스위트 리버뷰 80$~
전화 0235-392-2923
홈피 www.thanhbinhriverside.com

시설		시설	
전용해변	×	레스토랑 & 바	○
수영장	○	셔틀버스	×
키즈클럽	×	스파	○

4성급

호이안 앤시언트 하우스 빌리지 리조트 Hoi An Ancient House Village Resort

올드타운에서 차로 5분 거리일 뿐인데, 이렇게 여유로운 숙소가 있을 수 있다는 것에 감탄이 나온다. 정성스레 가꾼 플랜테리어와 숙소 주변의 농촌 풍경이 마음을 설레게 한다. 위치 덕분인지 가격 대비 넓고 고급스러운 객실에서 머물 수 있다. '호이안 앤시언트 하우스 리조트'라는 비슷한 이름의 숙소가 있어 택시 기사들이 혼동하기 쉽다. 외출 시에는 호텔 명함을 챙기거나 지역 이름인 '깜탄Cẩm Thanh'을 한 번 더 강조해서 이야기해주는 것이 좋다. 안방 해변과 호이안 올드타운을 오가는 셔틀이 있다.

주소 Cẩm Thanh, Hội An
위치 올드타운과 끄어다이 해변 중간, 올드타운에서 4km
요금 슈피리어 91$~, 디럭스 115$~, 스위트 130$~, 빌라 145$~
전화 0235-393-3377
홈피 www.ancienthousevillage.com

시설		시설	
전용해변	○	레스토랑 & 바	○
수영장	○	셔틀버스	○
키즈클럽	×	스파	○

3성급

리버사이드 화이트하우스 빌라 Riverside White House Villa

강변을 따라 올드타운까지 걸어갈 수 있는 거리에 있는 작은 규모의 신축 숙소. 호텔과 고급 게스트하우스 중간 정도 수준이라고 보면 된다. 금액과 비교하면 객실은 깔끔하고 강이 보이는 테라스를 갖추고 있다. 작지만 아늑한 수영장도 있다.

주소 99 Phan Bội Châu, Cẩm Châu, Hội An
위치 호이안 중앙시장에서 투본강을 따라 동쪽으로 800m
요금 디럭스 40$~, 스위트 52$~
전화 090-588-7619
홈피 www.riversidewhitehouse.com

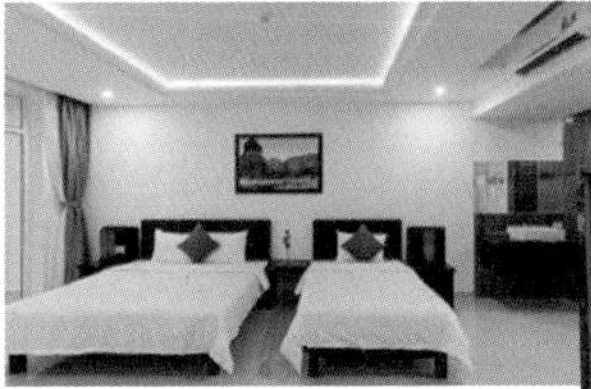

3성급

호이안 앤시언트 하우스 리조트 Hoi An Ancient House Resort

호이안 거리를 떠올리게 하는 건물과 야외 수영장, 온통 나무로 우거진 정원이 매우 아름답다. 무엇보다 직원들이 친절해서 마음이 편한 곳이다. 올드타운까지는 걸어가기 힘들지만 숙소 주변에 인프라가 있는 편. 호텔 한쪽에는 200년이 넘은 가옥도 있다.

주소 377 Cửa Đại, Hội An
위치 올드타운과 끄어다이 해변 사이, 올드타운에서 동쪽으로 약 1.5km
요금 슈피리어 60$~, 가든뷰 70$~
전화 0235-393-3372
홈피 www.ancienthouseresort.com

4성급

라센타 부티크 호텔 Lasenta Boutique Hotel

올드타운과 끄어다이 해변 사이에 자리한 부티크 형 호텔. 논 뷰를 만끽할 수 있는 인피니티 풀로 인기를 끌고 있다. 그 외로 큰 장점을 찾기는 힘든 숙소로 개선되어야 할 점이 많은 곳이다. 안방 해변과 올드타운을 오가는 무료 셔틀은 있다.

주소 57 Lý Thường Kiệt, Cẩm Châu, Hội An
위치 올드타운과 끄어다이 해변 사이, 올드타운에서 동쪽으로 약 1.6km
요금 슈피리어 50$~, 디럭스 라이스 필드 뷰 70$~, 주니어 발코니 스위트 90$~
전화 0235-393-3552 **홈피** www.lasentahotel.com

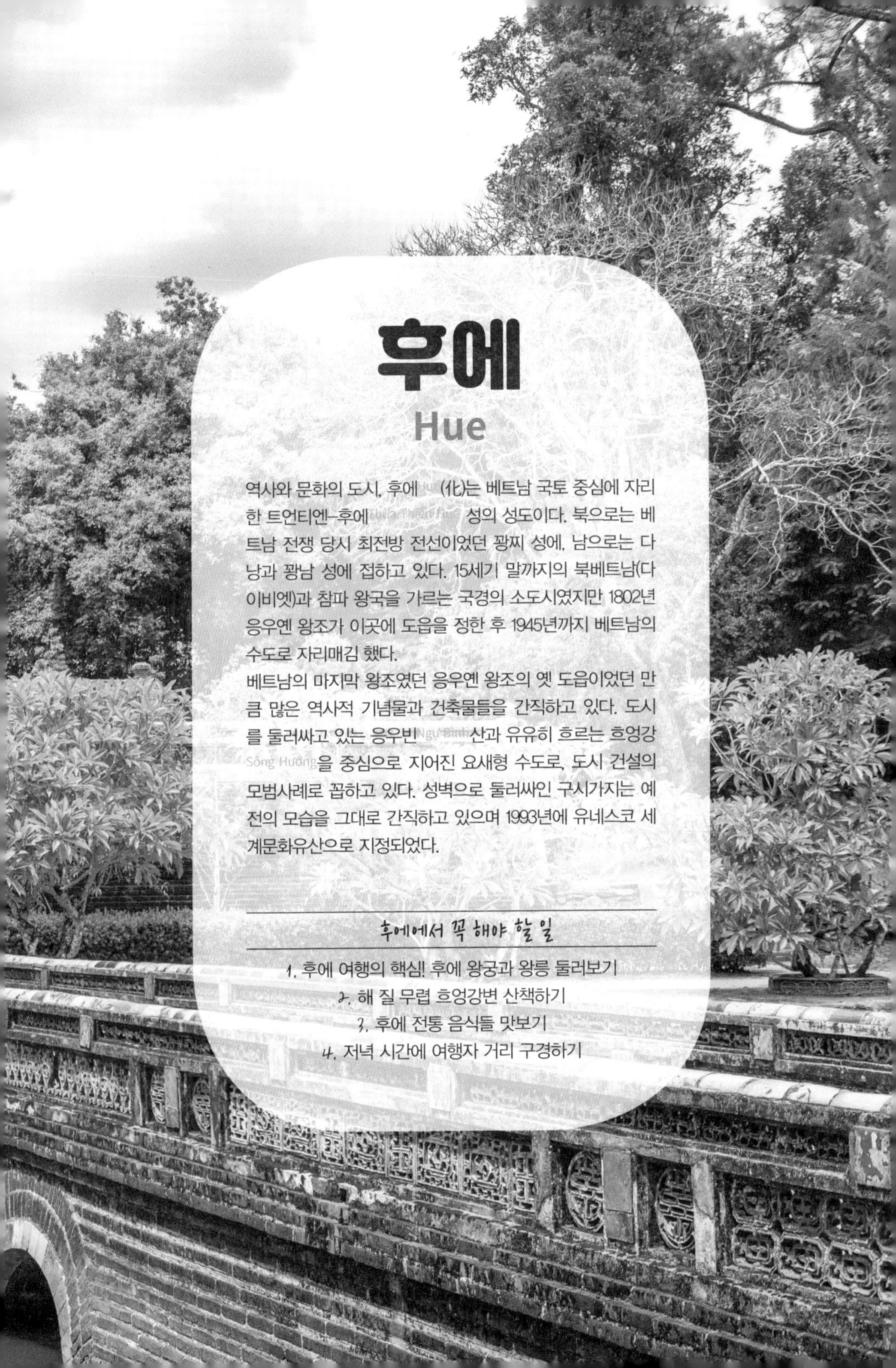

후에

Hue

역사와 문화의 도시, 후에Huế(化)는 베트남 국토 중심에 자리한 트언티엔-후에Thừa Thiên Huế 성의 성도이다. 북으로는 베트남 전쟁 당시 최전방 전선이었던 꽝찌 성에, 남으로는 다낭과 꽝남 성에 접하고 있다. 15세기 말까지의 북베트남(다이비엣)과 참파 왕국을 가르는 국경의 소도시였지만 1802년 응우옌 왕조가 이곳에 도읍을 정한 후 1945년까지 베트남의 수도로 자리매김 했다.

베트남의 마지막 왕조였던 응우옌 왕조의 옛 도읍이었던 만큼 많은 역사적 기념물과 건축물들을 간직하고 있다. 도시를 둘러싸고 있는 응우빈Ngự Bình산과 유유히 흐르는 흐엉강Sông Hương을 중심으로 지어진 요새형 수도로, 도시 건설의 모범사례로 꼽히고 있다. 성벽으로 둘러싸인 구시가지는 예전의 모습을 그대로 간직하고 있으며 1993년에 유네스코 세계문화유산으로 지정되었다.

후에에서 꼭 해야 할 일

1. 후에 여행의 핵심! 후에 왕궁과 왕릉 둘러보기
2. 해 질 무렵 흐엉강변 산책하기
3. 후에 전통 음식들 맛보기
4. 저녁 시간에 여행자 거리 구경하기

information

후에의 기본 정보

행정구역 트언티엔-후에Thừa Thiên-Huế 성
후에시Thành Phố Huế
면적 약 71km²
인구 약 427,000명 (2023년 기준)
지역 전화번호 0234
지역 차량번호 75로 시작

★ History

후에는 베트남의 대표적인 역사 도시로 영광과 상처가 공존하는 도시다. 후에가 역사에 최초로 등장한 기록은 기원전 111년 무렵이다. 2세기 무렵 참파 왕국의 시작이라 할 수 있는 임읍(林邑)의 도읍이 후에 인근에 있었던 것으로 추정하고 있다. 이 시기의 후에는 인도차이나반도의 물품을 중국으로 보내는 중요한 항구의 역할을 담당했다. 천 년이 넘는 시간 동안 참파 왕국의 영토였던 후에는 14세기 들어 베트남 왕조의 세력권으로 넘어갔다.
이후 베트남의 남북 항쟁 시대(북쪽은 찐 가문이, 남쪽은 응우옌 가문이 다스렸던 시대)인 16세기까지 치열한 권력의 각축장이 되었다. 긴 권력투쟁 과정에서 응우옌푹아인(자롱 황제Gia Long)이 베트남을 통일하면서 후에를 수도로 삼아 1802년 응우옌 왕조를 열었다. 중앙집권을 강화하고 유교를 장려하면서 쇄국 정치를 이어가던 응우옌 왕조는 4대 왕인 뜨득 황제 시절부터 약화되어 결국 1885년 프랑스령 인도차이나 연방으로 복속되고 만다. 왕조는 이후로도 지속적인 독립운동을 전개했지만 바오다이Bảo Đại 황제를 끝으로, 호찌민의 베트남 민주공화국이 탄생한다.
베트남전쟁이 시작되자 후에는 남북 베트남의 경계라는 지리적 특성으로 인해 많은 피해를 입었다. 특히 1968년에 치러진 후에 전투와 무차별 폭격으로 인해 역사적인 유물과 유적이 상당 부분 파괴됐으며, 대규모 민간인 학살이 자행되기도 했다.
베트남전쟁이 끝나고 '봉건 시대의 유산'이라는 이유로 후에의 유적지들이 상당 기간 방치되었다가 1980년대 후반, 정부의 쇄신 정책에 힘입어 유적 복원 사업이 본격화되었다.

★ 지형

후에는 쯔엉썬 산맥의 지류가 도시 가까이 뻗어 있어 도심이 언덕으로 둘러싸여 있다. 평지에 조성된 도심을 가르며 흐엉강이 흐른다. 흐엉강은 도심을 남북으로 가르며 서쪽에서 동쪽으로 흘러 남중국해와 만난다. 도심에서 해안까지는 약 16km 정도 떨어져 있다.

★ 날씨와 여행 시기

열대몬순기후에 속한다. 날씨의 패턴은 다낭과 비슷하지만 여름에 더 덥고, 겨울에 더 춥다. 다낭보다 봄, 여름, 가을, 겨울이 좀 더 분명한 기후를 갖고 있다.

강우량으로 본다면 후에의 건기는 2월~7월, 우기는 8월~이듬해 1월까지다. 1,000m가 넘는 6개의 산봉우리가 가까이 있어 중부해안 지방에서 강우량이 가장 많다. 특히 10월~11월은 홍수의 피해가 잦은 달이다.

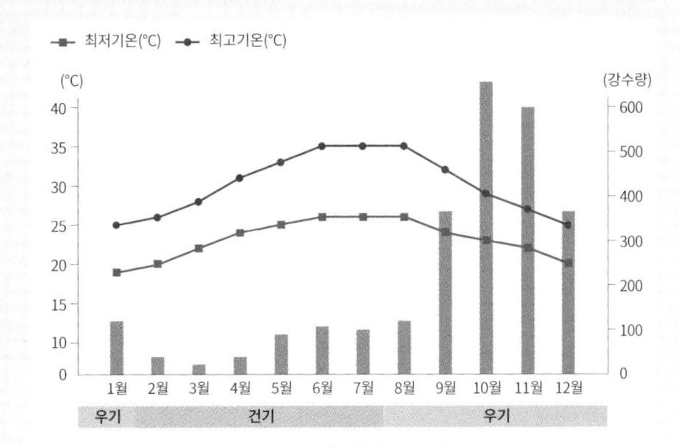

본격적인 우기 중 10월~11월은 후에를 여행하기에 가장 안 좋은 시기이다. 이 두 달간은 집중호우가 내려 도심이 쉽게 침수가 되고 강이 자주 범람한다. 또한, 11월이 되면 하루가 다르게 기온이 내려가 12월에는 10도 이하의 쌀쌀한 날씨가 이어진다. 비도 많이 오고 기온까지 내려가니 이 시기에 후에를 여행한다면, 우비와 두께가 있는 옷은 필수로 챙겨야 한다. 1월~2월은 강수량은 적어지지만, 기온이 서늘하여 외부로 많이 돌아다니는 일정에 적합하다. 후에 왕궁과 왕릉을 둘러보기에는 한여름보다 오히려 좋은 날씨가 될 수 있다. 저녁 시간을 대비해 얇은 바람막이 정도는 갖고 가야 한다.

가장 추천하고 싶은 시기는 3월~4월이다. 강수량도 적고 기온은 올라가지만 무덥지는 않다. 5월~8월보다 상대적으로 숙소 비용 부담도 적고, 베트남 현지인들의 휴가철도 피할 수 있는 시기이다. 6월~8월 사이는 가장 무더운 여름으로 이 시기에 후에를 둘러본다면 지혜로운 전략이 필요하다. 가령 왕궁이나 왕릉은 아침 일찍 둘러보고 낮에는 휴식을 취하는 등 체력 안배를 잘해야 한다.

information

후에 드나들기

★ 항공

푸바이 국제공항Sân bay quốc tế Phú Bài(HUI)이라는 이름을 가진 공항이 있다. 국제선 청사는 현재 공사 중에 있고 하노이, 호찌민을 오가는 국내선 청사만 운영하고 있다. 후에 시내에서 약 15km 남쪽에 자리하고 택시(편도 약 25~30만 동)나 각 여행사에서 운영하는 공항 셔틀버스(1인 5만 동)를 이용해 시내로 이동할 수 있다.

★ 기차

후에에서 다른 도시로 이동할 때, 기차는 중요한 운송 수단이다. 하노이에서 호찌민을 잇는 남북선Đường sắt Bắc Nam 철도가 있고 이 구간을 다니는 모든 기차가 후에 기차역에서 정차한다.

예약을 원한다면 베트남 철도청 사이트(www.vr.com.vn)나 베트남 내 거의 모든 교통편을 예약할 수 있는 사이트인 '바오러우baolau(www.baolau.com)'에서 하면 된다. 후에 기차역 광장 왼쪽에 예매하는 곳이 별도로 있다. 다낭–후에 구간은 하루 7~8회 정도 운행하고 시간은 3시간 정도 소요된다(자세한 정보는 p.85 참고).

Tip | 후에 기차역 Ga Huế

후에 기차역은 레러이Lê Lợi 거리에 자리하고 있으며 시내에서 약 2km 떨어져 있다. 신시가지의 웬만한 호텔은 5~10분, 택시비용 5만~6만 동이면 갈 수 있다.

주소 2 Bùi Thị Xuân, Vĩnh Ninh, Thành phố Huế
전화 0234-382-2175 / 0234-730-5305

★ 여행사 버스

후에에서 다낭이나 호이안으로 이동할 경우, '호이안익스프레스 트래블Hoi An Express Travel(hoianexpress.com.vn)의 셔틀버스를 이용하면 편리하다. 후에–다낭 구간은 하루 2회(08:00, 16:00), 비용은 US $13이다. 자세한 정보는 p.85 참고.

여행자 거리의 여행사에서 다낭이나 호이안을 가는 리무진 버스를 예약할 수도 있다. 특히 DMZ 바 옆에 있는 'DMZ 트래블DMZ Travel' 여행사는 친절하고 일 처리가 확실해서 믿을 만하다. 다낭행 리무진 버스는 22만 동 수준(신시가지 호텔 픽업 서비스 포함).

시내에서 이동하기

★ 택시와 그랩

후에에서도 택시와 그랩 차량 이용은 쉽다. 택시는 기본요금이 2만 동으로 다낭, 호이안과 비교하면 약간 비싼 편이다. 별도의 콜비가 없으므로 호텔에서 출발할 때는 미리 콜택시를 불러 달라고 요청하면 된다. 후에의 콜택시는 일반 택시가 아닌 영업용 승용차가 올 수도 있는데 휴대폰 앱으로 미터를 작동하고 영수증도 준다. 시내는 2만~3만 동, 강을 건너가면 4만~5만 동 수준이다. 바가지요금을 매기거나 하는 일은 매우 드문 일이니 미리 걱정하지 말자.
그랩은 택시 비용에 콜비가 6천 동 정도 추가된다. 택시와 그랩 차량이 서로 연동해서 운행하므로 처음에 호출된 차가 아닌 일반 택시가 올 수도 있다. 탑승 시에 목적지를 다시 한번 확인하고 타야 한다.

★ 쎄옴(오토바이 택시)

다낭과 호이안보다 오토바이 택시를 자주 만날 수 있다. 1~2km 이내 짧은 거리를 이동할 때 적당하고, 1만~1만 5천 동 사이면 적절한 요금이다.

★ 시내버스

14개의 노선이 운행 중이다. 후에 시내보다는 외곽을 연결하는 노선들이 많아 여행자가 이용할 일은 드물다. 남부 버스터미널과 북부 버스터미널을 연결하는 1번, 후에 공항에서 여행자 거리까지 다니는 11번, 랑꼬베이까지는 연결하는 7번 버스 등이 있다.
요금은 4천~7천 동 사이이고, 운행시간은 06:00~18:00(노선별로 운행시간이 조금씩 다르다).

★ 도보

신시가지가 크지 않아 도보로 걸어 다닐 수 있다. 비교적 먼 멜리아 빈펄 호텔도 여행자 거리까지 1km 정도다. 걷는 것과 택시 등의 대중교통을 적절히 이용하면 알차고 재밌는 여행 일정이 만들어질 것이다.

Tip | 후에에서 이동하기

여행자 거리에서 오토바이나 자전거 대여점을 쉽게 찾아볼 수 있다. 오토바이는 1일 10~20만 동, 자전거는 1일 2~5만 동으로 빌릴 수 있다. 하지만 시내의 교통량이 많고 볼거리가 멀리 떨어져 있는 데다 도로 사정도 열악해서 오토바이나 자전거로 움직이기는 힘들다. 후에에서 오토바이나 자전거 대여는 하지 않는 것이 좋다.

information

후에 개념 잡기

후에 시내를 흐르는 흐엉강Sông Hương을 중심으로 도심이 남북으로 나뉜다. 북쪽은 응우옌 왕조의 왕궁이 있는 구시가지이고, 남쪽은 신시가지로 상업 시설과 호텔, 여행사 등 여행자를 위한 시설들이 몰려 있다. 두 지역은 푸쑤언교Cầu Phú Xuân와 쯔엉띠엔교Cầu Trường Tiền로 연결되어 있다. 응우옌 왕조의 왕릉들은 흐엉강을 따라 넓게 퍼져 있다. 먼 곳은 10km 이상 떨어져 있다. 왕궁과 왕릉들은 후에 관광의 핵심으로 모든 볼거리를 한 번에 둘러보는 투어가 있지만 왕궁을 여유롭게 둘러보기는 힘들다. 쉽게 접근할 수 있는 왕궁은 개별적으로 방문해 한나절 정도 여유롭게 둘러보고, 그 외의 볼거리들은 여행사의 투어를 이용하면 좋다. 현지에서는 후에가 아닌 '훼'라고 이야기해야 알아듣는다.

❶ 구시가지 Citadel

응우옌 왕조의 왕궁이 있는 지역으로 흐엉강 북쪽에 자리하고 있다. 1993년에 유네스코 세계문화유산으로 지정되어 개발이 제한되어 있다. 덕분에 높은 건물이 없고 유유자적한 모습을 간직하고 있다.

❷ 신시가지 Hue City

흐엉강을 사이에 두고 구시가지와 마주하고 있다. 호텔과 상업 시설, 여행자 거리 등의 시설이 이쪽에 몰려 있다. 후에 기차역도 신시가지 쪽에 자리하고 있고 신시가지 시내와 약 2km 정도로 가깝다. 생각보다 크지 않아서 웬만한 거리는 걸어 다닐 수 있다.

❸ 응우옌 왕조의 왕릉들 Emperor's Tomb

응우옌 왕조의 왕릉들은 흐엉강을 따라 넓게 퍼져 있다. 시내에서 10km 이상 떨어져 있는 곳도 있다. 왕릉들을 하나씩 찾아다니며 개별적으로 둘러보긴 어려우므로 대부분 여행자는 일일 투어를 이용한다. 응우옌 왕조의 황제는 모두 13명이었지만 7개의 왕릉만 있다. 나머지 황제들은 프랑스 식민시대 당시 프랑스 손에 퇴위되었거나 해외로 유배 당한 비운의 황제들이다.

④ 레러이 거리 Lê Lợi Road

신시가지의 강변도로다. 흐엉강과 수평을 이루는 이 거리를 따라 사이공 모린 호텔, 아제라이 라 레지던스, 흐엉강 호텔 등 유서 깊고 유명한 호텔들이 모두 이 거리에 있다. 이 거리에서 파생된 팜응우라오Phạm Ngũ Lão 거리, 쭈반안Chu Văn An 거리, 보티싸우Võ Thị Sáu 거리에 여행자들을 위한 인프라가 몰려 있다. 저녁 시간에는 차가 다니지 않는 워킹 스트리트로 변모한다.

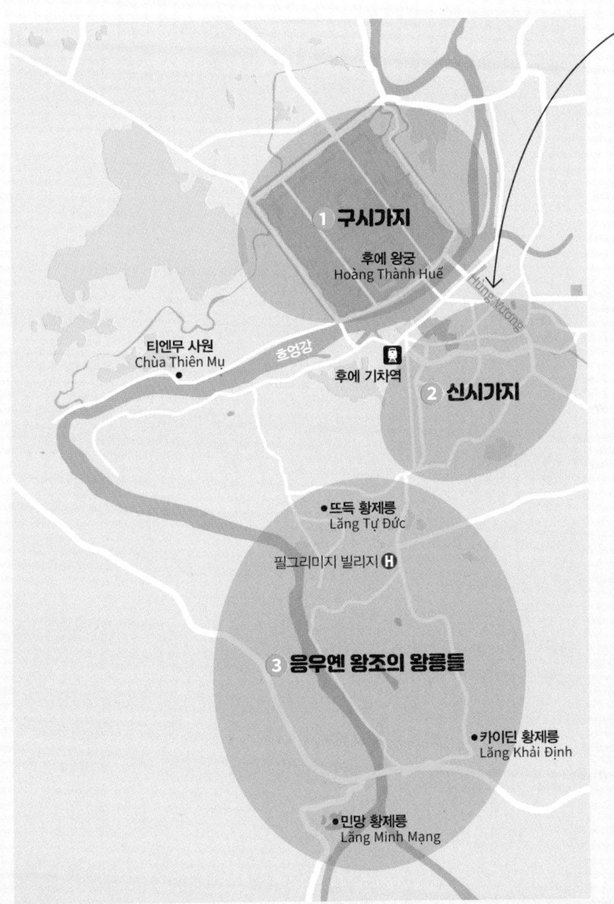

⑤ 흥브엉 거리 Hùng Vương Road

쯔엉띠엔교Cầu Trường Tiền에서 남쪽으로 이어진 도로로 신시가지의 중심가라 할 수 있다. 후에 공항으로 이동하는 통로가 되어 주기도 하는 도로다. 대형 술집들과 카페들이 몰려 있고 후에의 유일한 쇼핑몰인 빈컴 플라자, 대형 마트 고! (빅시) 슈퍼마켓 등이 자리하고 있다. 참고로 흥브엉Hùng Vương은 베트남 최초의 국가를 세웠다는 왕의 이름으로 우리나라의 단군 시조와 비슷한 의미가 있다고 할 수 있다.

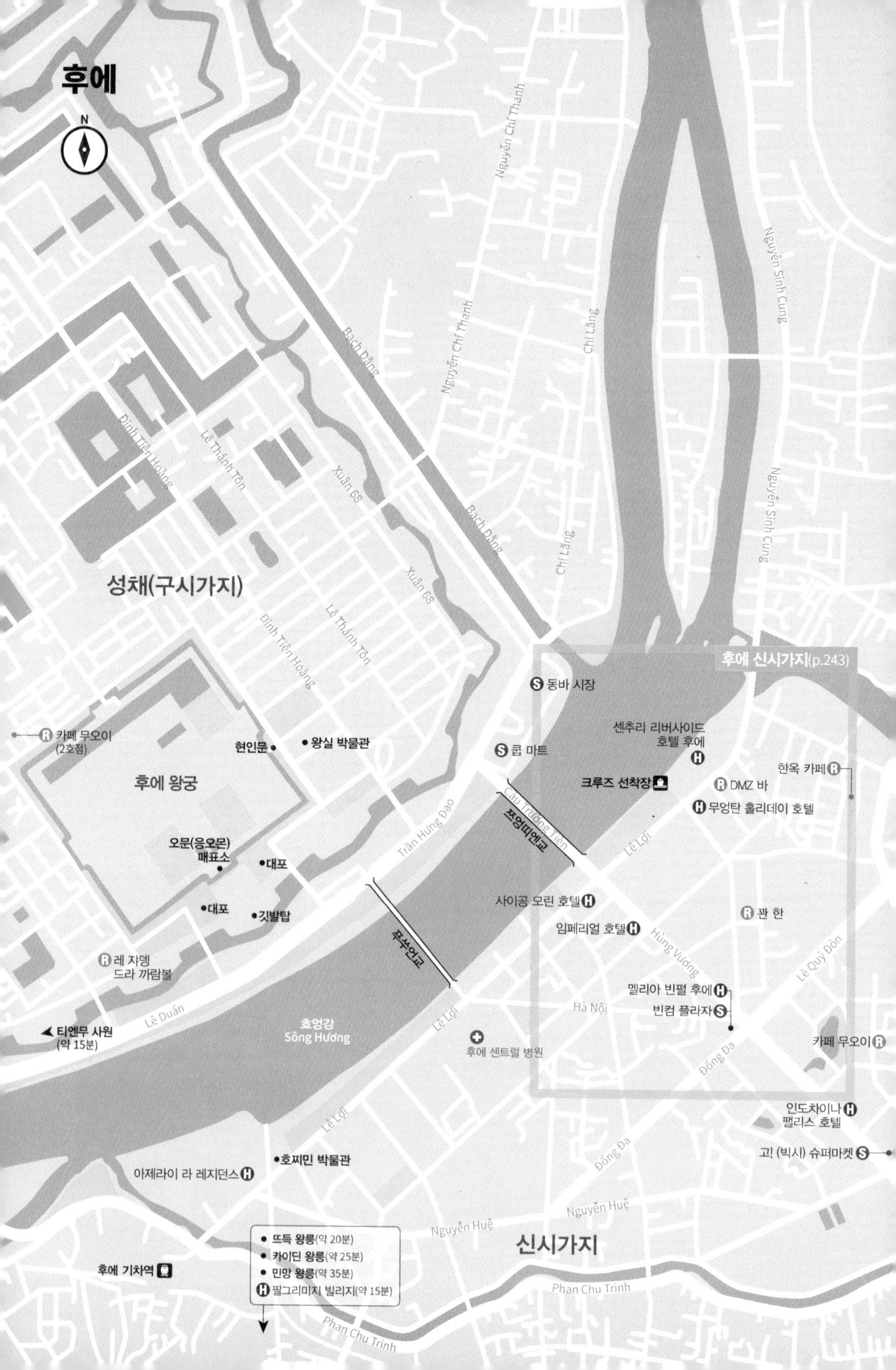

후에
N
성채(구시가지)
Bạch Đằng
Nguyễn Chí Thanh
Chi Lăng
Nguyễn Sinh Cung
Đinh Tiên Hoàng
Lê Thánh Tôn
Xuân 68
후에 신시가지(p.243)
동바 시장
센추리 리버사이드 호텔 후에
카페 무오이 (2호점)
현인문
왕실 박물관
콥 마트
크루즈 선착장
한옥 카페
DMZ 바
무엉탄 홀리데이 호텔
후에 왕궁
Cầu Trường Tiền
쯔엉띠엔교
Trần Hưng Đạo
Lê Lợi
오문(응오몬) 매표소
대포
사이공 모린 호텔
대포
깃발탑
임페리얼 호텔
꽌 한
Hùng Vương
푸쑤언교
레 자뎅 드라 까람볼
Lê Quý Đôn
멜리아 빈펄 후에
Hà Nội
빈컴 플라자
Lê Duẩn
티엔무 사원 (약 15분)
흐엉강 Sông Hương
후에 센트럴 병원
카페 무오이
Đống Đa
인도차이나 팰리스 호텔
호찌민 박물관
고! (빅시) 슈퍼마켓
아제라이 라 레지던스
Nguyễn Huệ
신시가지
뜨득 왕릉(약 20분)
카이딘 왕릉(약 25분)
민망 왕릉(약 35분)
필그리미지 빌리지(약 15분)
후에 기차역
Phan Chu Trinh

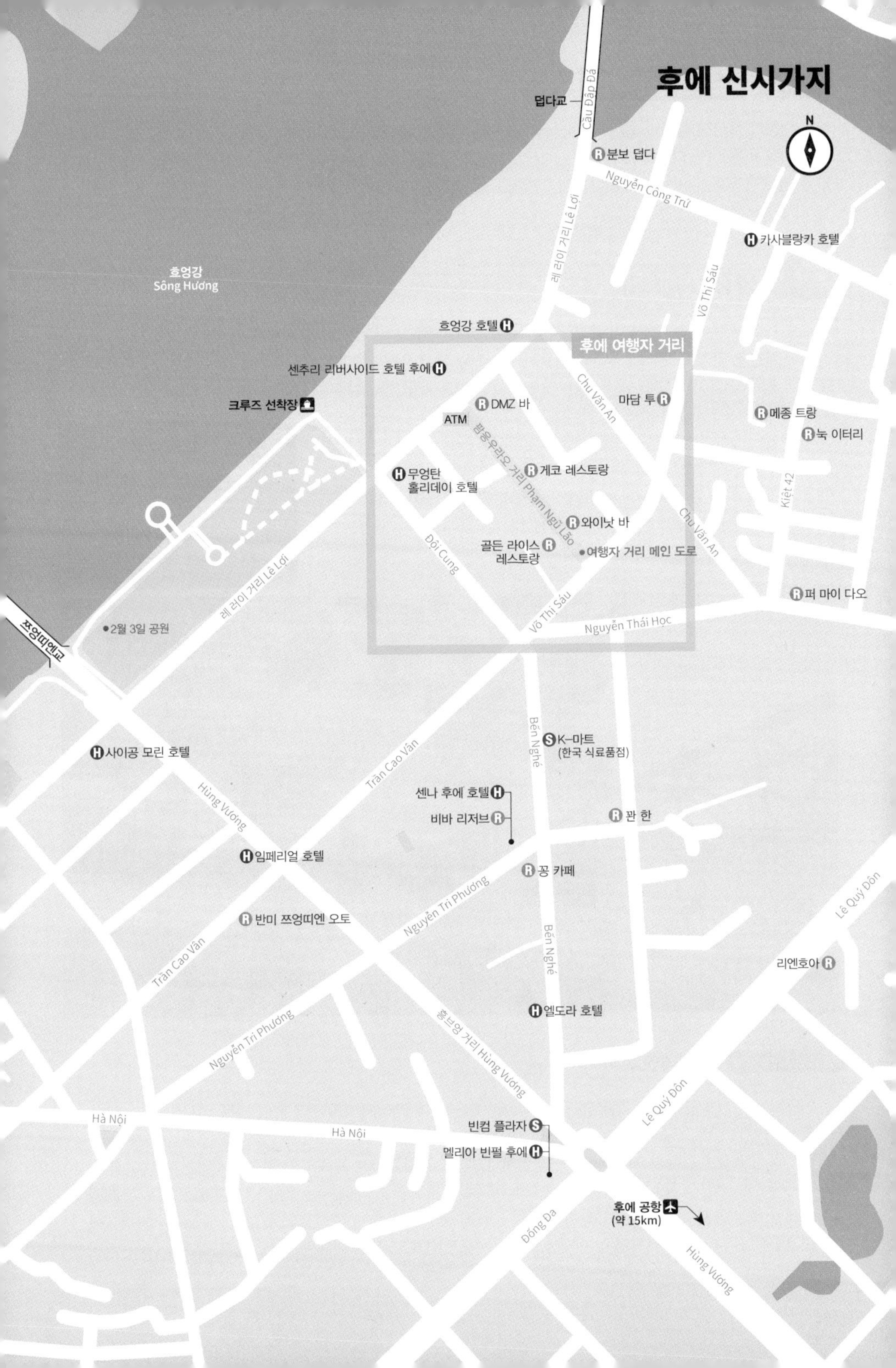

후에 신시가지
N
덥다교
Cầu Đập Đá
분보 덥다
Nguyễn Công Trứ
레 러이 거리 Lê Lợi
카사블랑카 호텔
Võ Thị Sáu
호엉강
Sông Hương
흐엉강 호텔
후에 여행자 거리
센추리 리버사이드 호텔 후에
크루즈 선착장
DMZ 바
ATM
Chu Văn An
마담 투
메종 트랑
눅 이터리
팜응우라오 거리 Phạm Ngũ Lão
게코 레스토랑
무엉탄 홀리데이 호텔
Kiệt 42
와이낫 바
Chu Văn An
골든 라이스 레스토랑
여행자 거리 메인 도로
Đội Cung
레 러이 거리 Lê Lợi
Võ Thị Sáu
퍼 마이 다오
Nguyễn Thái Học
2월 3일 공원
쯔엉띠엔교
Bến Nghé
K-마트 (한국 식료품점)
사이공 모린 호텔
Trần Cao Vân
Hùng Vương
센나 후에 호텔
비바 리저브
꽌 한
임페리얼 호텔
꽁 카페
Nguyễn Tri Phương
반미 쯔엉띠엔 오토
Lê Quý Đôn
Trần Cao Vân
Bến Nghé
리엔호아
엘도라 호텔
Nguyễn Tri Phương
훙브엉 거리 Hùng Vương
Hà Nội
Hà Nội
빈컴 플라자
Lê Quý Đôn
멜리아 빈펄 후에
후에 공항 (약 15km)
Đống Đa
Hùng Vương

★ 후에의 어트랙션

후에 관광의 핵심은 왕궁과 왕릉, 사원들이다. 대부분 흐엉강을 따라 넓게 퍼져 있기 때문에 대부분 여행자는 일일 투어를 이용한다. 다낭에서 출발하는 일일 투어에 참여할 수도 있지만 체력적으로, 시간상으로 부담이 크다. 될 수 있으면 후에에 머물면서 여유롭게 둘러볼 것을 추천한다.

★★☆

흐엉강 Sông Hương

후에를 가로지르는 강. 한자로는 향강(香江), 영어로는 퍼퓸 리버Perfume River다. 가을이 되면 상류에서 떨어진 꽃들이 향수처럼 좋은 향을 풍긴다고 해서 붙은 이름이다. 강의 총 길이는 약 80km 정도로 서울 한강의 두 배 길이다. 후에 도심을 남북으로 나누며 흐르고 자연스럽게 구시가지와 신시가지를 구분하는 경계선이 되어 주기도 한다. 강의 발원지는 쯔엉썬 산맥(안남 산맥)이라 9~11월에는 강이 범람할 만큼 많은 비가 내리기도 한다. 후에의 핵심 볼거리인 응우옌 왕조 왕궁과 왕릉, 사원들이 이 강을 따라 자리하고 있다. 해가 지면 인근의 공원에서 산책하거나 데이트를 하는 시민들의 휴식처가 되어 주기도 한다.

위치 후에 시내

쯔엉띠엔교

more & more **쯔엉띠엔교**Cầu Trường Tiền

인도차이나 최초의 철교로 응우옌 왕조 시절인 1899년에 지어져 100년이 훌쩍 넘은 역사를 갖고 있다. 총 길이 403m의 고딕 구조로 6개의 철제 아치가 교량을 관통한다.
파리의 에펠탑을 건축한 에펠 사에 의해 설계되었다고 알려졌지만, 프랑스의 철강 회사였던 '슈나이더 사Schneider et Cie(현재 Schneider Electric)'의 주도로 만들어졌다. 에펠 사는 1937년 노후화된 철제 프레임 교체와 확장 공사, 보행자용 보도 추가 등의 공사에 참여했다. 홍수와 전쟁으로 몇 번이나 교량이 파괴되었고 1991년부터 1995년까지 장기적인 보수 공사를 진행하고 2002년에는 조명을 설치하였다.

★★☆

랑꼬 베이 Lăng Cô Bay

후에 사람들이 즐겨 찾는 휴가지이다. 다낭에서 하이반 패스를 넘자마자 자리한 베이로 지형이 독특해 이국적인 풍광을 자아낸다. 길게 이어진 랑꼬 반도를 사이에 두고 한쪽에는 석호(Lap An Lagoon)가, 반대편에는 해변이 펼쳐져 있다. 석호는 선박들이 정박하는 천혜의 장소가 되어 주기도 한다. 랑꼬 반도에서 살짝 튀어나온 부분에는 마을이 형성되어 있고 언뜻 보면 섬처럼 보이기도 한다. 해변 쪽에는 랑꼬 비치 리조트 등의 숙소가 있다.

위치 후에와 다낭 사이, 후에 시내에서 약 70km

★★☆

여행자 거리 Backpacker Street Huế

배낭여행자들을 위한 인프라가 몰려 있는 거리로 방콕의 카오산, 뉴델리의 파하르간지와 비슷한 곳이라 생각하면 된다. 가장 번화한 곳은 팜응우라오Phạm Ngũ Lão 거리로 많은 여행사와 중저가 숙소, 식당, 술집이 밀집돼 있다. 팜응우라오 거리를 중심으로 쭈반안Chu Văn An 거리, 보티싸우Võ Thị Sáu 거리까지 저녁 시간에는 워킹 스트리트로 변모한다. 매일 저녁 6시에서부터 자정(주말에는 새벽 2시)까지 차량을 통제해 좀 더 안전하게 거리를 구경하거나 공연 등을 즐길 수 있다.

위치 팜응우라오 거리와 그 인근

★★★

후에 왕궁 Hoàng Thành Huế

성채 안에 자리 잡은 왕궁은 왕의 집무실이자 왕실 가족들의 생활공간이다. 출입문인 오문으로 들어서면 왕궁 중앙에 위치한 태화전과 좌측의 묘, 태후궁, 그리고 태화전 안쪽에 따로 벽을 둘러 만든 자금성이 있다. 그중 가장 중심이 되는 자금성은 베트남전쟁 과정에서 대부분 파괴되었고 아직도 초기 단계의 복원이 진행되고 있다. 후에의 모든 볼거리를 하루에 둘러보는 일일 투어를 이용할 경우 왕궁을 모두 둘러볼 시간이 부족해 다소 아쉬움이 남을 수 있으니, 여건이 된다면 후에 왕궁을 중점적으로 둘러보는 투어를 선택하거나 개별 여행을 통해 여유롭게 둘러보는 것을 추천한다.

주소 FH9H+9CP, Phú Hậu, Tp. Huế
위치 흐엉강 북서쪽지구
운영 여름 07:00~18:00 / 겨울 07:00~17:00
요금 20만 동, 7~12세 어린이 4만 동
전화 0234-350-1143

후에 왕궁

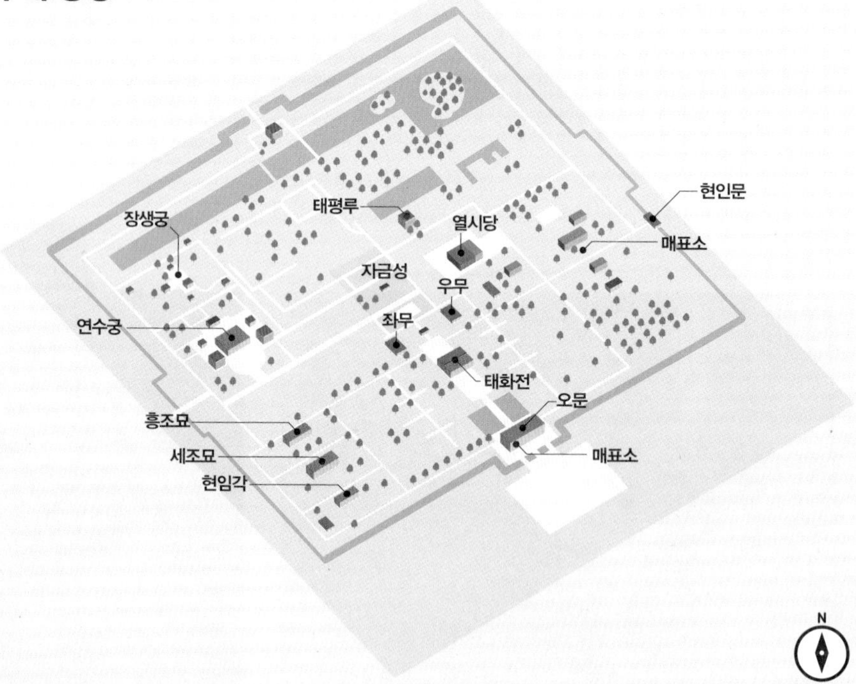

▶▶ 오문 Ngọ Môn

왕궁으로 들어서는 여러 문 가운데 황제가 다니는 문으로, 정오에 태양이 떠오르는 문이라고 하여 '응오몬'이라는 이름이 붙여졌다. 1833년 민망 황제 시절 완공된 문에는 다섯 개의 출입구가 있는데, 중앙의 세 개의 문 중 중심에 있는 거대한 문은 황제가, 양쪽은 관료들이, 가장자리의 두 개의 문은 일반 병사나 말, 코끼리 등이 출입했다. 오문 위에 지어진 2층 누각의 중심부는 황제를 상징하는 노란색 기와로 덮여 있는데, 축제 등 중요한 행사가 있을 때 왕이 머무르던 곳이라고 한다. 왕궁을 방문한 관광객은 보통 이곳의 '관리들의 문'에서 표를 구입한 뒤 입장하게 된다.

▶▶ 궁 Cung

묘의 북쪽에는 왕의 어머니가 생활하는 공간으로 꾸며진 궁이 자리하고 있다. 남쪽에 위치한 연수궁Cung Diên Thọ은 자롱 황제가 어머니를 위해 지은 것으로 별도의 성과 문으로 둘러싸인 공간 속에 작은 연못과 정자가 있어 아늑한 분위기다. 북쪽에는 민망 황제가 어머니를 위해 건설한 장생궁Cung Trường Sanh이 있는데 화원과 달 모양의 연못이 있다. 궁에는 당시 사용된 가구들이 보존돼 있다.

오문을 들어서 왼쪽으로 향하면 역대 황제들의 신주를 모신 종묘가 있다. 남쪽에서부터 현임각Hiển Lâm Các, 세조묘Thế Tổ Miếu, 흥조묘Hưng Tổ Miếu 순서로 나란히 있는데, 그중 현임각은 응우옌 왕실의 선조들의 위패를 모셔 놓고 공덕을 기리기 위해 민망 황제가 건설한 것이다. 높이 13m의 3층 건물인 현임각은 건축 이후 더 높은 건물의 신축을 금지한 덕분에 구시가지에서 가장 높은 건물로 남아 있다.

현임각을 나서면 청동으로 만들어진 9개의 솥단지Cửu Đỉnh가 일렬로 놓여 있다. 민망 황제에 의해 1836년부터 제작되기 시작한 솥은 각각 응우옌 역대 왕의 통치권을 상징하기 위해 만들어진 것으로 얼핏 비슷해 보이지만 크기와 무게가 모두 다르다. 중앙의 가장 큰 솥은 응우옌 왕조를 건설한 자롱 황제에게 봉헌된 것이라고 한다. 각각의 솥단지는 왕의 사후, 세조묘에 위패가 모셔지면 그와 대응하는 곳에 놓여졌다. 솥단지에는 별이나 강, 산, 바다 등 17가지의 전통 문양이 153가지의 패턴으로 묘사돼 있으며, 후에에서 발생한 수많은 격전을 고려하면 놀라울 정도로 온전하게 보존돼 있다.

솥단지마다 다른 문양이 새겨져 있으니 살펴보자~!

▶▶ 태화전 Điện Thái Hòa

오문 맞은편 인공 연못을 건너는 다리가 있고, 그 뒤쪽에 중국의 자금성을 본떠 지은 태화전이 자리하고 있다. 1805년에 완공된 후 1833년에 재건된 태화전은 황제의 정치공간이자 외국 사절단의 접견실로 사용된 곳으로, 돌이 깔린 마당에는 우리나라의 궁궐과 유사하게 각 관리들의 관직을 적어놓은 비석이 배치돼 있다. 두 개의 건물로 이뤄진 태화전은 황제의 상징인 노란 빛깔의 기와로 덮인 2단 지붕과 용 장식, 지붕을 받치고 있는 80개 기둥의 금색 용무늬, 중국의 시구가 적힌 천장이 장엄한 아름다움을 표현하고 있다. 태화전 한쪽에는 영어로 왕궁의 전반을 설명하는 동영상이 재생되고 있는데, 전체적인 왕궁을 이해하는 데 도움을 주는 이 비디오는 베트남과 우리나라의 협력으로 제작된 것이다. 태화전의 중심에는 황제가 사용하던 왕좌가 옛 모습 그대로 자리하고 있다.

▶▶ 자금성 Tử Cấm Thành

태화전 뒤쪽에 자리한 내궁, 자금성은 그 이름 그대로 중국의 자금성을 본떠 지어졌다. '외부인의 출입이 금지된 천제의 공간'이라는 의미의 자금성은 후에 왕궁의 중심에 위치한 가장 핵심적인 공간으로 황제의 생활공간으로 사용된 곳이다. 왕조 당시 황제의 침실과 황비의 침실, 집무실 등 수많은 궁이 자리하고 있었다고 한다. 그러나 베트남전쟁 과정에서 치러진 격렬한 전투로 인해 상당 부분 파괴되고 이후 오랫동안 방치돼 있다가 뒤늦게 복원작업을 진행 중이다.

more & more 자금성 둘러보기

❶ 우무, 좌무 Hữu Vu, Tả Vu

자금성 입구인 대궁문Đại Cung Môn을 지나면 좌우에 온전한 형태를 갖춘 두 채의 건물을 볼 수 있다. 좌측의 좌무는 문관이, 우측의 우무는 무관이 머물며 집무를 처리하는 공간으로 사용됐다고 한다. 지금은 각각 휴게실과 박물관으로 사용되고 있다.

❷ 열시당 Nhà Hát Duyệt Thị Đường

왕실 공연장으로, 현재는 일정한 수의 관광객이 모일 경우 1일 2회(10:00~10:40, 15:00~15:40, 1인 20만 동) 궁중음악 공연이 열린다. 저렴한 가격에도 불구하고 볼거리와 들을 거리를 다양하게 선보이므로 왕궁을 방문한다면 놓치지 말아야 할 필수 코스. 공연장 내부에 전시된 전통 악기도 구경할 수 있다.

전화 023-452-9219, 091-343-9183

❸ 태평루 Thái Bình Lâu

자금성의 북동쪽 끝에 조성된 인공 연못과 정원 옆에 마련된 태평루는 황제의 서재 및 휴식처로 티에우찌 황제에 의해 건설됐고 카이딘 황제에 의해 재건됐다. 인근의 많은 건물들은 복원 과정에 있어 어수선하지만, 이곳은 복원 과정을 마쳐 온전한 형태를 볼 수 있다.

★★★

성채 Citadel

150년 동안 지속된 응우옌 왕조의 성채로, 1803년부터 설계를 시작해 1832년에 완공됐다. 동남아시아 최초로 보방Vauban의 유럽 양식 요새를 표방해 만들어진 성채는 길이 2.5㎞, 높이 6m의 성벽으로 둘러싸여 있다. 성벽은 전체 행정건물을 모두 포함하는 성채인 낀탄Kinh Thành과 그 내부의 왕궁인 호앙탄Hoàng Thành, 황실 주거구역인 뜨껌탄, 방어시설인 쩐 빈 다이Trấn Bình Đài 등으로 이뤄져 있다. 원래 40채 이상 존재하던 건물들은 1885년, 1947년, 1968년에 있었던 각종 전투로 인해 대부분 손상돼 복원 중에 있다. 성채 내부에는 각 500m 길이의 성벽으로 둘러싸인 정사각형의 부지에 왕궁이 자리하고 있는데 중국의 자금성을 모방해 건설된 것이라고 한다. 넓은 궁터인 만큼 한나절 이상의 시간을 두고 천천히 걸어서 둘러보는 것이 좋다.

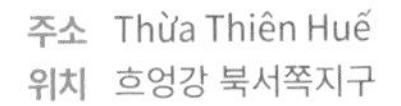

주소 Thừa Thiên Huế
위치 흐엉강 북서쪽지구

more & more **후에를 효과적으로 둘러보는 법**

후에 볼거리들의 입장권은 각각 따로 구입해도 되지만 여러 곳을 둘러보고 싶다면 통합입장권을 구입하는 것이 좋다. 4곳(왕궁, 뜨득 왕릉, 카이딘 왕릉, 민망 왕릉)의 통합입장권은 53만 동(7~12세 10만 동)이며, 3곳(왕궁, 카이딘 왕릉, 민망 왕릉)의 통합입장권은 42만 동(7~12세 8만 동)으로 가격은 지속적으로 오르고 있다. 구입 시 유효기간(2일) 내에 사용해야 한다.
영어에 서툰 티켓 직원들은 대부분 이 입장권에 대해 설명해주지 않으므로 먼저 통합 입장권을 요구해야 한다. 일부 매표소 입구에 영어와 베트남어로 된 안내판이 있다. 왕궁 내부에서는 7인승 전동차량을 대절할 수 있다(1시간 30만 동~).

▶▶ 깃발탑 Kỳ Đài

자롱Gia Long 황제 시절, 처음 성채가 건설 될 당시에 함께 건설된 깃발탑. 각종 축제날이나 공휴일마다 17.5m 높이의 3층탑에 응우옌 왕조의 깃발이 게양되었던 곳이다. 응우옌 왕조의 마지막 왕인 바오다이Bảo Đại 왕의 폐위 이후에는 붉은 베트남 공산당기가 게양되었다. 베트남전쟁 당시에는 1968년 구정 공세 이후 남베트남 정부의 국기가 29일간 게양됐다가 북베트남의 점령으로 찢겨 내려졌으며 1975년 후에-다낭 전투 직후에는 12m의 긴 남베트남 민족 해방전선의 깃발이 게양되기도 했다. 후에의 아픈 역사를 상징하는 깃발탑이지만 지금은 베트남 국기가 평화롭게 나부끼고 있다.

위치 오문 맞은편

▶▶ 대포 Cửu Vị Thần Công

깃발탑 양쪽으로 '아홉 개의 신성한 대포'를 볼 수 있다. 길이 5.1m의 대포들은 원래 오문 입구에 아홉 개가 나란히 배열돼 있었으나, 카이딘Khải Định 황제 시절 깃발탑 양쪽으로 분리해 옮겨 놓았다고 한다. 청동으로 만들어진 대포는 매우 섬세한 장식이 되어 있고, 아름다운 곡선으로 이뤄져 있어 수준 높은 당시의 예술성을 엿볼 수 있다.

위치 오문 맞은편, 깃발탑 양쪽

▶▶ 왕실 박물관 Bảo Tàng Cổ Vật Cung Đình Huế

응우옌 왕조 시절의 다양한 유물들이 전시되고 있는 곳으로, 응우옌 3대 왕인 티에우찌Thiệu Trị가 각종 행사를 마친 후 휴식을 취하는 곳으로 사용됐던 롱안궁 내의 건물을 카이딘 왕이 박물관으로 만들었다. 아담한 건물이지만 건물 안에는 왕실에서 사용하던 생활물품이나 가구, 의류, 도자기, 외국 사절단으로부터 받은 선물 등 예술적 가치가 높은 유물 1만 점이 좋은 상태로 보관돼 있다. 잘 꾸며진 마당에서는 청동종이나 대포, 석제 비석 등을 볼 수 있다. 유물 외에도 당시의 수준 높은 왕실 건축예술을 보여주는 박물관 건물 역시 또 하나의 볼거리다. 더운 낮에도 이곳에서 한가롭게 휴식을 취했던 옛 황제를 떠올리며 쉬엄쉬엄 둘러보자.

주소 03 Lê Trực, Huế
위치 왕궁 동쪽, 현인문 근처
운영 07:00~17:00
요금 왕궁 입장권으로 입장 가능 (어른 15만 동, 7~12세 어린이 3만 동)
전화 0234-352-4429
홈피 baotangcungdinh.vn

★★☆

티엔무 사원 Chùa Thiên Mụ

후에에서 가장 큰 사원이자 후에를 상징하는 곳이기도 하다. 전설에 따르면 하늘에서 나타난 신비한 여인이 '곧 새로운 군주가 나타나 사원을 건설할 것'이라고 했다고 한다. 중남부 베트남을 다스렸던 지방 군주 응우옌 가문의 첫 번째 군주인 응우옌 호앙Nguyễn Hoàng이 이야기를 전해 듣고 이곳에 사원을 건설한 뒤, '하늘의 신비한 여인'이라는 뜻의 이름을 붙였다고 한다.

사원 안쪽에 있는 7층의 팔각 석탑이 눈에 띄는데, 티에우찌 황제가 건설한 것으로 베트남에서 가장 큰 석탑이다. 오른쪽에는 티엔무 사원의 역사를 기록한 석비를 지고 있는 거북이가, 왼쪽에는 커다란 동종이 있는 전각이 있다.

사원 한쪽에는 파란 클래식 카가 유난히 돋보인다. 1963년 남베트남 정부의 불교탄압 정책에 항거하여 소신공양을 한 틱꽝득 스님이 호찌민으로 마지막 길을 떠나기 위해 사용한 것으로, 소신공양 당시에도 현장 옆에 세워져 있던 차량이다. 조용한 사원의 분위기 속에서, 평화를 위해 소신공양 중에도 차분했던 스님의 마지막을 떠올려보자.

주소 FG3V+6X Thành phố Huế
위치 흐엉강변, 후에 왕궁에서 서쪽으로 4km
운영 08:00~18:00
요금 무료

Tip | 틱꽝득 스님

틱꽝득 스님은 도서 『화』의 저자인 틱낫한 등 많은 제자를 배출하고, 뛰어난 인품으로 존경받는 인물이었다. 카톨릭 신자였던 남베트남 지도자들은 불교를 매우 심하게 탄압했고, 틱꽝득 스님은 1963년 호찌민에서 이에 대한 항의로 자신의 몸을 희생하는 소신공양을 하게 된다. 이 장면을 찍은 사진은 퓰리처상을 수상하는 등 많은 반향을 일으킨다. 하지만 남베트남 정부는 이를 비웃었고, 베트남 국민은 물론 미국 케네디 대통령에게까지 분노를 사며 남베트남의 쿠데타와 베트남전쟁의 이유 중 하나가 된다. 그의 심장은 불에 타지 않고 남아 현재 하노이 국립은행에 소장되어 있다고 전해진다.

★★★

카이딘 왕릉 Lăng Khải Định

응우옌 왕조의 마지막 왕릉으로 십여 년에 걸친 공사 끝에 1931년에 완공됐다. 프랑스 건축양식과 동양미가 조화를 이룬 독특한 구조물로 인해 다른 왕궁들과 확연히 다른 외관이 눈길을 끈다. 36개의 넓은 계단을 오르면 중앙의 2층 건물에 자리한 공덕비와 양쪽에 서양의 오벨리스크를 연상시키는 탑, 그리고 코끼리, 말, 서양인처럼 높은 코를 가진 관리들의 석상을 볼 수 있다. 계단 위쪽에 자리한 궁을 들어서면 번쩍이는 천장과 화려한 벽의 장식이 눈길을 끄는데, 안쪽에는 그보다 더 화려하게 장식된 옥좌와 카이딘 황제의 석상이 있다. 옥좌 아래에는 황제의 시신이 안치된 관이 보관돼 있다고 한다.

주소 Khải Định, tp. Huế
위치 흐엉강변, 후에 도심에서 남서쪽으로 9km
운영 07:00~17:30
요금 어른 15만 동, 7~12세 어린이 3만 동

Tip | 석상 대열

왕릉에 들어서면 가장 먼저 눈에 띄는 것은 두 줄로 늘어선 석상이다. 하나하나 표정이 다른 조각상들은 자세히 뜯어보는 재미가 있는데, 대표적으로 무기를 든 석상은 무신, 없는 석상은 문신이다. 코끼리와 말 석상도 살아 있는 듯 생동감이 넘친다.

옥좌 아래에 황제의 시신이 보관돼 있다고 전해진다.

★★★
민망 왕릉 Lăng Minh Mạng

후에의 왕릉 중에서도 가장 아름답기로 손꼽히는 왕릉으로, 응우옌 2대 왕인 민망 황제가 직접 설계했으며, 1841년부터 건축하기 시작해 그의 아들인 티에우찌 황제가 완공했다. 중국 문화를 선호했던 민망 왕의 취향을 반영하듯 바닥에 돌을 깔아 놓은 정원과 초승달 모양의 연못 등이 중국식 색채를 띤다. 먼저 입구에 들어서면 하얀 돌이 바닥에 깔린 마당에 코끼리, 말, 관리들의 석상이 서 있다. 이곳에서 민망 왕의 공적비, 황제와 황후의 위패가 있는 건물들을 지나게 된다. 연못에 놓인 3개의 다리를 건너 '빛의 전각'이라는 뜻의 목조건물Minh Lâu을 지나면 초승달 모양의 아름다운 연못이 내려다 보인다. 연못 건너편에는 왕의 관이 보관돼 있다고 하지만, 실제로는 높은 벽으로 가로막혀 전혀 보이지 않는다. 왕의 문은 1년에 한 번 왕의 제례식 날에 열린다고 한다.

주소 9HQC+CW2, Tx. Hương Trà, Thừa Thiên Huế
위치 흐엉강변, 후에 도심에서 남서쪽으로 13km
운영 07:30~17:00
요금 어른 15만 동, 7~12세 어린이 3만 동

★★★

뜨득 왕릉 Lăng Tự Đức

응우옌 왕조를 가장 오랫동안 통치했던 뜨득 황제의 왕릉이다. 시와 산문에 능하고 동양역사와 철학에 해박했던 왕은 살아 있을 때는 물론 죽어서도 휴식을 취할 장소를 이곳으로 정하고, 3년에 걸쳐 건설해 본인이 사망하기 16년 전에 완공했다. 팔각의 벽으로 둘러싸인 넓은 왕릉 터는 인공 연못과 그 옆의 낭만적인 분위기의 누각, 언덕과 소나무가 우거진 정원으로 마치 아늑한 별궁을 연상시킨다. 건설 당시 약 50여 개의 건축물이 있었다고 하는데, 이를 위해 많은 자원과 인력을 투입해 백성들의 원성을 샀으며 건설 도중 반란이 일어나기도 했다고 한다. 왕은 이런 비난을 의식했는지 완공 이후 모든 건축물에 '겸손Khiêm'이라는 이름을 덧붙였다. 좌측으로 황제와 황후의 위패를 모신 사당과 황제의 처소가 있는데 이곳에는 왕의 사후 103명의 후궁이 거처했다고 한다. 연못을 따라 좀 더 들어가면 좌측 높은 곳에 자리한 공덕비가 보인다. 원래 다음 황제가 작성해야 하는 공덕비지만, 뜨득 황제는 아들이 없는 것을 한탄하며 스스로 자신의 공덕비를 세웠다고 한다. 공덕비를 지나면 뜨득 황제의 묘가 있는데, 실제 황제의 시신은 다른 곳에 안치돼 있다고 하나 정확한 위치는 알려져 있지 않다. 도굴을 우려한 황제는 자신이 묻힐 곳을 철저히 감추기 위해 실제 무덤이 완성된 후 공사에 참여한 200여 명의 인부들을 모두 참수했기 때문이라고 한다. 왕위를 얻기 위해 치열한 권력다툼을 하고 수많은 반란을 진압한 왕의 잔인함과 낭만적인 궁궐의 분위기가 대비돼 더욱 흥미로운 곳이다.

주소 Thủy Xuân, tp. Huế
위치 흐엉강변, 후에 도심에서 남서쪽으로 7km
운영 07:00~17:30
요금 어른 15만 동, 7~12세 어린이 3만 동

뜨득 황제가 스스로 세운 공덕비

★ 후에의 레스토랑 & 카페

여행자들을 위한 식당은 신시가지, 특히 여행자 거리 주변에 많다. 예전부터 서양 배낭여행자들의 발길이 잦았던 여행지였기 때문에 여행자식당도 발달했다. 몇몇 고급 식당을 제외하면 물가는 저렴한 편이다.

꽌 한 Quán Hạnh

후에 최고의 인기 식당. 후에로 여행 온 베트남 사람들이 모이는 곳이기도 하다. 중부지방 음식들을 한자리에서 맛볼 수 있으며 단품 혹은 세트메뉴로 즐길 수 있다. 세트메뉴에는 반베오, 반코아이, 넴루이 등 5가지 메뉴가 함께 나오고 양도 꽤 많은 편이다. 세트메뉴에 없는 반록Bánh lọc도 추천 메뉴. 우리나라 떡과 같은 찰진 식감을 갖고 있고 마른 새우의 고소한 맛이 일품이다. 워낙 유명한 집이라 자리가 잘 나지 않고 합석을 해야 하는 경우가 많다.

주소 11-15 Đường Phó Đức Chính, Huế
위치 신시가지, 꽁 카페에서 대각선 길 건너 오른쪽 도보 1분
운영 10:00~21:00
요금 세트메뉴(1인) 13만 5천 동,
반록 5만 동, 분팃느엉 3만 5천 동,
탄산음료 1만 5천 동
전화 035-830-6650

분보 덥다 Bún Bò Đập Đá

후에 지방의 국수, 분보후에를 전문으로 하는 집이다. 신시가지와 후에 동쪽 도심을 연결하는 덥다교Cầu Đập Đá 바로 옆에 있어 찾기도 쉽다. 로컬식당이지만 위생도 무난한 편이고 끓인 물도 제공한다. 특별히 주문하지 않아도 외국인이 오면 여러 가지 고기 부위와 선지 등을 골고루 섞은 메뉴(분텁껌Bún thập cẩm)를 내어준다. 양도 상당히 푸짐한 편. 새벽 6시부터 문을 여는데 아침 식사를 하러 온 현지인들로 가득 찬다. 저녁에는 다른 메뉴를 하는 식당이 영업하니 참고하자.

주소 01 Nguyễn Công Trứ, Huế
위치 응우옌꽁쯔Nguyễn Công Trứ 거리,
덥다교Cầu Đập Đá 바로 옆
운영 06:00~13:00
전화 098-355-0036

마담 투 Madam Thu

서양 여행자들 사이에 인기가 좋은 곳이다. 전형적인 여행자식당으로 후에 음식을 포함한 베트남 음식을 제공한다. 단품이나 세트메뉴 중에 주문할 수 있고 영어 메뉴판이 잘 되어있어 메뉴 선택은 쉽다. 추천 메뉴에는 노란색으로 표시가 되어 있고 그중의 하나가 반쎄오와 비슷하지만 좀 더 바삭하고 아담한 버전인 반코아이(1번 메뉴)가 있다. 세트메뉴는 9가지 후에 음식이 하나씩 나오고, 과일과 음료수가 포함된 식이다. 음식들이 정갈하고 예쁘게 나와 보는 즐거움도 더해준다. 에어컨이 있는 실내석이 있지만, 장소가 아담해서 식사 시간에는 좀 붐비는 편이다.

주소 45 Võ Thị Sáu, Huế
위치 여행자 거리 중 보티싸우Võ Thị Sáu 거리
운영 08:00~22:00
요금 세트메뉴(1인) 16만 동, 고이꾸온 5만 5천 동, 넴루이 8만 동
전화 090-512-6661
홈피 www.madamthu.com

레 쟈뎅 드라 까람볼 Les Jardins de la Carambole

오전에 왕궁을 둘러보고 식사만큼은 시원한 곳에서 우아하게 하고 싶다면, 이곳이 제격이다. 왕궁 성벽 안쪽에 자리한 프랑스식 레스토랑으로 후에에서는 비교적 고급 레스토랑에 속한다. 100년이 넘은 가옥을 레스토랑으로 개조해 사용하고 있는데 구시가지의 분위기와 잘 어울린다. 프랑스식 레스토랑을 표방하지만 일반적인 웨스턴 음식을 먹을 수 있다. 스테이크와 파스타, 피자, 크레페 등의 메뉴를 갖고 있고 간단한 베트남 음식도 있다. 코스메뉴나 세트메뉴가 괜찮게 나오는 편이다. 여행자 거리에 2호점이 있다.

주소 32 Đặng Trần Côn, Huế
위치 구시가지, 왕궁 남쪽
운영 07:00~23:00
요금 코스메뉴 44만 동~, 스파게티 15만 동, 아이스크림 4만 동, 글라스 와인 4만 동
전화 0234-354-8815

리엔 호아 Liên Hoa

불교 단체에서 운영하는 채식 전문 식당. 단품 메뉴가 상당히 많다. 베트남어로 적힌 메뉴 밑에 영어로 설명이 되어있어 주문 시 참고로 할 수 있다. 건강한 집밥이 생각날 때는 3가지 반찬, 밥과 국으로 구성된 '껌펀Cơm phần'을 주문하면 가장 무난하다. 전체적으로 가격이 상당히 저렴한 편이다. 현지인들 방문 비율이 상당히 높고, 스님들도 자주 찾는 곳이다. 다만 식당 내부가 좀 어두운 편이고 좌석이 불편할 수 있다. 빈컴 플라자와 가까운 곳에 있어 함께 연계해서 일정을 짜도 좋겠다.

주소 Số 03 Lê Quý Đôn, Huế
위치 신시가지 Lê Quý Đôn 거리, 빈컴 플라자에서 400m
운영 06:30~21:00
요금 껌펀(1~2인용 5만 5천 동, 3~4인용 11만 동), 반베오 1만 3천 동
전화 093-526-6046

퍼 마이 다오 Phở mai đào

후에에서 맛볼 수 있는 최상의 쌀국수집이다. 하노이 스타일의 쌀국수를 전문으로 하는 곳으로 우선 육수가 진국이다. 1번 메뉴인 소고기 쌀국수 외로 닭으로 육수를 낸 2번도 추천 메뉴. 우리가 아는 쌀국수 퍼Phở 대신 베트남식 당면을 넣은 미엔Miến을 넣어 주문해보아도 좋다. 볶음국수가 메뉴에 있지만, 국물 있는 국수만 할 때가 많다. 입구에서 볼 때는 아담해 보이지만 안으로 들어가면 테이블도 많고 깨끗하다. 와이파이를 무료로 쓸 수 있고 여행자 거리와 매우 가까워 접근성도 좋다.

주소 21 Nguyễn Thái Học, Huế
위치 응우옌타이혹 거리 중간 지점
운영 07:00~21:30
요금 퍼보 4만 5천 동, 퍼가 4만 5천 동
전화 096-869-8585

한옥 카페 HANOK CAFE

후에 시내 한복판에 있는 한옥 카페라니! 놀랍게도 카페의 주인장은 한국에 한 번도 가본 적이 없는 젊은 베트남 여성이다. 이 카페를 위해 1년 넘게 인터넷과 유튜브로 공부하고 문고리 하나하나 한국에서 배송받아 완성했다고 한다. 물론 보(樑) 같은 것은 조금 변형되었지만, 한옥의 아름다움을 느끼기에는 충분하다. 한류 덕분에 현지의 젊은이들에게 인기장소로 자리매김하는 중이다. 메뉴는 쑥 라떼, 식혜, 수정과, 대추차 등이 있고 간단한 한국 소품들도 판매한다.

주소 14A Kiệt 64 Nguyễn Công Trứ, Huế
위치 응우옌꽁즈 거리와 응우옌타이혹 거리를 잇는 골목인 Kiệt 64 중간
운영 07:00~22:00
요금 식혜 3만 5천 동, 수정과 3만 2천 동, 쑥 라떼 4만 5천 동
전화 097-627-7747

카페 무오이 Cà phê Muối

소금 커피, 이름도 생소한 이 커피의 고향이다. 소금이 달달한 베트남 커피 맛을 한껏 끌어 올려주는 덕분인지 현지인들에게 더 인기가 있다. 별다른 장식 없이 소박하게 꾸며져 있고 정원 쪽에도 좌석이 있다. 소금 커피를 포함해 커피나 차 등의 음료값이 매우 저렴해서 늘 사람들로 북적인다. 카페지만 점심시간에는 브레이크 타임이 있고 시내에 계속 브랜치를 늘여가고 있다.

주소 10 Đ. Nguyễn Lương Bằng, tổ 3, Huế
위치 인도차이나 팰리스 호텔 뒤편 북쪽으로 100m 지점
운영 06:30~11:00, 14:00~22:00
요금 소금 커피 1만 5천 동, 그 외 베트남 커피 메뉴 1만 동~2만 동
전화 091-186-786

최고의 소금커피를 맛보고 싶다면 얼음 추가 주문은 필수!

메종 트랑 Maison Trang

좁은 골목 안, 은밀히 숨겨져 있는 베트남 가정식 식당. 안으로 들어가면 진짜 집처럼 주방과 식사 홀이 하나로 연결되어 있고 신발도 벗고 들어가야 한다. 후에 음식들을 기본으로 하고 볶음밥 등이 있다. 다른 식당들보다 가격이 저렴한 편이다. 식사의 마무리로 베트남식 아이스크림도 맛보도록 하자.

주소 26 Võ Thị Sáu, Huế (1F Poetie Hotel)
위치 여행자 거리, 탄릭THANH LICH 호텔 앞의 좁은 골목길 맨 안쪽
운영 09:30~22:00
요금 세트메뉴(1인) 12만 동, 반베오 4만 동, 아이스크림 1만 5천 동
전화 093-581-3636

눅 이터리 Nook Eatery

에스닉 무드가 가득한 여행자식당. 건물과 담 사이의 좁은 공간을 식당 공간으로 활용하고 있다. 서양식 음식과 동남아시아 음식이 메인이고 '바땀BÀ TÁM'이라는 베트남 식당과 같이 있어 베트남 음식도 즐길 수 있다. 서양 여행자들의 입맛에 잘 맞는 메뉴가 대부분이며 수제 햄버거가 인기메뉴. 베지테리언 메뉴는 Ⓥ로 표기해 놓았다.

주소 33 Kiệt 42 Nguyễn Công Trứ, Huế
위치 응우옌꽁즈 거리와 응우옌타이혹 거리를 잇는 골목인 Kiệt 42 중간
운영 07:00~21:30
요금 눅 버거 13만 5천 동, 팟타이 8만 동~, 분팃느엉 8만 5천 동, 후다 맥주 2만 동
전화 077-757-5586

골든 라이스 레스토랑 Golden Rice Restaurant

여행자 거리에 있는 무난한 식당이다. 에어컨이 나오는 깨끗한 식당에서 식사하고 싶다면 추천한다. 베트남 음식을 주문해도 과한 향신료를 사용하지 않아 편안하게 식사할 수 있고 메뉴판에 사진이 있어 쉽게 메뉴를 고를 수 있다는 점도 장점. 여행자 거리의 가장 중심부에 있고 와이낫 바Why Not? Bar와 마주 보고 있다. 식당 규모는 아담한 편이다.

주소 40 Phạm Ngũ Lão, Huế
위치 여행자 거리 내
운영 10:00~23:00
요금 두부 요리와 밥 세트 12만 9천 동, 반베오 7만 9천 동, 후다 맥주 2만 5천 동
전화 091-441-5268

DMZ 바 DMZ Bar

밀리터리 콘셉트의 바 겸 레스토랑. 여행 중에도 프리미어 리그는 꼭 봐야 하는 유럽 여행자들의 단골집이다. 베트남 음식부터 버거, 피자, 파스타 등의 메뉴가 있고 특히 맥주가 저렴하다. 여행자 거리 초입에 있어 길 멍하기에도 좋다. 2층과 3층에도 좌석이 있다.

주소 60 Lê Lợi, Huế
위치 신시가지, 여행자 거리 초입. 센추리 리버사이드 호텔 건너편
운영 07:00~24:00
요금 DMZ 피자 16만 5천 동~, 스테이크 18만 9천 동, 햄버거 9만 9천 동, 후다 맥주 1만 8천 동
전화 0234-399-3456

반미 쯔엉띠엔 오토 Bánh Mì Trường Tiền O Tho

한마디로 대박 반미 집이다. 사람이 너무 많아 긴 줄을 서야 하지만 놀랍도록 저렴한 금액에 맛있기까지 하니 다들 그 수고로움을 감수한다. 속재료가 모두 들어간 반미 텁껌Bánh Mì Thập Cẩm은 1만 5천 동이고, 원하는 재료만 넣어 간단하게 주문하는 것은 더 저렴하다. 창고를 개조한 것 같은 곳에 이 반미 집과 다른 노점 몇 개가 같이 있다.

주소 14 Trần Cao Vân, Phú Hội, Thành phố Huế
위치 신시가지, 임페리얼 호텔을 등지고 오른쪽 골목 50m 안
운영 07:00~10:00 / 16:00~03:00
요금 반미 1만 동~1만 5천 동
전화 077-550-4922

비바 리저브 Viva Reserve Huế

센나 후에 호텔 1층에 자리한 대형 커피숍. 호찌민 등에 자리한 베트남 로컬 브랜드인 비바 스타 커피Viva Star Coffee의 업그레이드 버전이다. 스타벅스 리저브를 오마주한 이름과 로고가 귀엽게 느껴진다. 에어컨이 있는 내부 공간은 쾌적하지만, 가격은 순진하다. 베트남 커피 외로 아메리카노나 라떼 등의 메뉴도 있고 테이크아웃도 가능하다.

주소 No.7 Nguyễn Tri Phương, Street, Huế
위치 여행자 거리와 빈컴 플라자 중간, 꽁 카페에서 길 건너 왼쪽 50m
운영 06:30~22:00
요금 베트남 커피 1만 6천 동~, 아메리카노 2만 9천 동, 라떼 3만 2천 동
전화 093-496-0489

★ 후에의 쇼핑

후에의 쇼핑은 다낭과 크게 다르지 않다. 여행 중 필요한 물품을 구매할 수 있는 큰 마트가 3개나 있고 동바 시장도 있어서 구경삼아 가보거나 기념품을 사는 정도로 만족해야 한다.

동바 시장 Chợ Đông Ba

후에의 대표 재래시장. 1887년부터 이어져 온 긴 역사를 갖고 있다. 프랑스 식민지 시대와 베트남 전쟁을 겪으며 불에 타기도 하고, 폭탄에 산산조각이 나는 등 많은 아픔을 겪은 장소이기도 하다. 1970년대 베트남이 통일된 후 지금의 모습으로 재건하였다. 다낭의 한 시장과 비슷한 모습이지만 규모는 훨씬 크다. 라탄 가방과 전통 등, 각종 기념품 등도 취급하고 과일이나 간단한 간식을 사 먹기에도 좋다.

주소 200 Trần Hưng Đạo, Phú Hoà, Huế
위치 후에 왕궁 쪽 강변, 사이공 모린 호텔에서 쯔엉띠엔교 넘어 오른쪽으로 250m
운영 06:30~19:00

쿱 마트 Co.op Mart

현지인들이 주로 이용하는 베트남표 마트. 롯데리아와 하이랜드 커피가 입점해 있어 왕궁 등 관광 후에 잠시 쉬어가기에도 좋다. 2층 규모로 1층에서는 신선식품과 맥주 등을 구입할 수 있고 ATM과 환전소, 다이소도 같이 있다. 공산품과 푸드코트, 화장실은 2층에 자리하고 있다. 아침이면 마트 뒤 강변을 따라 과일과 꽃을 파는 시장이 열리는데 보는 것만으로도 기분이 좋아지니 구매하지 않더라도 구경삼아 둘러보자. 동바 시장이 바로 옆에 자리하고 있다.

주소 6 Trần Hưng Đạo, Phú Hoà, Huế
위치 후에 왕궁 쪽 강변, 사이공 모린 호텔에서 쯔엉띠엔교 넘어 바로 오른쪽
운영 08:00~22:00
전화 0234-358-8555
홈피 co-opmart.com.vn

고! (빅시) 슈퍼마켓 GO!(Big C) Supermarket Hue

베트남 전국에 퍼져 있는 태국계 할인 마트. 특히 후에 지점은 규모가 크고 입점한 매장이 다양해서 현지인들의 사랑을 받고 있다. 한국식당, 하이랜드 커피, 롯데리아. 피자헛, KFC, 크록스, 일본 생활용품점 룩쿨LookKool 등이 입점해 있고 마트는 2층부터 자리한다. 한국의 그것과는 비교할 수 없지만, 유모차나 휠체어를 대여해주기도 한다. 마트 입장 시에 짐 검사를 하고 가방을 케이블타이로 여미니 너무 놀라거나 불쾌해하지 말자.

주소 174 Bà Triệu, Phú Nhuận, Huế
위치 사이공 모린호텔에서 남쪽으로 1.5km
운영 08:00~22:00
전화 0234-393-6900

빈컴 플라자 Vincom Plaza Huế

베트남의 대표적인 쇼핑몰. 5층까지 쇼핑몰이고 그 위로는 멜리아 빈펄 호텔이 자리한다. 덕분에 멀리서도 눈에 띄는 외관을 갖고 있다. 1층에는 하이랜드 커피를 비롯해 피자 컴퍼니, 빈 패스트, 시계 매장, 이브로셰 등이 자리하고 있고 2층에는 윈 마트와 샘소나이트가 자리하고 있다. 3층은 라이프스타일 매장들이 들어서 있는데 그중에는 락앤락 매장과 드러그스토어 등이 있다. 4층은 게임장, 키즈클럽, 식당가(한식당 포함)가 있고 5층에는 극장이 있다.

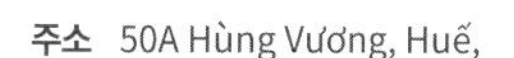

주소 50A Hùng Vương, Huế,
위치 사이공 모린호텔에서 남쪽으로 900m
운영 10:00~21:00
전화 098-132-9408
홈피 www.vincom.com.vn

★ 후에의 숙소

대부분 숙소들은 흐엉강의 남쪽, 신시가지에 몰려 있다. 신시가지 중에서도 강변을 끼고 있거나 가까이에 있는 숙소들은 유명세가 있지만 대부분 오래된 숙소들이다. 5성급 등의 고급 숙소는 조금 부족한 편이고 여행자 거리 인근에는 배낭여행자들을 위한 저렴한 숙소들이 몰려 있다.

5성급

앙사나 랑꼬 Angsana Lang Co

태국의 럭셔리 호텔 체인 반얀트리와 함께 운영되는 리조트. 200m가 넘는 긴 수영장과 드넓은 정원, 프라이빗 해변을 갖고 있다. 빌딩형 숙소라 풀 스위트룸의 경우에도 분위기보다는 편리함에 더 초점이 맞춰져 있다. 리조트 위치 자체가 고립된 곳에 있어서 자유로운 외출은 쉽지 않다. 대신 이를 보완하는 다양한 레크리에이션 프로그램을 제공하고 있으므로 휴양에 중점을 두고 리조트를 마음껏 즐기기에 좋은 곳이다.

주소 Cu Du Village 1, Loc Vinh Commune Huế

위치 다낭 공항에서 51km 북쪽, 후에 왕궁에서 55km 남쪽, Cảnh Dương 해변
요금 가든 발코니 그랜드 218$~, 풀 스위트(2베드룸) 349$~, 로프트(2베드룸) 388$~
전화 0234-369-5800
홈피 www.angsana.com

전용해변	○	레스토랑 & 바	○
수영장	○	셔틀버스	○
키즈클럽	○	스파	○

교통 정보	다낭 공항에서 약 55km, 차량으로 약 1시간 30분 소요
객실	총 220여 개의 객실은 일반 객실 타입과 개인풀이 있는 타입으로 나누어진다. 신혼여행들이 가장 많이 이용하는 객실은 비치 프런트 스위트로 객실과 개인 풀, 해변이 바로 이어지는 구조다. 2베드룸과 복층 구조(로프트)의 객실도 있다.
수영장	1개(유수 풀 형태의 길디긴 수영장) / **이용시간** 08:00~18:30
F & B	2개의 레스토랑과 2개의 바가 있다. 메인 레스토랑은 마켓 플레이스Market Place로 조식당을 겸하고 있다. 루프톱 바인 어퍼 데크Upper Deck의 인기가 좋다.
액티비티	매일 08:30~21:00 사이 요가, 패들보드 강습, 베트남 커피 강좌, 요리 강습, 다트 경기, 가라오케, 골프 강습, 수영 강습 등이 무료로 진행된다. 양궁, 카약, 서프보드, 버기 보드, 윈드서핑, 바나나 보트, 베트남 전통 바구니 배, 워터 워킹 볼, 워터 스키퍼, 번지 트램펄린도 이용할 수 있다
숙소이용 Tip	다낭 공항에서 리조트행 셔틀을 1일 7회 운행한다(호텔에서 다낭 공항은 1일 5회).

5성급

필그리미지 빌리지 Pilgrimage Village

후에에서 차로 10분 거리에 있는 리조트로 나무가 우거진 정원과 연못, 아름다운 수영장이 어우러져 숲속의 오아시스를 연상시킨다. 2층 건물에 자리한 디럭스룸은 넓은 객실과 부드러운 침대, 너무 넓어서 탈인 욕실과 우거진 정원을 향해 있는 테라스까지 갖추고 있다. 빌라형 객실인 허니문 풀 헛은 약간 투박하지만 높은 천장의 로맨틱한 침실, 나무로 둘러싸인 테라스와 작은 정원을 즐길 수 있다. 개인 풀은 수영장이 아닌 작은 자쿠지이지만 나무가 우거진 로맨틱한 메인 수영장이 있으므로 문제없다.

주소 130 Minh mạng, Thủy Xuân, Huế
위치 후에 시내에서 6km 남쪽
요금 디럭스 150$~, 허니문 방갈로 200$~, 허니문 풀 헛 250$~, 패밀리 스탠더드 260$~, 패밀리 디럭스 280$~
전화 0234-388-5461
홈피 www.pilgrimagevillage.com

전용해변	○	레스토랑 & 바	○
수영장	○	셔틀버스	○
키즈클럽	○	스파	○

교통 정보	후에 빈컴 플라자에서 약 5.5km, 차량으로 10분 소요
객실	일반 호텔 타입의 객실과 빌라 타입으로 나누어진다. 풀억세스 빌라Pool Access Villa는 총 10개로 별도의 수영장을 이 객실 투숙객들만 사용하므로 좀 더 조용하고 프라이빗하게 지낼 수 있다. 그 옆으로 4베드룸 풀빌라가 자리한다. 기본 객실인 슈피리어와 디럭스룸만 해도 2인이 사용하는 데는 전혀 문제없다.
수영장	총 3개 / **이용시간** 07:00~19:00
F&B	6개의 레스토랑과 바가 있다. 메인 레스토랑은 밸리 레스토랑Valley restaurant으로 조식당을 겸하고 있다. 투숙객이 많거나 할 때는 베트남 퓨전 레스토랑인 준레이 레스토랑Junrei restaurant에서도 조식을 제공한다.
액티비티	요가, 태극권, 차크라 밸런싱 등의 프로그램이 있다.
숙소이용 Tip	· 후에 시내까지 무료 셔틀을 하루 3회 운행한다. 시간 외 운행은 1인당 15만 동이고 최소 2인부터 출발한다. · 리조트 내 스파숍이 굉장히 잘되어 있다. 스파를 받을 계획이라면 멀리서 찾지 말고 숙소에서 즐기도록 하자.

4성급

센나 후에 호텔 Senna Hue Hotel

2019년에 오픈한 숙소로 후에 숙소 중 가장 추천할만하다. 여행자 거리와 5분 거리에 있으며 주변으로 후에 맛집인 꽌 한, 꽁 카페, K-마트 등이 자리하고 있다. 여행자 거리와 너무 가까우면 시끄럽고, 멀면 생활하기가 불편한데. 일단은 위치가 딱 적당하다. 총 130여 개의 객실은 클래식 모던 스타일로 기본 객실도 40㎡로 상당히 넓은 편이다. 스위트룸을 제외하고 객실 크기나 구성은 거의 비슷하고 다만 뷰에 따라 금액 차이가 조금 있다. 직사각형의 넓은 수영장에는 자쿠지가 함께 있고 야간 수영도 가능하다. 직원들도 친절하고 조식도 잘 나오는 편이다.

주소 No.7 Nguyễn Tri Phương, Street, Huế
위치 여행자 거리와 빈컴 플라자 중간, 꽁 카페에서 길 건너 왼쪽 50m
요금 프리미엄(시티뷰) 80$~, 프리미엄 센나(가든뷰) 95$~
전화 0234-385-8686
홈피 www.sennahue.com

전용해변	X	레스토랑 & 바	○
수영장	○	셔틀버스	X
키즈클럽	X	스파	○

5성급

멜리아 빈펄 후에 Meliá Vinpearl Hue

멀리서도 금방 눈에 띄는 34층의 현대적인 건물을 갖고 있다. 덕분에 신시가지의 랜드 마크 역할을 하고 있기도 하다. 후에에 새로 지어진 5성급 숙소가 거의 없어서 그 존재가 더 특별하다. 총 200여 개의 객실을 보유하고 있으며 주변에 높은 건물이 없어 어떤 객실을 이용하더라도 전망이 상당히 좋다. 8층의 수영장은 실내에 있지만, 개방감 있게 만들어 전망을 즐길 수 있게 고안했다. 최상층에 있는 더 프라임The Prime 레스토랑과 루프톱 바도 후에의 명소이다. 여러 가지 조건과 비교하면 가성비는 상당히 좋은 편. 호텔 아래로는 빈컴 플라자와 이어져 있다.

주소 50A Hùng Vương, Phú Nhuận, Huế
위치 사이공 모린호텔에서 남쪽으로 900m
요금 디럭스 80$~, 프리미어 95$~
전화 0234-268-8666
홈피 www.melia.com

전용해변	X	레스토랑 & 바	○
수영장	○	셔틀버스	X
키즈클럽	X	스파	○

5성급

인도차이나 팰리스 호텔 Indochine Palace Hotel

고풍스럽고 우아한 숙소. 후에 시내에 있는 호텔 중에서 드물게 5성급다운 시설과 규모를 갖춘 곳이다. 여행자 거리와는 약 1.5km 정도 떨어져 있어 걸어 다니기는 힘든 대신 대형마트 고!(빅시)GO!(Big C)가 바로 옆이다. 객실은 고가구들로 세팅되어 있고 반 오픈 구조의 욕실이 특이하다. 이용자에 따라 호불호가 있을 수 있다. 이 숙소의 가장 큰 매력은 수영장. 호텔 이름처럼 궁전을 생각나게 하는 웅장함을 갖고 있다. 다만 연식이 좀 오래되어 세월의 흔적을 숨길 수 없는 면이 있다.

주소 105A Hùng Vương, Huế
위치 신시가지, 쯔엉띠엔교에서 1.5km 남동쪽
요금 디럭스 95$~, 스튜디오 120$~, 스위트 190$~, 인도차이나 스위트 280$~
전화 0234-393-6666
홈피 www.indochinepalace.com

전용해변	X	레스토랑 & 바	O
수영장	O	셔틀버스	X
키즈클럽	X	스파	O

4성급

사이공 모린 호텔 Saigon Morin Hotel

베트남 중부지역에 들어선 최초의 호텔. 그 역사가 120년이 넘는 곳으로 베트남의 유서 깊은 호텔 Best 5에 선정된 바 있다. 후에 시내를 다니다 보면 계속 눈에 띄기 때문에 이정표와 같은 역할을 해주기도 한다. ㅁ자로 생긴 건물은 전형적인 콜로니얼 스타일로 되어있고 가운데 중정 공간에 수영장이 있는 구조다. 객실 위치에 따라 다양한 전망이 나오고 티크를 많이 사용해서 무게감이 느껴진다. 오래된 만큼 좋은 위치와 넓은 객실에도 불구하고 호텔요금은 저렴한 편이다.

주소 30 Lê Lợi, Huế
위치 신시가지, 쯔엉띠엔교 앞
요금 디럭스 130$~, 프리미엄 디럭스 150$~, 스위트 220$~
전화 0234-382-3526
홈피 www.morinhotel.com.vn

전용해변	X	레스토랑 & 바	O
수영장	O	셔틀버스	X
키즈클럽	X	스파	O

4성급

엘도라 호텔 Eldora Hotel

2014년에 오픈한 고급스럽고 깨끗한 호텔이다. 객실은 넓진 않지만 흰색 벽면에 왕궁을 연상시키는 차분한 황금색 커튼, 전통문양의 조명으로 세련되면서도 아늑하며 대리석 바닥의 욕실도 로맨틱하다. 수영장이 실내에 있어 활용도가 떨어지는 점은 아쉽다.

주소 60 Bến Nghé, Huế
위치 신시가지, 쯔엉띠엔교에서 700m
요금 디럭스 100$~, 디럭스 파노라마 129$~
전화 0234-386-6666
홈피 www.eldorahotel.com

전용해변	X	레스토랑 & 바	O
수영장	O	셔틀버스	X
키즈클럽	X	스파	X

4성급

무엉탄 홀리데이 호텔 Mường Thanh Holiday Huế

2008년까지 세계적인 호텔 체인 아코르에서 관리했던 호텔로, 현재는 베트남 호텔 체인인 무엉탄 그룹에 속해 있다. 인테리어는 약간 오래되어 보이지만, 여타 무엉탄 호텔 중에서는 잘 관리되는 편이다. 비교적 저렴한 가격으로 무난하면서도 깨끗하고 넓은 객실에서 묵을 수 있는 장점이 있다. 강변과 가까운 위치도 좋다. 2층에는 작은 야외 수영장도 있다.

주소 38 Lê Lợi, Huế
위치 신시가지, 여행자 거리 인근
요금 디럭스 68$~, 코너 스위트 88$~, 골든 스위트 109$~
전화 0234-393-6688
홈피 www.holidayhue.muongthanh.com

전용해변	X	레스토랑 & 바	O
수영장	O	셔틀버스	X
키즈클럽	X	스파	O

5성급

임페리얼 호텔 Imperial Hotel

럭셔리하거나 세련되진 않지만 후에에서 가장 높은 호텔로, 멀리 강이 바라보이는 스카이 바와 리버뷰룸의 전망이 좋다. 로비의 높은 천장도 시선을 압도한다. 객실 역시 넓진 않지만 비교적 큰 창이 나 있어 밝은 분위기다. 그러나 복도와 엘리베이터에서 좋지 않은 냄새가 나기도 하는 등 전반적으로 관리가 부실한 편이다.

전용해변	×	레스토랑 & 바	○
수영장	○	셔틀버스	×
키즈클럽	×	스파	○

주소 08 Hùng Vương, Phú Hội, Thành phố Huế
위치 신시가지, 쯔엉띠엔교에서 300m
요금 디럭스 103$~, 주니어 스위트 156$~, 임페리얼 스위트 469$~
전화 0234-388-2222 **홈피** www.imperial-hotel.com.vn

2성급

카사블랑카 호텔 Casablanca Hotel

기존의 호텔을 리모델링해 2015년 겨울에 오픈했다. 게스트하우스 급이지만, 저렴한 가격에 비해 깨끗하고 넓은 에어컨이 있는 방에서 묵을 수 있다. 직원들도 모두 친절하며 각종 투어도 저렴하게 예약할 수 있다. 여행자 거리에서도 비교적 가까운 곳에 위치하고 있어 편리하다.

주소 44 Nguyễn Công Trứ, Huế
위치 신시가지, 여행자 거리 인근
요금 더블 10$~, 트윈 14$~, 트리플 17$~
전화 091-470-4862

전용해변	×	레스토랑 & 바	○
수영장	×	셔틀버스	×
키즈클럽	×	스파	×

Step to Da Nang

쉽고 빠르게 끝내는 여행 준비

Step to Da Nang 01

다낭 여행 필수 준비물

베트남, 그중에서도 다낭은 여행 인프라가 잘 갖춰진 곳이다. 베트남은 단기 여행 시 비자가 필요 없고, 입국할 때 출입국카드도 작성하지 않으므로 부담 없이 떠나자!

★ 여권 발급하기

모든 해외 여행자는 여권을 항상 휴대해야 한다. 여행하는 시기를 기준으로 6개월 이상의 유효기간이 남아 있어야 하는데 이는 매우 중요한 사항으로 반드시 미리 체크해야 한다. 외교부 여권 안내 홈페이지(www.passport.go.kr)에서 여권 발급 수수료 및 접수처를 확인할 수 있다. 긴급 여권은 베트남 입국이 되지 않는 점도 유의사항이다.

여권 발급 시 필요한 서류

❶ 여권발급신청서
❷ 여권 사진 1매 (6개월 이내에 촬영한 사진)
❸ 주민등록증 등 신분증
❹ 병역 관련 서류(해당자)

★ 비자 준비하기

한국 여권 소지자는 45일간 무비자로 베트남에 체류할 수 있다. 그 이상 체류하기를 원하면 전자비자(E-VISA)를 신청해야 한다. 신청 후 3~5일이면 유효기간이 90일인 단수비자를 받을 수 있다. 여권과 증명사진, 해외 결제가 가능한 신용카드가 필요하며 비용은 25$이다. 비자를 발급받으면 반드시 종이 프린트물로 갖고 가야 한다. 도착 비자는 상용 비자만 가능하다.

E-VISA 신청 : evisa.xuatnhapcanh.gov.vn/en_US/web/guest/home

주한 베트남 대사관 (일반 관광 비자 외 업무만 가능)

주소 서울시 종로구 북촌로 123 **전화** 02-725-2487

★ 비행기 예약하기

여러 항공사에서 인천에서 다낭으로 가는 직항편을 운행한다. 항공권은 출발하는 날짜와 직항, 경유 횟수, 일정 변경 가능 여부 등에 따라 요금 차이가 있다. 예약할 때 반드시 여권과 항공권의 영문 성명이 동일한지 확인하자. 항공권 가격 비교는 '항공권 예약 및 비교 사이트(p.283)'를 참고하자.

★ 숙소 예약하기

베트남 대부분의 숙박시설에서 자체 홈페이지를 운영하며, 인터넷 최저가를 보장하는 경우가 많다. 최근에는 호텔 예약 대행 사이트를 통해 숙소를 편리하게 예약할 수 있으나 대부분 세금과 수수료를 붙여 판매하므로 자체 홈페이지보다는 비싼 경우가 많다. 자체 홈페이지에서 직접 예약할 경우, 각종 혜택을 주기도 하므로 체크해보자.

게스트하우스급 숙소는 현지에서 직접 문의하는 것이 더 저렴할 때도 많다. 숙박 예약은 '숙소 예약 대행 사이트(p.283)'를 참고하자.

★ 여행자보험 가입하기

여행 중 예기치 못한 손해를 대비해 여행자보험에 가입하자. 보험 상품에 따라 보상 정도와 범위가 달라지는데, 실수로 타인에게 피해를 준 경우 역시 일정 부분 혜택을 받을 수 있는 상품도 있다. 물건 도난의 경우 관할 경찰서에서 도난증명서를, 치료를 받은 경우에는 병원에서 진단서와 영수증을 받아와야 한다.

★ 환전하기

한국에서 원화를 베트남 동(VND)으로 환전할 수 있으나 환전수수료가 높으므로, 한국에서 달러로 환전한 뒤 현지에서 다시 베트남 동으로 환전하는 것이 이득이다. 한국에서 달러를 환전할 때는 주거래은행에서 각종 환전수수료 할인 혜택을 받을 수 있다. 총 금액에서 90% 정도는 고액권으로, 나머지는 50$와 20$, 1$로 골고루 환전하면 현지에서 좀 더 유동적으로 소비할 수 있다.

환율 : 1만 동 = 약 531원(2024년 1월 기준)

★ 짐 꾸리기

여권은 가장 중요한 준비물이다. 여권을 휴대전화로 촬영해두면 여행 중 편리하게 사용할 수 있다. 여행 경비와 해외 사용 가능한 신용카드도 챙기고 지사제를 포함한 비상약도 반드시 챙긴다. 휴대전화 충전기도 잊지 말자. 베트남은 국내 전자기기를 그대로 사용할 수 있으므로 별도의 어댑터는 필요하지 않다. 환경 보호를 위해 숙소에 치약과 칫솔이 없는 경우가 많으니 따로 준비하고, 물티슈를 챙기면 유용하다.

종류	세부 항목	체크	비고
여권과 여행 경비	여권		★가장 중요한 항목 –여권 분실에 대비해 여권 사본과 여권 사진을 준비 –신용카드는 '해외사용 정지'를 해제하였는지 체크
	항공권		
	여행 경비		
	신용카드, 현금 카드		
의약품	비상약		배탈에 대비해 지사제도 꼭 준비
의류	반소매, 반바지, 원피스		–얇은 바람막이는 필수 –젖은 빨래 등을 보관할 수 있는 지퍼 팩 등의 비닐 가방도 유용한 아이템
	얇은 바람막이		
	속옷, 잠옷, 슬리퍼		
	수영복, 모자, 선글라스		
세면도구 화장품	치약 & 칫솔		의외로 없으면 불편한 것이 빗(롤 빗)과 손톱깎이
	세안 용품 & 샤워망		
	화장품, 빗(롤 빗)		
	면도기, 손톱깎이		
기타	모기퇴치제		호이안 방문 시
	보조 가방, 충전기, 물티슈		베트남은 국내 전자기기 그대로 사용 가능

Step to Da Nang 02

다낭 입출국 A to Z

한국에서의 출국부터 여행 후 베트남에서의 출국까지 그 절차를 미리 살펴보자!

다낭으로 출국하기

★ 공항 도착하기

공항에는 항공 출발 시각 3시간~2시간 30분 전까지는 도착해야 한다. 공항에 도착하면 가장 먼저 탑승할 항공사 카운터를 확인한다. 인천공항의 경우, 제1여객터미널과 제2여객터미널로 나누어져 있어 이용하는 항공사가 어디서 출발하는지 미리 확인해두어야 한다. 두 터미널은 차로 약 20분 거리에 있어 잘못 들어서면 시간을 많이 지체하게 된다. 공항버스나 공항열차는 제1여객터미널에 먼저 정차한 뒤 제2여객터미널에 정차하므로 내릴 때 잘 확인하자. 탑승 항공사 카운터를 확인했다면 해당 카운터로 이동해 탑승수속을 밟는다.

★ 탑승 수속 및 보딩 패스 받기

이용하는 해당 항공사 카운터에서 전자 항공권(E-Ticket)과 여권을 제시한 후, 탑승권Boarding Pass을 받고, 짐을 수하물로 부친다. 보통 출발 하루 전에 항공사 홈페이지에서 셀프체크인을 하거나 공항에 마련된 셀프체크인 기계를 이용할 수도 있다. 이때는 짐만 보내는 카운터가 별도로 있어 이곳을 이용하면 된다. 탑승권에는 탑승 시간, 탑승 게이트, 좌석 등의 정보가 있으며, 짐을 부치면 주는 수하물 보관표Baggage Claim Tag는 도착 후 짐을 찾을 때까지 잘 보관한다. 항공사에 따라 다르지만 수속 마감은 항공기 출발 40분~1시간 전에 마감된다. 운반 가능한 물품의 규격과 무게는 각 항공사의 규정에 따라 다르므로 항공사 홈페이지를 미리 확인할 것.

구분	내용
항공기 반입 완전 금지 품목	폭발물(폭죽), 인화성물질(라이터는 1개에 한해 기내 반입 가능), 염소, 표백제 등 독성물질, 기타 위험물질(드라이아이스는 항공사 승인이 있을 시 2.5kg까지 반입 가능)
위탁수하물로만 반입 가능한 품목	과도, 스포츠 용품, 소지 허가된 총기, 무술 호신용품, 망치, 송곳, 펜치 등 공구류
기내 소지·위탁 가능한 생활용품 및 의료용품	생활도구(수저, 손톱깎이, 긴 우산, 바늘, 제도용 콤파스), 의약품, 의료장비(주사바늘 등), 구조용품(산소통), 건전지, 개인 휴대 전자장비, 휴대용 라이터 1개
액체류 반입기준 (기내 소지)	지퍼백에 담긴 개당 100mℓ 이하(총 1ℓ 이하)의 액체(유아식, 의약품은 항공 여정에 필요한 용량에 한해 반입 허용), 음료수 반입 가능
액체류 반입 기준 (위탁수하물)	개당 500mℓ 이하, 총 2ℓ 이하
베트남 입국 시 면세기준	주류 1.5ℓ(22도 이상), 2ℓ(22도 이하), 3ℓ(맥주 등 알코올음료), 담배 200개비, 1천만 동 이내 기타 물품

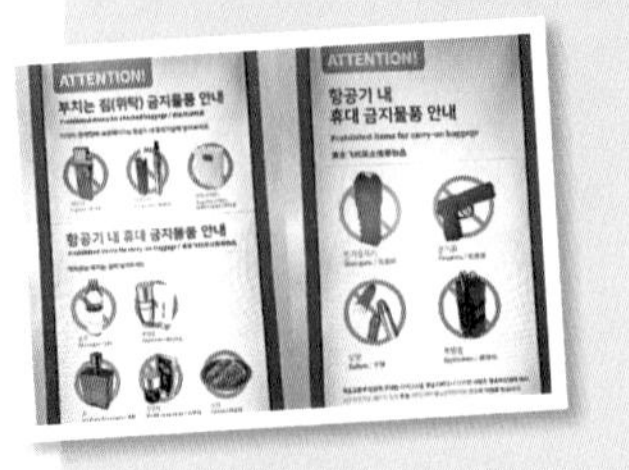

★ 보안 검색 & 출국 심사받기

항공사 체크인을 마치면 출국장으로 이동, 보안요원에게 여권과 탑승권을 제시하고 출국장 안쪽으로 들어간다. 보안검색대를 통과할 때는 주머니에 있는 물건을 모두 꺼내서 짐과 함께 두고 검색대를 통과한다. 보안검색대를 지나면 나오는 출국 심사대에서 여권과 탑승권을 제시하고 출국 심사를 받는다. 사전에 자동출입국심사를 신청했다면 자동출입국 심사대를 이용할 수도 있다.

★ 면세점 이용하기

면세점을 이용할 때는 면세한도를 넘지 않는지 확인하자. 인터넷 면세점에서 미리 쇼핑한 뒤, 면세품 인도장에서 물건을 찾을 수도 있다. 인터넷 면세점은 각종 쿠폰을 지급하기 때문에 잘 활용하면 공항 면세점보다 물건을 훨씬 저렴하게 구입할 수 있다. 이 경우, 자신이 구입한 면세점의 인도장 위치를 미리 확인하자. 명절 등 많은 사람이 공항을 찾는 시기에는 물건을 찾는 줄이 매우 기므로 서두르는 게 좋다.

★ 비행기 탑승하기

면세점을 둘러보다 탑승 마감 시간을 놓치지 말 것! 인천공항 제1터미널의 경우, 탑승권에 찍힌 게이트 번호가 100번대 이상이면 탑승동으로 이동해야 한다. 탑승동은 셔틀트레인으로 이동해야 하고, 오르락내리락하는 코스도 포함되어 있어 이동 시간이 15분 이상 소요되므로 늦어서 당황하는 일이 없도록 하자.

★ 비행기 타고 이동하기

기내에서는 보통 승무원의 주의사항만 잘 숙지하면 큰 문제가 없다. 항공기는 현재 위치에 따라 어떤 나라의 법이 적용될지가 정해지므로, 베트남에 도착해서 문제를 일으킬 경우에는 베트남 경찰의 조사를 받게 된다는 점을 명심하자. 항공기 출발을 지연시키거나 기내 난동을 부리는 경우, 혹은 타인의 탑승권으로 탑승하는 등의 행동을 하면 손해배상으로 큰돈을 물어야 한다.

★ 베트남 입국하기

다낭 도착 후 비행기에서 내리면 'Arrival' 안내 표시를 따라 입국 심사대로 가면 된다. 한국인을 포함한 외국인은 'Foreign'이라고 쓰여 있는 곳에서 입국 심사를 받는다. 베트남은 별도의 출입국신고서가 없으므로 여권만 제시하면 된다. 입국 심사가 우리나라처럼 빠른 편이 아니니 마음을 여유를 갖도록 하자.

입국 심사대 통과 후 수하물이 나오는 컨베이어 벨트 번호를 확인하고 짐을 찾는다. 이제 베트남 입국의 마지막 관문인 세관을 통과해야 하는데 별도로 신고할 것이 없다면 녹색 사인, 즉 'Nothing To Declare'라는 사인이 있는 곳을 통과하면 된다. 세관에서 검사를 철저하게 하므로 걸릴만한 것들은 아예 갖고 오지 않는 편이 좋다.

Tip | 수하물을 찾지 못했다면?

만약 수하물이 분실되었다면 배기지 클레임Baggage Claim 카운터로 가서 한국 공항에서 받은 수하물 보관표Baggage Claim Tag를 보여주고 안내에 따르도록 한다.

★ 유심칩 구입하기

다낭에서 무선 데이터를 이용하려면 각 통신사의 로밍 서비스를 신청하거나 포켓 와이파이 대여, 혹은 현지 유심카드를 구입해야 한다. 포켓 와이파이는 여러 사람이 하나의 기기를 공유할 수 있다는 장점이 있다. 가격적인 면에서는 현지에서 유심카드를 구입하는 것이 가장 좋은데, 현지 전화번호가 생기므로 다낭에서 레스토랑을 예약하거나 비상전화로도 사용할 수 있다. 다낭 공항 입국장에서는 유심칩을 판매하는 여러 가게가 경쟁을 벌이지만 가격이나 조건이 모두 비슷하므로 큰 고민 없이 구입하면 된다.

★ 달러 환전하기

다낭 공항에는 24시간 운영되는 환전소가 여러 곳 있으며, 대부분 은행 직영으로 운영되어 환율이 좋은 편이다. 현지에서 달러를 베트남 동으로 바꿀 때는 저액권보다 고액권의 환율이 더 좋다. 대체로 호텔보다 은행의 환율이 더 좋으며, 호이안의 사설환전소는 생각보다 환율이 좋지 않다. 어디서 환전하든 정확한 금액을 환전 즉시 직접 계산해서 확인하도록 하자.

★ 숙소로 이동하기

다낭 공항에서 숙소로 이동할 때는 공항버스가 없으므로 택시 또는 그랩을 이용하거나 픽업 서비스 등을 이용해야 한다. 입국장에서 밖으로 나와서 길을 한 번 건너면 택시, 한 번 더 건너면 왼쪽에 그랩 차량 미팅 포인트가 있다. 그랩 차량 타는 곳에 가면 상주하는 기사들이 다낭 시내까지 20만 동 정도를 부르며 흥정하는데 이는 정상적인 비용의 3배 정도 되는 금액이다. 힘들게 흥정을 하기보다 그냥 앱으로 콜하는 것이 마음 편하다. 늦은 시간에 도착하거나 일행이 많다면, 여행사의 맞춤 차량을 이용하는 것도 좋은 방법이다.

다낭 공항에서 각 숙소까지 예상 택시 비용과 시간

⇒ 브릴리언트 호텔(다낭 시내) 7~8만 동 / 10~15분
⇒ 멜리아 빈펄 리버프론트 다낭(다낭 시내/강 건너) 8~9만 동 / 15분
⇒ 프리미어 빌리지 다낭 리조트(미케 해변 초입) 12~13만 동 / 25~30분
⇒ 하얏트 리젠시 리조트(논느억 해변) 16~18만 동 / 35~40분
⇒ 호이안 올드타운 인근 40~45만 동 / 50분~1시간

★ 숙소 체크인하기

숙소 대부분은 오후 2~3시부터 체크인할 수 있다. 각 숙소마다 체크인 시간이 정해져 있으니 미리 확인하자. 물론 그보다 이른 시간에 숙소에 도착했다고 해서 걱정할 필요는 없다. 상황에 따라 방이 준비된 경우에는 일찍 체크인할 수도 있고, 그렇지 않다면 짐을 숙소에 맡기고 짐 보관증을 받아둔 뒤 식사하거나 수영장을 이용하면 된다. 체크인 시 고급 숙소의 경우 보증금Deposit을 요구하는데, 이 금액은 체크아웃 시 환불해주니 영수증을 잃어버리지 않도록 잘 보관해놓자. 보증금 대신에 여권을 보관하는 경우도 있다. 숙소에서 짐을 옮겨주는 직원에게는 2만 동 정도의 팁을 주는 것이 보통이다. 넓은 리조트에서는 버기 카를 이용해 이동하게 되는데 이는 방에서 다른 곳으로 이동할 때도 이용할 수 있으니, 미리 전화로 불러 편하게 이동하자. 고급 리조트의 경우 요가 강습이나 각 관광지로 운행하는 셔틀버스 등을 운영하기도 하니 체크인할 때 예약해놓으면 편리하다.

다낭에서 출국하기

★ 숙소 체크아웃하기

체크아웃 시간은 각 숙소 룸에 있는 안내서에 명시되어 있으며 대부분 오전 11시~정오 사이다. 늦은 체크아웃을 원한다면 미리 요청하자. 유료 서비스이지만 여유가 있다면 몇 시간 정도는 무료로 늦춰주기도 한다. 체크아웃 후 짐을 숙소에 보관할 수 있으며 이 경우 짐 보관증을 잘 보관해놓았다가 짐을 찾을 때 다시 제시해야 한다. 체크인 시 지급했던 보증금을 돌려받는 것도 잊지 말자.

★ 공항으로 이동하기

숙소에서 공항으로 이동할 때에는 택시나 그랩을 이용하면 된다. 하지만 만약의 경우를 대비해 숙소 직원이나 여행사에 요청해 차량을 미리 부르는 편이 안전하다. 요금은 미터기 요금에 공항이용료 1만 5천 동을 더해 지급하면 된다. 국제선 청사는 제2터미널이고, 출국장은 2층이다. 국내선 청사와 국제선 청사는 걸어서 5분도 채 걸리지 않을 정도로 가깝지만 택시 기사에게 처음부터 정확하게 말하는 편이 번거롭지 않다.

★ 탑승 수속 및 보딩 패스 받기

적어도 항공 출발 시각 2시간 30분 전에는 공항에 도착하도록 한다. 예약한 해당 항공사 카운터로 가서 여권을 제시하고 보딩 패스(탑승권)를 받는다. 짐을 수하물로 부친다. 체크인 시 위탁수하물에 노트북 등 충격에 약한 물품이나 폭발 위험성이 있는 배터리 등을 넣지 않도록 하자. 기내에 가지고 들어갈 가방에는 칼이나 밀봉하지 않은 액체류가 없는지도 미리 확인하자.

★ 베트남 출국 심사 & 탑승하기

짐을 부치고 보딩 패스(탑승권)를 받았으면 출국장으로 이동한다. 'Departure' 안내 표시를 따라 가면 된다. 보안검색대와 출국 심사대를 통과하면 면세점과 라운지가 있는 공간이 나온다. 탑승 시간과 게이트를 미리 확인해두었다가 해당 시간까지 탑승구에서 대기하면 된다.

more & more 똑똑한 인천공항 이용법

전 세계 국제공항 순위에서 늘 상위권으로 손꼽히는 인천공항은 명성에 걸맞게 많은 편의시설을 갖추고 있다. 그만큼 복잡하게 느껴지기도 하는데, 제2여객터미널까지 오픈하면서 더 신경 쓸 것이 많아졌다. 인천공항을 효율적이고 알차게 이용할 수 있도록, 알아두면 좋은 기본 정보를 정리했다.

✚ 제1여객터미널과 제2여객터미널

대한항공, 델타항공, 에어프랑스, KLM네덜란드항공, 중화항공, 가루다항공 등 11개 항공사는 제2여객터미널을, 그 외의 모든 항공사는 제1여객터미널을 사용한다. 공동운항(코드셰어)으로 다른 항공사를 이용하게 되는 때도 있으니 티켓에 표시된 탑승 터미널을 잘 살펴봐야 한다. 직접 운전해서 공항으로 이동할 때 어떤 터미널로 가야 할지 이정표를 잘 확인하자. 공항 철도나 공항 리무진을 이용할 때 제1여객터미널에 먼저 정차한 뒤 제2여객터미널로 향한다.

만약 터미널을 잘못 알았다 하더라도 제1여객터미널과 제2여객터미널을 연결하는 직통 순환 셔틀버스가 있으니 당황하지 않아도 된다. 셔틀버스는 제1여객터미널 3층 8번 출구에서 탑승할 수 있으며 15분 정도 소요된다.

✚ 일반 구역

인천공항에 도착해서 출국 수속을 밟기 전까지 머물게 되는 공간인 일반 구역에는 여행객을 위한 다양한 시설이 갖춰져 있다. 환전과 로밍, 여행자 보험 가입을 할 수 있으며, 프린트와 복사도 가능하다. 여권에 이상이 있는 경우 긴급하게 여권을 발급받을 수 있는 영사 민원실도 있다. 항공기 출도착 시간이 너무 이르거나 늦을 경우 이용할 수 있는 캡슐호텔(다락휴)과 찜질방(스파온에어)도 있다. 캡슐호텔의 경우 규모가 크지 않으므로 이용 계획이 있다면 반드시 며칠 전에 예약하자. 찜질방은 제1여객터미널에서만 이용할 수 있는데, 오후 9시 이후에는 만실인 경우가 많으므로 미리 도착해서 자리 확보하기를 추천한다.

✚ 면세 구역

공항에서 체크인 후 출국 수속을 마치고 들어서는 지역이 바로 면세 구역이다. 이곳에는 면세품을 구입할 수 있는 상점과 다양한 종류의 레스토랑, 약국과 환전소, 환승 여행객을 위한 샤워실, 환승호텔, 라운지 외에도 인터넷과 복사를 할 수 있는 인터넷 존과 잠깐 눈을 붙일 수 있는 냅 존, 릴랙스 존이 있다. 아동 동반 이용객은 어린이를 위한 놀이시설과 수유실도 24시간 이용할 수 있다.

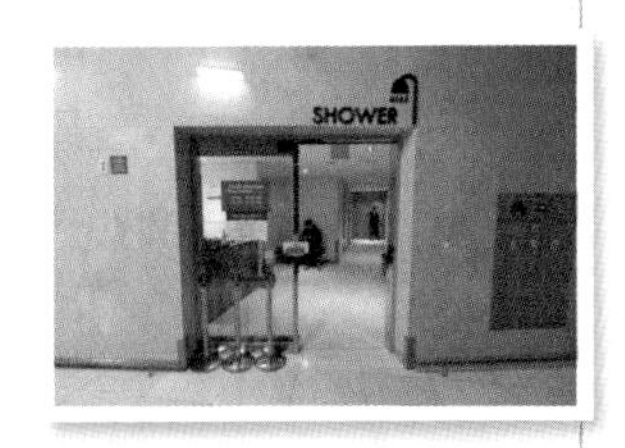

✚ 도심공항터미널

인천공항의 혼잡함을 피하고 싶다면 도심공항터미널 이용도 고려해 보자. 서울역, 광명역에 인천공항과 연계된 도심공항터미널이 운영되고 있다. 국제선의 경우, 인천공항에서는 보통 출발 3시간 전부터 체크인이 가능하지만 도심공항터미널에서는 당일 출발이라면 출발 3시간 20분 전(대한항공 기준)까지 언제든 얼리 체크인을 할 수 있다. 이곳에서 체크인 및 사전 출국심사를 마치면 인천공항에서는 도심공항터미널 이용객 전용 출국통로를 이용할 수 있어 훨씬 빠르게 출국할 수 있다. 자신의 스케줄에 맞춰 수속 절차를 미리 마칠 수 있다는 장점이 있으며 면세 구역에 더 오래 머물며 여유롭게 쇼핑할 수도 있다. 도심공항터미널 내 사전 출국심사는 오전 7시~오후 7시까지 이루어지며, 수속은 보통 출발 3시간 20분 전에 마감된다. 심사를 마친 후에는 공항리무진 버스나 공항열차를 이용해 인천공항으로 가면 된다(광명역의 경우, 터미널은 운영하지 않고 리무진 버스만 운행 중이다). 도심공항에서 이용할 수 있는 항공사는 대한항공, 아시아나항공, 제주항공, 티웨이항공, 이스타항공, 진에어 등이며, 각 도심공항마다 입주한 항공사가 다르므로 미리 문의하고 이용하자.

- **광명역 도심공항터미널** www.letskorail.com | 02-3397-8151
- **서울역 도심공항터미널** www.arex.or.kr | 1599-7788

Step to Da Nang 03

떠나기 전에 들러볼 필수 사이트 & 유용한 앱

인터넷에는 많은 정보가 있지만, 정작 내게 필요한 내용을 찾기란 쉬운 일이 아니다. 여행지의 상황은 수시로 바뀌는 만큼, 현지의 사정이 가장 먼저 반영되는 공식 홈페이지부터 확인하자. 스스로 여행을 만들어가는 즐거움을 느낄 수 있을 것이다.

★ 외교부의 안전 여행 정보

떠나기 전에 반드시 확인해야 할 사이트. 여행 목적지의 여행경보 단계를 한눈에 파악할 수 있을 뿐 아니라, 현지에서 일어나는 각종 범죄 유형도 알려줘 범죄를 대비하기도 쉽다. 미리 여행 일정을 등록하면 맞춤형 여행 정보도 제공받을 수 있다. 애플리케이션 '해외안전여행'도 있다.

홈피 www.0404.go.kr

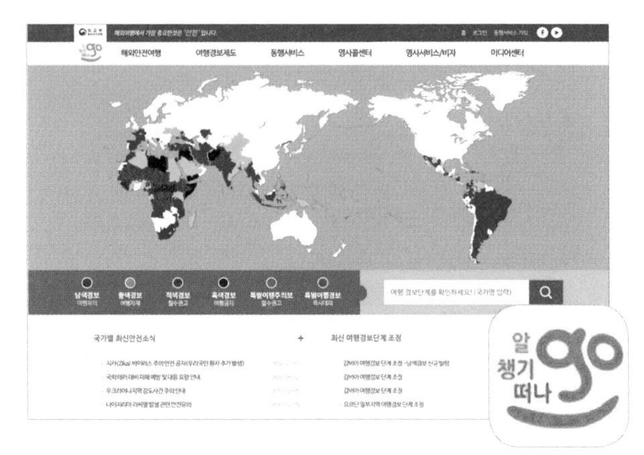

★ 인천공항 가이드

인천공항은 면세점이나 식당 외에도 어린이나 장애인, 노약자를 위한 각종 편의시설 및 휴게시설을 잘 갖추고 있다. 무척 넓은 데다가 다양한 시설이 있으므로 미리 홈페이지에서 이용할 시설을 찾아보면 시간을 절약할 수 있다. 애플리케이션 '인천공항 가이드'에 이용할 항공편명을 미리 등록해놓으면 탑승게이트 및 연착 여부, 현재 수속 상황을 쉽게 체크할 수 있다. 또한 탑승게이트를 중심으로 주변의 다양한 이용시설도 쉽게 확인이 가능하므로 좀 더 편리하게 인천공항을 이용할 수 있다.

홈피 www.airport.kr

★ 항공권 예약 및 비교 사이트

전 세계 항공권을 한눈에 비교할 수 있는 편리한 사이트가 많다. 일정에 제약이 없다면 각 지역별로 가장 저렴한 시기가 언제인지 확인해 그 시기에 맞춰 떠날 수 있다. 항공사 홈페이지에는 없지만 여행사를 통해 예약 가능한 항공권도 검색되므로 꼭 한번 체크해 보자.

홈피 **카약** www.kayak.co.kr
스카이스캐너 www.skyscanner.co.kr
구글플라이트 google.com/flights
인터파크 투어 tour.interpark.com

★ 숙소 예약 대행 사이트

각 숙소의 위치와 가격을 한눈에 비교하고 바로 예약할 수 있는 대행 사이트를 이용해보자. 오래된 예약 사이트에는 후기가 축적되어 있어 실제 숙소의 상태를 알기 쉽다. 사진과 후기 외에도 조식 포함 여부, 창문이나 테라스 유무, 방의 크기 등을 면밀히 따져봐야 후회를 최소화할 수 있다.

홈피 **아고다** www.agoda.com
부킹닷컴 www.booking.com
호텔스닷컴 www.hotels.com
트립어드바이저 www.tripadvisor.co.kr
몽키트래블 vn.monkeytravel.com

★ 다낭 여행 필수 앱

다낭 여행을 더 편리하게 해줄 필수 앱들이다. 그랩은 현재 위치를 기반으로 활성화가 되므로 다낭 도착 후 위치 액세스 권한을 변경해야 할 수도 있다.

구글맵
해외여행의 필수 지도 앱. 가고 싶은 곳을 미리 살펴보고 리뷰 등도 참고할 수 있다.

배달 K
다낭에서 널리 사용되는 배달 앱. 한국 음식뿐 아니라 현지 음식 배달도 가능하다.

파파고 (구글 번역)
종종 오류가 있긴 하지만 마음의 위안이 되는 번역 앱. 구글 번역 앱과 교차로 이용할 것을 추천!

DANABUS
다낭 시내버스 앱으로 노선과 정류장, 요금 등을 확인할 수 있다. 영어 지원 가능

그랩
베트남에서 유용하게 사용할 수 있는 택시 앱. 가격과 경로를 미리 확인할 수 있어서 좋다.

SPEED L
롯데마트 온라인 쇼핑 앱. 물이나 맥주, 간식거리 등을 숙소로 배달시킬 수 있다.

Step to Da Nang 04

베트남의 식문화

베트남은 세계적인 곡창지대이며 싱싱한 채소와 향신료, 열대 과일이 일 년 내내 풍성한 나라이다. 내륙에는 많은 강이 있고 긴 국토의 모양을 따라 해안선이 발달해 있어 다양한 수산물이 풍부한 것도 특징이다. 축산업 또한 발달해서 다양한 축산물을 접할 수도 있다. 역사적 · 지리적 배경 아래 중국과 인도, 프랑스 등에서 영향을 받기도 했지만, 베트남 고유의 음식 문화를 잘 보존하고 있다.

★ 베트남 음식의 특징

✚어장(漁醬) 문화권이다

우리나라를 비롯한 동북아 지역이 콩을 이용한 간장, 된장 등을 만드는 대두장大豆醬 문화권이라면 베트남을 비롯한 동남아 지역은 어장漁醬 문화권이라 할 수 있다. 베트남에서는 생선, 새우 등으로 만든 액젓인 느억맘Nước Mắm을 간장 대신 사용한다. 원재료나 생산 방식에 따라 맛이 조금씩 다르고 느억맘에 여러 가지 재료를 더해 다양한 소스를 만들어낸다. 새우에 소금을 넣고 진하게 발효시킨 맘똠Mắm tôm도 베트남에서 널리 쓰이는 장의 한 종류이다. 국물을 만들 때 넣어 풍미를 살리거나 음식을 찍어 먹는 쌈장으로도 활용한다. 모두 베트남 요리의 중요한 기본양념이다.

✚주식은 쌀이다

베트남도 한국과 마찬가지로 주식은 쌀이다. 멥쌀은 밥을 짓거나 빻아서 국수와 라이스페이퍼 등을 만들고 찹쌀은 주로 떡을 만들거나 베트남식 찹쌀밥인 쏘이Xôi를 만들 때 사용한다. 안남미라 불리는 베트남 쌀은 인디카Indica 종으로 전 세계 쌀 생산량 및 무역량의 90%를 차지할 만큼 압도적으로 많다. 낱알이 길쭉하고 찰기가 없어 훅 불면 날아갈 것 같은 질감을 갖고 있다(우리나라에서 먹는 쌀은 자포니카Japonica 종으로 낱알이 짧고 동글동글하며 밥을 지어놓으면 찰기가 있다). 식당 간판에 '껌Cơm'이라는 표기가 있으면 밥을 이용한 음식을 취급하는 곳이다.

✚지역별 음식이 발달했다

베트남 지방을 여행하다 보면 간판이나 메뉴판에 '닥산Đặc Sản'이라는 단어를 발견할 수 있는데 이는 '지역의 특별한 음식'이라는 뜻이다. 베트남 요리는 지역적으로 북부와 중부, 남부의 요리로 구분할 수 있다. 북부는 하노이를 중심으로 양념 맛보다는 재료 본연의 맛을 강조하여 담백한 맛이 특징이다. 중부의 요리는 향신료와 소스를 즐겨 사용한다. 후에Huế는 궁중 요리와 매운 음식으로 유명하다. 남부는 사시사철 나는 신선한 채소와 과일, 민물고기를 이용한 요리가 발달했고 향신료와 코코넛 밀크 등을 넣은 동남아 특유의 요리들이 많은 편이다.

✚음식의 균형을 중요하게 생각한다

베트남 사람들은 음식을 만들 때, 미각만 중요하게 생각하는 것이 아니라 시각과 후각, 촉각까지도 중요하게 생각한다. 또한, 음식 재료의 음양의 조화를 중시해 요리한다. 짠맛(양의 성질)을 가진 느억맘에는 식초와 설탕(음의 성질)을 넣어 소스를 만든다. 차가운 성질을 가진 음식 재료인 생선, 게 등을 먹을 때는 따뜻한 성질을 가진 생강을 곁들이는 식이다. 해산물이나 육류를 먹을 때 반드시 채소를 함께 먹는다. 베트남 사람들은 녹색의 잎채소를 생으로 많이 먹고 채식도 선호한다.

베트남 식당 어디를 가더라도 바구니에 수북이 담겨져 나오는 향채소를 쉽게 접할 수 있고 그 인심도 매우 후하다. 베트남 사람들에게 빠질 수 없는 채소 중의 하나는 모닝글로리라 부르는 '자우무옹Rau muống'이다. 느억맘을 넣고 센 불에 볶아내는 '자우무옹 싸오떠이Rau muống xào tỏi'는 밥반찬으로, 술안주로 늘 빠지지 않는 메뉴이다.

Step to Da Nang 05

다양한 베트남의 음식

신선하고 풍성한 음식 재료만큼이나 음식의 종류가 많고 다양한 맛이 존재한다. 지역적으로는 북부와 중부, 남부로 크게 나눌 수 있다. 세 지역 모두 쌀을 공통으로 이용하고 수산물을 선호한다.

★ 밥Rice

앞서 소개한 바와 같이 베트남의 주식은 쌀밥으로, 증기로 찐 흰밥Steamed Rice을 '껌짱Cơm Trắng'이라고 하고 보통은 밥을 가리켜 '껌Cơm'이라 한다. 반찬이 되는 부식과 함께 먹거나 볶음밥 등을 만들어 먹는다.

❶ 껌지아Cơm đĩa(껌펀Cơm Phần)

베트남 곳곳에서 '껌빈전Cơm bình dân'이라는 간판을 보게 되는데 이는 '서민 밥집'이라는 뜻이다. 여러 가지 반찬 중에 원하는 것을 골라 밥과 반찬을 한 접시에 담는 메뉴인 '껌지아Cơm đĩa'를 제공한다. 고르는 반찬의 종류나 가짓수에 따라 금액이 달라지지만, 보통은 저렴하다. 우리나라 가정식 백반처럼 밥과 국, 반찬 등이 한 상에 차려지면 베트남 정식인 '껌펀Cơm Phần'이라 한다.

껌지아 Cơm đĩa

껌펀 Cơm Phần

❷ 껌땀Cơm tấm

껌땀Cơm tấm은 영어로는 'Broken rice', 깨진 쌀(싸라기)을 의미한다. 가난한 농부들이 상품성이 떨어지는 깨진 쌀을 먹기 시작한 데서 유래한 음식이기도 하다. 20세기 초반, 호찌민(당시 사이공)에 서양인들이 모여들면서 깨진 쌀로 지은 밥과 서양인들의 구미에 맞는 고기Sườn와 달걀 요리Chả trứng 등을 같이 곁들이고 젓가락 대신 포크를 사용하면서 지금의 형태로 자리 잡았다.
동서양이 합쳐진 전형적인 퓨전 음식으로, 지금 시대로 설명하자면 한마디로 '하이브리드' 음식이라 할 수 있겠다. 함께 곁들이는 느억맘으로 만든 소스도 껌땀의 중요한 부분을 차지한다.

껌땀 Cơm tấm

❸ 껌가Cơm gà

베트남의 대중 음식으로 닭고기를 삶거나 구워서 밥에 얹어서 먹는다.

껌가 Cơm gà

❹ 껌장Cơm rang

베트남식 볶음밥. 남쪽 지방에서는 '껌찌엔Cơm Chiên'이라고 부르기도 한다. 해산물을 넣으면 '껌장 하이산Cơm rang hải sản', 소고기와 절인 배추를 넣으면 '껌장 즈어보Cơm rang dưa bò'이다.

껌장 Cơm rang

❺ 짜오Cháo

쌀로 만든 죽이다. 다른 곡물들과 섞어 색을 내기도 하고 닭이나 오리, 소고기, 버섯, 굴, 새우 등을 넣어 다양하게 즐길 수 있다.

짜오 Cháo

❻ 쏘이Xôi

찹쌀밥으로 아침 식사나 간식으로 즐겨 먹는다. 역시 닭고기나 녹두, 옥수수 등 다양한 부재료를 넣어 먹는다. 고산 지대에서는 멥쌀 대신 주식으로 사용하며 명절에는 붉은 찹쌀밥을 지어 복을 기원하기도 한다.

쏘이 Xôi

★ 국수Noodle

베트남에서 국수는 밥만큼이나 중요한 역할을 한다. 매우 다양한 면의 종류만큼이나 그것들을 이용한 음식들도 상당히 많다. 한국인들도 비교적 거부감 없이 먹을 수 있는 베트남 국수들에 대해 알아보자.

❶ 퍼Phở

베트남 국민 음식. 우리가 아는 그 쌀국수다. 너비 0.5cm 정도의 납작한 쌀면의 이름이자 그 면을 이용한 요리의 대명사처럼 사용된다. 현재 누리고 있는 인기에 비해 역사가 오래된 음식은 아니다. 20세기 초반, 프랑스 식민시절에 하노이와 남딘 지방을 중심으로 생겨나 남쪽 지방으로 퍼지면서 향신채소와 소스 등이 추가되어 지금의 형태를 보이게 되었다. 소고기 쌀국수는 퍼 보Phở bò, 닭고기 쌀국수는 퍼 가Phở gà이다.

Tip | 퍼에 올라가는 고기 고명의 종류

대부분의 퍼 국숫집에서는 원하는 고기 고명을 고를 수 있다. 베트남 현지인들은 푹 익힌 고기보다 생고기를 뜨거운 육수에 살짝 데친 따이Tái를 더 선호한다.

- **퍼보 따이**Phở Bò Tái
  살짝 데친 소고기를 올린 것
- **퍼보 남**Phở Bò Nạm
  삶은 양지고기를 올린 것
- **퍼보 거우**Phở Bò Gầu
  지방이 들어간 소고기를 올린 것

퍼 Phở

분 Bún

분팃느엉 Bún Thịt Nướng

후띠에우 Hủ Tiếu

❷ 분Bún

우리나라 소면과 닮은 쌀로 만든 면. 중면도 있다. 베트남에서는 퍼보다 분의 소비가 훨씬 많고 국수에 어떤 재료를 넣느냐에 따라 이름이 달라진다. 숯불에 구운 직화구이 고기와 분을 함께 먹는 것은 분짜Bún Chả, 구운 돼지고기와 땅콩소스를 넣은 베트남식 비빔국수는 분팃느엉Bún Thịt Nướng, 어묵을 넣으면 분짜까Bún chả cá이다. 후에 지방의 대표 국수인 분보후에Bún Bò Huế도 역시 분이 들어간다. 그 외로 민물 게와 토마토를 넣은 분리에우Bún riêu Cua, 계피 향이 은은한 분먹Bún mọc 등도 별미국수로 모두 분이 들어간다.

❸ 후띠에우Hủ Tiếu

반건조시킨 쌀국수의 한 종류로 중국에서 캄보디아를 거쳐 태국과 인도네시아, 말레이시아 등 동남아 전역에 널리 퍼져 있다. 국물이 있는 것(Soup)과 국물 없이 비벼 먹는 것(Dry) 중에 고르면 된다. 국물은 맑고 시원해서 한국인 입맛에도 제격이다. 비벼 먹는 것은 달큼한 간장소스를 베이스로 하고 돼지고기와 새우 등을 고명으로 올려 먹는다. 미토Mỹ Tho 지역에서 나는 후띠에우가 유명하다.

미싸오보 Mì Xào Bò

❹ 미Mì

밀가루와 달걀을 넣고 만든 노란색 면으로 중국의 영향을 받았다. 주로 볶음이나 튀김용으로 사용한다. 미에 소고기를 넣고 볶은 국수는 미싸오보Mì Xào Bò라고 한다. 꽝남 지방의 대표 음식 중 하나인 미꽝Mì Quảng에 들어가는 면은 보통 미보다 두꺼운 면발을 갖고 있고 강황을 첨가한다.

미엔가 Miến Gà

❺ 미엔 Miến

미엔은 베트남 당면이다. 우리나라에선 당면을 주로 고구마 전분으로 만들지만, 베트남에서는 여러가지 식물을 이용해 색깔과 종류가 다양하다. 다른 재료의 맛을 해치지 않고 양념이 잘 배어드는 매력적인 음식 재료라 할 수 있다. 닭고기 육수에 말아 먹는 것은 미엔가Miến Gà, 볶음으로 먹는 것은 미엔 싸오Miến Xào라고 하고 미엔 싸오에 어떤 토핑을 올리느냐에 따라 루언(실장어Lươn), 꾸어(게살Cua), 하이산(해산물Hải Sản) 등이 뒤에 붙는다.

★ 쌀전병Rice Paper

'반짱Bánh tráng'이라 부르는 베트남식 쌀전병, 라이스페이퍼의 총칭이라 할 수 있다. 쌀가루에 타피오카 가루나 밀가루를 섞어 만들기도 한다. 지역별로 만드는 재료도 다양하고, 크기나 두께에 따라서도 여러 가지 반짱이 존재한다. 반짱을 촉촉하게 혹은 말려서, 굽거나 튀겨서 다양한 음식에 활용한다. 중국에서 반飯이 곡식 음식을 뜻하는 것처럼 베트남은 쌀피, 빵, 떡, 만두 등을 모두 '반Bánh'이라고도 한다. 아래는 반짱을 이용한 주요 음식들이다.

반짱 Bánh tráng

❶ 고이꾸온Gỏi Cuốn

우리가 흔히 접하는 월남쌈, 스프링롤이다. '고이Gỏi'는 '감싸다', '꾸온Cuốn'은 '돌돌 말다'라는 뜻. 고이꾸온은 남쪽(호찌민)에서 부르는 명칭인데 마른 반짱에 물을 적셔 만든다. 북쪽(하노이)에서는 촉촉한 반짱을 이용하고 '퍼꾸온Phở cuốn'이라고 부른다. 고이꾸온에 들어가는 재료를 다져서 튀기면 짜조Chả giò(북쪽에서는 넴잔Nem rán이라고 부르기도 한다)가 된다. 돼지고기를 수육처럼 삶아 채소와 함께 싸먹는 것은 '반짱꾸온팃헤오Bánh tráng cuốn thịt heo'라고 한다.

고이꾸온 Gỏi Cuốn

❷ 반꾸온 농Bánh Cuốn Nóng

쌀가루 반죽을 묽게 개어 뜨거운 찜통에 얇게 펴서 쪄내는 메뉴로, 반 꾸온 자체만 먹기도 하고 안에 돼지고기, 버섯 등을 소로 넣어 먹기도 한다. 보통은 튀긴 샬럿을 듬뿍 올리고 베트남식 돼지고기 소시지인 짜루어Chả lụa를 함께 먹는다. 느억맘에 설탕과 식초 등을 넣은 느억쩜Nước Chấm에 찍어 먹는다.

*농Nóng =뜨거운

반꾸온 농 Bánh Cuốn Nóng

❸ 반베오Bánh Bèo

후에에서 시작된 음식 중 하나이다. 위에 소개한 반꾸온 농과 비슷하지만, 두께와 식감이 약간 다르다. 쌀가루와 타피오카 가루를 되직하게 섞어 간장 종지 같은 우묵한 그릇에 쪄낸다. 고명은 지역별로 조금씩 다르지만, 보통은 튀긴 샬럿, 녹두가루, 새우, 돼지고기, 버섯 등이 올라간다.

반베오 Bánh Bèo

❹ 반쎄오Bánh Xèo

우리나라에 빈대떡이 있다면 베트남에는 반쎄오가 있다. 쌀가루와 강황가루, 코코넛밀크를 섞은 반죽을 부침개처럼 기름에 부쳐낸다. 숙주와 잎채소, 해산물과 고기 등이 들어가고 작은 크기로 잘라 반짱에 쌈을 싸 소스에 찍어 먹는다. 후에에는 반쎄오와 비슷한 반코아이Bánh khoái가 있다.

반쎄오 Bánh Xèo

❺ 반짱 느엉Bánh tráng nướng

반짱을 구운 것으로 달랏에서 시작해 전국으로 퍼진 음식이다. 구운 반짱은 그 자체로 먹기도 하고 재료를 더해 샐러드나 무침처럼 먹기도 한다. 구운 반짱 위에 달걀과 채소를 올려 크레이프처럼 먹기도 한다.

반짱 느엉 Bánh tráng nướng

러우 Lẩu
넴루이 Nem lụi
고이 Gỏi
자우무옹 싸오떠이 Rau muống xào tỏi
반미 Bánh Mì
짜루어 Chả lụa
분더우맘똠 Bún đậu mắm tôm
쩨 Chè

★그 외의 음식

❶ 러우Lẩu

'뜨거운 냄비'라는 뜻으로 베트남식 샤부샤부라고 생각하면 된다. 술과 수다를 즐기는 베트남 사람들의 가족 행사나 모임 등에 단골로 등장하는 메뉴이기도 하다. 육류나 해산물, 각종 채소를 취향대로 선택할 수 있고 국수인 분Bún도 육수에 넣어 함께 즐긴다.

❷ 넴루이 Nem lụi

다진 돼지고기를 레몬그라스 막대에 말아 숯불에 구운 요리. 후에 지역 음식 중 하나이다. 고기와 같이 나오는 라이스페이퍼에 채소와 함께 싸서 소스를 찍어 먹으면 된다.

❸ 고이Gỏi

샐러드(무침)의 총칭. 북부에서는 '놈Nộm'이라고 한다. 어떤 재료로 만들었는지에 따라 '고이+재료 이름'이 된다. 예를 들면 파파야Đu Đủ 샐러드는 '고이 두두Gỏi Đu Đủ', 바나나 꽃Hoa Chuối으로 만든 샐러드는 '고이 호아 쭈오이Gỏi Hoa Chuối'다. 각종 해산물이나 생선 살을 넣은 샐러드는 애피타이저나 술안주로 먹기도 한다.

❹ 자우무옹 싸오떠이
Rau muống xào tỏi

베트남 식단에서 빠질 수 없는 중요한 채소 중의 하나가 '자우무옹Rau muống', 바로 공심채이다. 공심채에 마늘과 느억맘을 넣고 볶아낸 요리로 밥과 같이 먹으면 환상의 궁합이다.

❺ 반미Bánh Mì

프랑스의 영향을 받은 퓨전 음식이다. '반미Bánh Mì'는 베트남식 바게트를 가리키는 말로 베트남식 샌드위치를 이야기할 때 통용되곤 한다. 프랑스식 바게트와 비슷한 방식으로 만들지만 크기를 줄였고 공기층이 많아 더 부드럽다. 베트남식으로 개량한 '파테pâté'를 버터처럼 바르고 다양한 재료와 소스를 빵 사이에 끼워 먹는다.

❻ 짜루어 Chả lụa

베트남식 수제 소시지로 돼지고기를 설탕, 후추 등과 함께 다져 느억맘에 버무려 숙성시킨다. 숙성시킬 때는 바나나 잎으로 감싸고 블렌더 등의 기계를 이용하지 않고 손으로 다져야 제맛을 살릴 수 있다고 한다.

❼ 분더우맘똠Bún đậu mắm tôm

맘똠Mắm tôm은 곤쟁이 같은 작은 새우에 소금을 넣어 발효시킨 젓갈이다. 이 맘똠에 면 중에서 가장 얇은 면인 반호이Bánh hỏi를 찍어 먹는 음식으로, 튀긴 두부, 순대, 내장, 채소 등이 같이 나온다. 국물 없이 간단하게 먹을 수 있는 음식이라 더운 여름에 주로 먹고, 복잡한 조리과정이 없어 푸드 가인항Gánh Hàng에서 주로 파는 메뉴이기도 하다. 맘똠에 다진 마늘과 라임즙을 듬뿍 넣어 진한 보라색이 될 때까지 저어주는 것이 꿀팁!

❽ 쩨 Chè

코코넛밀크에 단팥이나 땅콩, 젤리, 떡, 콩, 과일 등을 넣은 베트남식 디저트. 음료처럼 먹을 수도 있고 얼음과 함께 빙수처럼 먹을 수도 있다. 지역에 따라 매우 다양한 재료와 형태로 만들기 때문에 수많은 변형이 가능하다. 코코넛이나 두리안 등으로 만든 아이스크림은 껨Kem이라고 한다.

more & more Inside Vietnam Food

✚ 쌀국수 더 맛있게 먹는 법

❶ 먼저 국물 그대로의 맛을 음미한다. 어느 정도 주재료의 맛을 음미했다면 제일 먼저 할 일은 숙주를 뜨거운 육수에 담그고 라임을 짜서 넣은 뒤 다시 한 번 국물 맛을 즐기는 것이다.

❷ 다음은 소스와 향채 차례다. 피시 소스나 고추 소스, 해선장, 양파 절임이나 매운 고추 등을 조금씩 더해 즐기고 향채는 잎만 따서 넣어야 식감이 좋다.

❸ 베트남식 꽈배기인 꿔이Quẩy를 쌀국수 국물에 적셔 먹으면 더 맛있고 든든하다.

✚ 베트남 음식 필수 사전

- **음식** 몬안Món ăn
- **밥** 껌Cơm
- **국** 깐Canh
- **물** 느억Nước
- **피시소스** 느억맘Nước Mắm
- **젓갈** 맘Mắm
- **소금** 무오이Muối
- **설탕** 드엉Đường
- **맵다** 까이Cay
- **달다** 응옷Ngọt
- **짜다** 만Mặn
- **맛있다** 응온Ngon
- **소고기** 팃보Thịt Bò
- **돼지고기** 팃해오Thịt Heo
- **닭고기** 팃가Thịt Gà
- **달걀** 쯩Trứng
- **해산물** 하이산Hải Sản
- **생선** 까Cá
- **새우** 똠Tôm
- **오징어** 믁Mực
- **해파리** 스어Sứa
- **게** 꾸어Cua
- **죽순** 망Măng
- **두부** 더우Đậu
- **숙주** 자두Giá đỗ
- **데치다** 루옥Luộc
- **굽다** 느엉Nướng
- **찌다** 헙Hấp
- **말다** 꾸온Cuốn
- **말리다(조리다)** 코Khô
- **큰(그릇)** 런Lớn
- **작은(그릇)** 녀Nhỏ
- **혼합(Mix)** 텁껌Thập Cẩm
- **스페셜** 닥비엣Đặc biệt
- **볶다** 찌엔Chiên(장rang)
  (볶음밥, 튀김에 사용)
- **볶다** 싸오Xào
  (채소, 국수 볶음에 사용)

✚ 고수를 주세요 or 고수를 주지 마세요

베트남에서 고수가 쓰이기는 하지만 모든 음식에 들어가는 것은 아니니 미리 걱정은 하지 않아도 된다. 또한, 여러 가지 향신채가 섞여 있는 경우가 많아 고수만 따로 골라내기도 어려울 때가 많다. 외국인에게는 따로 내어주거나 아예 고수를 빼고 주는 경우도 종종 있어 고수를 좋아한다면 오히려 섭섭할 수 있다. 고수를 원하거나 반대로 원하지 않을 때는 아래와 같이 이야기해보자.

Yes!

쪼 떠이

라우응오(자우무이–북부)

Cho tôi rau ngò(rau mùi)

No!

등 쪼

라우응오(자우무이–북부)

Đừng cho rau ngò(rau mùi)

*고수=라우응오(자우무이–북부)Rau ngò(Rau mùi)
*향채=자우텀Rau thơm

Step to
Da Nang 06

베트남의 음료

더운 날씨와 석회질이 많은 물로 인해 차(茶)를 포함한 음료 문화가 발달하였고 세계 2위의 커피 생산국이기도 하다.

★ 커피와 차

베트남은 전 세계 커피 생산 2위의 국가이다. 베트남에서 생산되는 원두 중 90%가 로부스타 종으로 한국에서 주로 마시는 아라비카 종과는 다르게 진하고 쓴맛을 갖고 있다. 베트남 커피 회사 중 가장 큰 기업은 G7을 생산하는 쭝응우옌Trung Nguyên 커피로 1996년 설립되었다. 하이랜드 커피Highlands Coffee, 비나 카페Vina cafe 등도 베트남 주요 커피 회사이다. 베트남 커피는 컵처럼 생긴 드립 기구인 핀Phin에 진하게 내린 후, 달콤한 연유를 더해 즐기는 것이 가장 맛있다. '짜Trà' 라고 불리는 차(茶)도 베트남 사람들의 보편적인 음료이다. 베트남 서남부 고원지대인 럼동Lâm Đồng 성에서 가장 많이 생산하고 타이응우옌Thái Nguyên 성의 차를 최고의 품질로 여긴다. 일반적인 백차와 녹차, 홍차도 있고 연꽃차와 우롱차도 유명하다.

★ 맥주

베트남은 동남아시아 맥주 소비량 1위의 나라이다. 비즈니스에 술이 필수이기도 하고 가격이 저렴해서 물 대신 맥주를 마시는 사람들도 많다. 베트남 맥주는 베트남 국내 기업인 사베코SABECO와 국영 기업인 하베코Habeco, 외국 기업인 하이네켄, 칼스버그 등에서 생산한다. 매출 1위는 하이네켄의 타이거 맥주로 시장 점유율이 20%가 넘는다. 지역별로 선호하는 맥주 회사가 뚜렷한 편이다. 다낭, 호이안 지역에서는 라루Larue(하이네켄) 맥주를, 후에 지방에서는 후다Huda(칼스버그) 맥주를 주로 마신다. 맥주 가격은 1캔에 1만 동~2만 동 수준이다.

★ 그 외의 술

베트남 대표 주류회사 할리코Halico에서 생산하는 보드카가 유명하다. 그중 가장 선호도가 높은 것은 '넵머이Nếp Mới'로, 찹쌀로 만들어 구수한 누룽지 맛이 난다. 금액은 700ml 기준 10~11만 동 정도. 같은 회사에서 나오는 '보드카 하노이Vodka Hanoi'와 '루아머이LÚA MỚI'도 유명하다. 특이하게 용량에 따라 알코올 도수가 다르니 잘 살펴보고 사야 한다. 달랏에서 생산되는 와인도 가성비가 좋아 부담 없이 즐길 수 있고 쌀과 허브로 담근 곡주도 있다.

넵머이 Nếp Mới

★ 과일 주스

베트남은 열대과일 천국답게 생과일 셰이크나 주스도 상당히 많다. 과일과 연유, 얼음을 넣고 갈아 셰이크처럼 만든 것을 '신또Sinh Tố'라고 하고 여러 과일을 섞으면 '신또 텁껌Sinh Tố Thập Cẩm'이라고 한다. 사탕수수 주스는 '느억 미아Nước Mía', 코코넛 주스는 '느억 즈어Nước dừa', 오렌지 주스는 '깜밧Cam Vắt', 망고 주스는 '느억 쏘아이Nước Xoài'라고 한다. 석회질이 많은 수돗물 대신 과일 주스를 마시는 경우가 많아 재래시장의 먹을거리 골목이나 길거리에서도 쉽게 찾을 수 있다.

느억 미아 Nước Mía

Step to
Da Nang 07

베트남의 역사

5천 년 이상의 긴 역사를 가진 베트남. 동남아시아 국가 중에서 가장 오래된 역사를 갖고 있다. 베트남 땅에 사람이 살기 시작한 것은 기원전 1만 년 전~7천 년 전 사이로 추정하며 기원전 3세기경에는 청동기 시대의 문화인 동선 문화가 널리 퍼졌다. 이후 천년이 넘는 긴 시간 동안 중국의 지배를 받았고, 중세 독립왕조 시대에는 '북거남진'이라는 명제 아래 영토를 확장하고 문화의 기틀을 다지게 된다. 19세기 제국주의 시대에는 프랑스의 식민지로 오랜 시간 지내면서 수많은 전쟁 끝에 오늘날의 베트남에 이르렀다. 한국의 역사와 비슷한 점이 많은 베트남의 역사를 간략하게 살펴보자.

1 | 선사시대와 초기국가의 성립

대한민국에 단군신화가 있는 것처럼 베트남에도 건국설화가 있다. 체계적인 국가 형태로 보기 어렵다는 학계 의견도 있지만, 베트남 사람들은 기원전 690년, 이 설화에 등장하는 흥브엉의 반랑Văn Lang 왕국을 베트남 최초의 국가로 여기고 있다. 반랑보다 국가의 형태가 좀 더 명확한 것은 기원전 257년에 나타난 어우 락Âu Lạc 왕국이지만 오래가지는 못했다. 기원전 207년, 중국인 조타가 광둥과 광시, 베트남 북부 지역을 통합해 세운 남월南越(남비엣Nam Việt)에 멸망했기 때문이다. 남월을 진정한 베트남 역사의 기원으로 보는 시선과 중국의 첫 베트남 침략으로 보는 시선이 공존한다.

2 | 중국의 지배기

어우 락Âu Lạc 왕국을 병합한 남월은 중국 한(漢)나라의 침략으로 기원전 111년부터 중국의 지배를 받게 된다. 이 시기를 박투옥Bắc Thuộc(북속北屬)이라고 하는데 서기 938년까지 거의 1천 년 이상 중국의 통치가 이어졌다. 물론 그 1천 년의 역사는 끝없는 저항의 역사이기도 했다. 중국의 역사 중에 가장 혼란스러웠던 5대 10국 시대에 중국의 지배도 막을 내린다. 10국의 하나였던 남한 원정군을 박당Bạch Đằng 전투에서 응오꾸옌Ngô Quyền이 승리하며 중국의 세력을 완전히 몰아냈다. 박당 전투는 베트남인이 오랜 중국의 통치에서 벗어나 민족 독립으로 가는 역사적 전환점이 되었다.

3 | 독립 왕조시대

박당 전투에서 승리한 응오꾸옌Ngô Quyền은 첫 독립왕조인 응오Ngô 왕조를 세웠다. 그 뒤를 이어 딘Đinh 왕조(968~980), 띠엔-레Tiền-Lê 왕조(980~1009), 리Lý 왕조(1009-1225), 쩐Trần 왕조(1225~1400)가 계보를 이어갔다. 쩐 왕조 기간에는 쿠빌라이 칸의 몽골군이 세 차례나 침공했지만, 베트남만은 점령하지 못했다. 이때 몽골군을 물리친 쩐흥다오Trần Hưng Đạo 장군은 우리나라의 이순신 장군과 비슷한 국민 영웅으로 칭송받고 있다. 이후 호Hồ 왕조(1400~1407) 시기에 중국의 명나라에 의해 다시 지배를 당한 적도 있었지만 레Hậu-Lê 왕조(1428-1788, 360년간)가 이를 회복하였다. 레 왕조는 베트남 역사상 가장 오랫동안 지속한 왕조로 제도적 기틀과 문화적 기반을 다지며 화려한 유교 문화의 꽃을 피웠다.

4 | 응우옌 왕조와 프랑스의 식민지배

레 왕조 말은 민중 봉기의 시대였다. 부패한 관리들의 과도한 수탈로 농민들의 생활이 날로 어려워지자 각지에서 민란이 발생했다. 떠이선 출신의 3형제가 농민과 산악 소수민족을 규합해 반란을 일으켰고 떠이선Tây Sơn 왕조(1778~1802)를 수립하였다. 하지만 프랑스 천주교의 군사적 원조를 받은 응우옌푹아인은 떠이선 왕조를 몰아내고 응우옌Nguyễn 왕조(1802~1945)를 세웠다. 왕조 초기에는 건국의 공적을 인정하여 프랑스인을 우대했지만 4대 황제인 뜨득은 서방의 통상 요구를 거절하고 천주교를 박해하였다. 프랑스는 이를 구실로 전쟁을 일으켜 베트남을 보호령으로 편입해 1884년부터 식민지배를 시작하게 된다. 호찌민이 이끄는 베트남 독립동맹회(베트민Việt Minh)가 일으킨 8월 혁명(1945년)으로 식민지배는 일단락되는 듯했으나 여전히 불씨가 남아 있었다.

5 | 남북대립과 인도차이나 전쟁

1945년 8월 혁명 이후 베트남 독립동맹회는 호찌민을 주석으로 세우고 '베트남민주공화국'의 독립을 선언했다. 응우옌 왕조의 마지막 황제였던 바오다이는 퇴위하여 천년 왕조시대도 완전히 막을 내렸다. 하지만 프랑스는 이를 인정하지 않고 베트남을 다시 식민지화하려 전쟁을 일으켰고 1954년 제네바 협정이 체결될 때까지 전쟁은 계속되었다(1차 인도차이나 전쟁). 이 협정에 따라 베트남 17도선에서 남북이 분단하게 되었는데 공산주의의 북쪽과 미국이 지원하는 남쪽이 대치하는 양상을 띠게 된다. 하지만 이것은 어디까지나 임시 조치였고 2년 후에 선거가 예정되어 있었으나 남측의 거부로 열리지 않았다. 베트남이 남북으로 갈려 혼란이 계속되던 1964년, 미국이 통킹만 사건을 구실로 북베트남을 폭격하면서 2차 인도차이나 전쟁(베트남 전쟁)이 시작되었고 1973년까지 이어지면서 베트남은 엄청난 피해를 보게 된다.

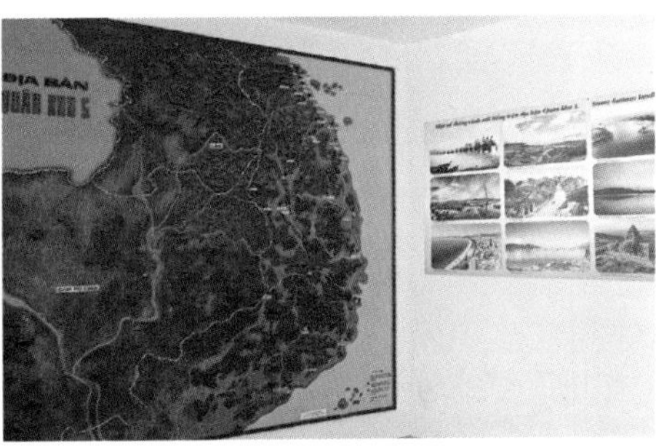

6 | 하나의 베트남, 베트남사회주의공화국 탄생

8년간의 베트남 전쟁 끝에 1973년 1월, 파리 평화 협정이 열렸고 그해 3월 남베트남에 주둔했던 모든 외국 군대가 철수했다. 이후 북베트남은 총공세를 펼쳐 마침내 1975년 4월 30일, 사이공까지 함락시키고 베트남 통일을 이뤄냈다. 정식 국가명을 '베트남사회주의공화국Cộng hòa xã hội chủ nghĩa Việt Nam'으로 택하고 이는 현재까지 이어지고 있다.

Step to Da Nang 08

SOS 다낭

여행을 떠나는 것보다 즐겁게 돌아오는 게 더 중요하다. 낯선 곳인 만큼 사고가 나면 대처하기가 쉽지 않으므로 안전하게 여행할 수 있도록 대비하자.

★ 범죄

베트남은 사회주의 국가인 만큼 강력범죄가 문제되는 나라는 아니다. 그러나 여행자는 범죄의 표적이 되기 쉬우므로 늘 주의하자. 특히 하노이나 호찌민 시티에서는 '짝퉁 택시'에서 강제로 돈을 뜯기는 사례가 있다. 밤늦게 골목을 헤맨다거나 낯선 사람을 쉽게 믿고 따라가는 일은 없어야 한다. 그 외에는 대체로 안전한 편이다. 소지품이나 여권을 도난당하거나 분실한 경우에는 경찰에서 도난이나 분실신고를 하고 증명서를 발급받아 놓아야 여행자보험 회사에서 보상을 받거나 영사관이나 대사관에서 여행증명서를 받을 수 있다.

한국 대사관(하노이 소재)

주소 28th Fl. Lotte Center Hanoi, 54 Lieu Giai St., Ba Dinh District, Hanoi
운영 09:00~16:00(주말 휴무)
전화 0243-771-0404, 긴급 090-402-6126
메일 korembviet@mofa.go.kr
홈피 vnm-hanoi.mofa.go.kr

한국 영사관(호찌민 시티 소재)

주소 107 Nguyen Du St. Dist 1, Ho Chi Minh city
운영 08:30~17:30(주말 휴무)
전화 0283-822-5757, 긴급 093-850-0238
메일 hcm02@mofa.go.kr
홈피 vnm-hochiminh.mofa.go.kr

★ 안전

오토바이가 주요 교통수단인 베트남의 교통은 정신이 없기로 악명이 높다. 그 만큼 교통사고율도 높은 편이다. 다낭에 처음 왔다면, 가능한 한 현지인들이 길을 건널 때 함께 길을 건너자. 국제면허증이 없어도 쉽게 오토바이를 대여할 수 있지만 사고 시 문제가 될 수 있다. 각종 스노클링이나 해수욕을 즐길 때나 놀이기구를 탈 때는 한국에서보다 특히 주의가 필요하다. 또한 택시를 탈 때는 반드시 공인된 택시가 맞는지를 확인하고 탈 것!

다낭 · 호이안

비나선Vinasun 0236-382-8282 | **마이린**Mai Linh 0236-356-5656 | **티엔사**Tien Sa 0236-379-7979

후에

비나선Vinasun 096-311-6814 | **홍사**Hoang Sa 0235-375-7575

★ 건강

병원비가 저렴한 편이므로 몸이 아프면 빠르게 병원을 찾는 것이 좋다. 현지 음식을 먹고 장티푸스, 간염, 콜레라, 이질, 식중독, 기생충 질환이 발생할 수 있다. 간염 항체가 있는지 먼저 확인하고 없다면 예방접종이 필요하다. 병에 든 미네랄워터 외에 일반 식당에서 제공하는 얼음과 물이나 생 야채는 피하자. 말라리아, 뎅기열, 일본뇌염이 발생할 수 있으므로 모기 퇴치에도 신경 쓰는 것이 좋다. 모기는 특히 호이안에 흔하다.

Hoan My Hospital 다낭

주소 161 Nguyễn Văn Linh Quận Thanh Khê, Tp. Đà Nẵng
전화 0236-365-0950
홈피 www.hoanmy.com/danang

SOS International 하노이

주소 51 Xuan Dieu(behind Fraser Suites) Vietnam, Quảng An, Tây Hồ, Hanoi
전화 0243-934-0555(응급실), 0243-934-0666(일반진료상담)

SOS International 호찌민 시티(24시간)

주소 167 Nam Kỳ Khởi Nghĩa, phường 7, Quận 3, Hồ Chí Minh
전화 0283-824-0777

Step to Da Nang 09

서바이벌 베트남어

베트남어는 성조가 있고, 지역에 따라 발음도 조금씩 달라 단시간에 여행자들이 쉽게 배우기는 힘들다. 그러나 간단한 인사말을 외워놓으면 현지인들에게 좀 더 친근하게 다가갈 수 있다. 영어가 잘 통하지 않으므로 긴 의사소통은 스마트폰의 번역 애플리케이션을 활용하는 것도 한 방법이다.

★ 인사

안녕하세요.	Xin chào[씬 짜오]
고마워요.	Cảm ơn[깜 언]
잘 가요.	Tạm biệt[땀비엣]
잘 지냈어요?	Bạn có khỏe không?[반꼬 퀘 콩?]
미안해요.	Xin lỗi[씬 로이]
괜찮아요.	Không có chi[콩 꼬 찌]
이름이 뭐예요?	Bạn tên gì?[반 뗀 찌?]
네/아니오.	Vâng/Không[벙/콩]
새해 복 많이 받으세요!	Chúc mừng năm mới! [쯕믕남 머이!]

★ 음식점에서

주문할게요.	Cho chúng tôi gọi món. [쩌 쭝 또이 고이 몬]
고수를 넣지 마세요.	Đừng cho rau ngò(rau mùi) [등 쪼 라우응오(자우무이)]
이것은 무엇인가요?	Cái này là gì vậy? [까이나이라지바이?]
여기를 치워주세요.	Hãy dọn giúp tôi chỗ này [하이 존 즙 또이 쪼 나이]
계산서 주세요.	Cho tôi hóa đơn. [쩌 또이 화 던]
배고파요.	đói bụng[도이붕]

★ 쇼핑 시

얼마입니까?	Bao nhiêu?[바오 니에우?]
비싸요.	Mắc quá[막 꾸아]
좋아요.	Thích[틱]
예뻐요.	đẹp[뎁]
좀 깎아주세요.	Giảm giá cho tôi[잠 지아 쩌 또이]

★ 이동할 때

제가 지금 있는 곳이 어디예요?	Chỗ tôi đang đứng bây giờ là ở đâu? [초 또이 당 등 버이 져 라 어 더우?]
공중화장실은 어디에 있어요?	Nhà vệ sinh công cộng ở đâu ạ?[냐 베 씽 꽁 꽁 어 더우 아?]
걸어서 얼마나 걸릴까요?	Đi bộ thì mất bao lâu ạ?[디 보 티 멋 바오 러우 아?]
서둘러 가주세요.	Đi nhanh giúp[디 냐잉 쥽]

★ 응급상황

의사를 만나게 해주세요.	Tôi muốn gặp bác sỹ[또이 무온 갑 박 씨]
배가 아파요.	Tôi đau bụng[또이 다우 붕]
○○ 알레르기를 가지고 있어요.	Tôi bị dị ứng ○○[또이 비 지 응 ○○]
도와주세요!	Giúp tôi với![쥽 또이 버이!]
경찰 좀 불러주세요.	Hãy gọi công an giúp tôi[하이 고이 꽁 안 쥽 또이]
아이를 잃어버렸어요.	Tôi bị lạc mất con[또이 비 락 멋 껀]
가방을 잃어버렸어요.	Tôi bị mất túi xách[또이 비 멋 뚜이 싸익]

★ 필수 단어

공항	sân bay[썬바이]	도둑	ăn trộm[안쫌]
경찰	công an[꽁안]	호텔	khách sạn[칵싼]
역	ga[가]	은행	ngân hàng[응언 항]
병원	bệnh viện[벤비엔]	화장실	nhà vệ sinh[냐베씬]
여권	hộ chiếu[호찌에우]	항생제	kháng sinh[캉신]
약국	hiệu thuốc[히에우투옥]	에어컨	máy điều hòa[마이 디에우 호아]
식당	nhà hàng[냐항]	한국	Hàn Quốc[한꿕]

Step to Da Nang ⑩

알아두면 좋은 영어회화

간단한 영어 문장은 외워두면 언제 어디서든 도움이 된다. 다낭에서는 주요 고급 호텔이나 리조트 등에서 사용할 수 있다.

★ 인사

안녕하세요.	How are you?
고마워요.	Thank you.
잘 가요.	Bye.
잘 지냈어요?	How are you.
미안해요.	I'm sorry.
괜찮아요.	You're welcome.
이름이 뭐예요?	What's your name?
네/아니오.	Yes/No.
새해 복 많이 받으세요!	Happy new year!

★ 공항 & 비행기에서

ASIANA 카운터가 어디 있습니까?	Excuse me, Where is the ASIANA counter?
창가 좌석을 주세요.	Please give me a window seat.
담요 좀 주세요.	Can I get a blanket?
소고기로 주세요.	Beef, please.
제 짐이 사라졌어요.	My luggage is missing.
공항버스는 어디에서 타나요?	Where can I take an airport bus?

★ 입국심사 시

탑승권 좀 보여주세요.	Please show me your boarding pass.
여행 목적은 무엇입니까?	What's the purpose of your trip?
관광하러 왔어요.	For sightseeing
얼마나 머무르실 예정입니까?	How long will you stay?
5일입니다.	I'm staying for 5 days.
어디에서 묵을 예정입니까?	Where are you going to stay?
○○ 호텔입니다.	I'm staying at a ○○ hotel.

★ 음식점 & 카페에서

음식을 추천해주세요.	Could you recommend for me?
이걸로 할게요.	This one, please.
매장에서 드실 건가요, 테이크아웃인가요?	Having here or take away?
테이크아웃할게요.	Take away please.
계산서를 주세요.	Bill, please.
맥주 한 잔 주세요.	Can I have a cup of beer, please.

★ 쇼핑할 때

그냥 구경하는 중입니다.	I'm just looking around.
입어봐도 되나요?	May I try this on?
더 작은 / 큰 것 없나요?	Do you have a smaller / bigger one?
얼마입니까?	How much is this?
이것을 사겠습니다.	I think I'll take this one.
환불 부탁드립니다.	Can I get a refund?
영수증을 주세요.	Give me a receipt.

★ 호텔에서

예약 확인 좀 해주세요.	Please check my reservation.
짐을 맡길 수 있나요?	Can I check my luggage?
맡긴 짐을 찾고 싶어요.	May I have my baggage?

★ 아플 때

배가 아파요.	I have a stomachache.
의사를 만나고 싶어요.	I want to see a doctor.
얼마나 기다려야 해요?	How long do I have to wait?

Tip | 외국어가 어렵다면?

다낭은 관광지인 만큼 몇 개의 단어 조합만으로도 충분히 말이 통한다. 게다가 스마트폰의 '파파고', '카카오 I 번역' 등 번역 애플리케이션을 이용하면 한국어로 말만 해도 설정한 언어로 자동 번역이 된다!

Index

다낭

호이안

후에

Travel Note

Travel Note

Travel Note